中国电子教育学会高校分会推荐教材

高等学校应用型本科"十三五"规划教材

通信原理与技术

编　著　李文娟　李美丽　赵瑞玉　陈玲　鲜娟

主　审　胡珺珺

西安电子科技大学出版社

内 容 简 介

本书对现代通信系统的基本原理及技术进行了系统的分析,尽量避免烦琐的数学推导,偏重于基本概念的理解及相关通信技术的应用。本书内容简练,理论联系实际,对基本原理的分析深入浅出,通俗易懂,同时注重吸收新的技术成果。

全书共 9 章,内容包括绪论、信号与信道、模拟调制系统、数字基带传输系统、数字频带传输系统、模拟信号的数字化、多路复用和多址技术、信道编码和同步技术。书中配有大量典型例题和习题,并附有部分习题答案,便于教学与自学。

本书可作为以应用型为培养目标的普通高等学校通信工程、电子信息工程等专业本科生教材,也可作为相关领域科技人员的参考书。

图书在版编目(CIP)数据

通信原理与技术/李文娟等编著. —西安:西安电子科技大学出版社,2016.9
高等学校应用型本科"十三五"规划教材
ISBN 978 - 7 - 5606 - 4220 - 8

Ⅰ. ① 通…　Ⅱ. ① 李…　Ⅲ. ① 通信原理—高等学校—教材 ②通信技术—高等学校—教材
Ⅳ. ① TN91

中国版本图书馆 CIP 数据核字 (2016) 第 186206 号

策划编辑　李惠萍
责任编辑　杨　瑶　李惠萍
出版发行　西安电子科技大学出版社(西安市太白南路 2 号)
电　　话　(029)88242885　88201467　　邮　　编　710071
网　　址　www.xduph.com　　　　　　　电子邮箱　xdupfxb001@163.com
经　　销　新华书店
印刷单位　陕西天意印务有限责任公司
版　　次　2016 年 9 月第 1 版　2016 年 9 月第 1 次印刷
开　　本　787 毫米×1092 毫米　1/16　印张　16.5
字　　数　386 千字
印　　数　1～3000 册
定　　价　30.00 元
ISBN 978 - 7 - 5606 - 4220 - 8/TN
XDUP　4512001 - 1

＊＊＊如有印装问题可调换＊＊＊

西安电子科技大学出版社
高等学校应用型本科"十三五"规划教材
编审专家委员会名单

主　任：鲍吉龙（宁波工程学院副院长、教授）

副主任：彭　军（重庆科技学院电气与信息工程学院院长、教授）

　　　　张国云（湖南理工学院信息与通信工程学院院长、教授）

　　　　刘黎明（南阳理工学院软件学院院长、教授）

　　　　庞兴华（南阳理工学院机械与汽车工程学院副院长、教授）

电子与通信组

组　长：彭　军（兼）

　　　　张国云（兼）

成　员：（成员按姓氏笔画排列）

　　　　王天宝（成都信息工程学院通信学院院长、教授）

　　　　安　鹏（宁波工程学院电子与信息工程学院副院长、副教授）

　　　　朱清慧（南阳理工学院电子与电气工程学院副院长、教授）

　　　　沈汉鑫（厦门理工学院光电与通信工程学院副院长、副教授）

　　　　苏世栋（运城学院物理与电子工程系副主任、副教授）

　　　　杨光松（集美大学信息工程学院副院长、教授）

　　　　钮王杰（运城学院机电工程系副主任、副教授）

　　　　唐德东（重庆科技学院电气与信息工程学院副院长、教授）

　　　　谢　东（重庆科技学院电气与信息工程学院自动化系主任、教授）

　　　　湛腾西（湖南理工学院信息与通信工程学院教授）

　　　　楼建明（宁波工程学院电子与信息工程学院副院长、副教授）

计算机大组

组　长：刘黎明（兼）

成　员：（成员按姓氏笔画排列）

　　　　刘克成（南阳理工学院计算机学院院长、教授）

　　　　毕如田（山西农业大学资源环境学院副院长、教授）

　　　　向　毅（重庆科技学院电气与信息工程学院院长助理、教授）

　　　　李富忠（山西农业大学软件学院院长、教授）

　　　　张晓民（南阳理工学院软件学院副院长、副教授）

　　　　何明星（西华大学数学与计算机学院院长、教授）

　　　　范剑波（宁波工程学院理学院副院长、教授）

　　　　赵润林（山西运城学院计算机科学与技术系副主任、副教授）

　　　　黑新宏（西安理工大学计算机学院副院长、教授）

雷　亮（重庆科技学院电气与信息工程学院计算机系主任、副教授）

机电组

组　长：庞兴华（兼）

成　员：（成员按姓氏笔画排列）

丁又青（重庆科技学院机械与动力工程学院副院长、教授）

王志奎（南阳理工学院机械与汽车工程学院系主任、教授）

刘振全（天津科技大学电子信息与自动化学院副院长、副教授）

何高法（重庆科技学院机械与动力工程学院院长助理、教授）

胡文金（重庆科技学院电气与信息工程学院系主任、教授）

前　言

"通信原理与技术"课程是通信类相关专业的一门专业基础课，通过本课程的学习，学生应掌握通信系统的基本理论和分析方法，为今后进一步学习专业知识打下良好的基础。为了培养应用型人才，适应通信与信息技术的最新发展，本书在总结多年教学实践经验的基础上，结合近几年来的教学实践和改革成果，并参考国内外优秀教材编写而成。

本书着眼于通信的基本概念、基本理论和基础知识的分析，同时兼顾介绍现代通信新技术，尽量避免烦琐的数学推导，偏重于通信技术的实际应用，适合于应用型本科院校通信类教学需求，是一本"看得懂、学得会、概念清楚、深度适中"的教材。本书建立了比较完整的知识框架，内容全面，自成体系。书中配有大量典型例题和习题，并附有部分习题答案，便于教学与自学。

全书共分为9章。第1章绪论，主要介绍通信的概念、分类及特点，通信系统的模型及主要性能指标。第2章信号与信道，首先通过对信号概念的理解，引出通信系统中噪声的分析，它是分析通信系统的数学工具，然后讨论离散信道和连续信道的模型和信道容量，以及移动通信信道的特征。第3章模拟调制系统，主要介绍各种模拟调制方式的基本原理和性能，以及模拟调制系统的应用实例。第4章数字基带传输系统，首先介绍数字基带信号的常用波形和传输码型以及频谱特征，然后针对基带传输系统出现的误码，讨论如何抑制噪声和消除码间串扰的理论；同时简述均衡器和部分响应系统并介绍最佳基带传输系统的概念及基本分析方法。第5章数字频带传输系统，重点讨论二进制数字调制系统的原理及其抗噪声性能，还简单介绍了多进制数字调制系统及几种现代数字调制技术。第6章模拟信号的数字化，重点介绍基于PCM的模拟信号数字化技术以及语音压缩编码和图像压缩编码的相关技术。第7章多路复用和多址技术，重点介绍多路复用以及多址技术的基本概念。第8章信道编码，主要介绍常见的信道编码和译码方法。第9章同步技术，主要介绍载波同步、位同步、群同步和网同步的基本原理。本书每章后附有本章小结、习题。

本书可作为普通高等学校通信工程、电子信息工程、电子信息科学与技术、广播电视工程等专业的教材，也可作为参考书供相关工程技术人员使用。

本书的第2、3、7章由李文娟老师编写，第4、5、6章由李美丽老师编写，第1、8章由赵瑞玉老师编写，第9章由陈玲、鲜娟老师编写。全书由李文娟老师统编定稿。

本书在编写过程中参考了大量相关领域的成熟和优秀教材，被引用书籍的作者对本书的完成起到了重要作用，在此，特别感谢给予支持和帮助的蒋青教授。全书由胡珺珺副教授主审，在此深表感谢。

由于编者水平有限，书中难免存在疏漏，希望读者批评指正。

编　者
2016 年 4 月

目　　录

第1章 绪 论

进入 21 世纪以来，通信与网络就像决堤的洪水一般迅速渗透到人们生存环境的每一个角落，使人们无时无刻不感受到信息时代给生活带来的巨大变革。通信对现代社会的重要性不言而喻，已成为推动人类社会文明进步与发展的巨大动力。

本章将引领读者对通信的基本概念、发展历程、通信系统的组成和性能指标、信息的度量有一个总体的认识。

1.1 通信的基本概念

1.1.1 通信与电信

通信(communication)的基本任务是传递消息中所包含的信息，它的目的是为了获取信息。从古至今，在人类的生产和生活中，都离不开信息的传递与交换。按照信息传递手段与技术的不同，通信发展经历了以下 5 个阶段(见图 1-1)。

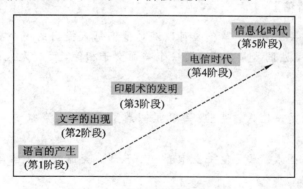

图 1-1　通信发展的 5 个阶段

语言成为人类进行思想交流和信息传播不可缺少的工具。

文字的出现和使用，使人类对信息的保存和传播取得重大突破，超越了时间和空间的局限。

印刷术的发明和使用，改善了存储和交流信息的手段，使信息得以更加广泛地传播到世界的各个角落。

电信(telecommunication)是利用电信号来传递消息的通信方式。随着电报(1844 年)的出现、电话(1876 年)的发明、调幅无线电广播(1918 年)的问世、商业电视广播(1936 年)的开播……人们逐渐步入了电信时代。电信技术使用电磁波来传递信息，具有迅速、准确、可靠等特点，且不受空间和时间、地点与距离的限制，因而得到了飞速发展和广泛使用。如今，在自然科学中，"通信"与"电信"几乎是同义词。本书所涉及的通信均指电信。

　　如今，计算机与互联网的使用，使我们处在了一个网络化的信息时代。通信网已经成为支撑国民经济、丰富人们生活、方便商务活动和政治事务的基础建设之一。信息产业已成为发展最快和令人向往的行业。因此，全面系统地介绍有关通信的基本理论、分析方法和关键技术是本门课程的主要任务。

1.1.2　消息、信息与信号

　　· 消息（message）是指表示信息的语言、文字、图像和数据等。它是通信系统传输的对象，来自于信源且有多种形式。

　　消息可以分为连续消息（如连续变化的语音、音乐、活动图片）和离散消息（如状态可数的文字、符号或数据）两大类。

　　· 信息（information）是消息中有意义的内容，或者说是收信者事先不知道的那部分内容。信息论创始人香农认为，信息是用以消除某些不确定性的东西。通信的目的就是要消除或部分消除不确定性，从而获得信息。

　　信息与消息的关系可以这样理解：信息是消息的内涵，消息是信息的外在形式。例如，在古代，将士们点燃烽火，这个点燃的烽火本身只是信息的载体，它里面包含的意义即有外敌入侵，这才是信息。

　　在当今信息社会中，信息已成为最宝贵的资源之一。"谁控制了信息，谁就控制了世界。"如何有效而可靠地获取、传输和利用信息是本书所研究的主要内容。

【扩展阅读：信息的价值】

　　有三个商人要被关进监狱，监狱长可以满足他们每人提出的一个要求。美国商人爱抽雪茄，要了三箱雪茄，法国人最浪漫，要一个美丽女子相伴，而犹太人说，他要一部能与外界沟通的电话。

　　三年后。

　　第一个冲出来的是美国人，嘴里、鼻孔里塞满了雪茄，大声喊道："给我火，给我火！"原来他忘了要打火机。

　　接着出来的是法国人。只见他手里抱着一个孩子，美丽女子手里牵着一个小孩子，肚子里还怀着第三个。

　　最后出来的是犹太人，他紧紧握着监狱长的手说："这三年来我人虽在监狱，但每天能与外界联系，我的生意不但没有停顿，反而增长了两倍，为了表示感谢，我送你一辆劳斯莱斯！"

　　这个故事说明，什么样的选择决定什么样的结果，只要没有失去信息，实际上什么也没有失去。"谁掌握了信息，谁就掌握了整个世界！"

　　· 信号（signal）是消息的载体。在电信系统中，为了将各种消息（如一段语音、一幅图片等）通过线路传输，必须首先将消息转变成电信号（如电压、电流、电磁波等），也就是把消息承载在电信号的某个参量（如幅度、频率或相位）上。

　　相应地，信号也分为两大类，如表 1-1 所示。

表 1 - 1　信号类型与特征

模 拟 信 号	数 字 信 号
特征：信号的取值是连续的	特征：信号的取值是离散的
例如：电话机送出的语音信号、图像信号	例如：电报机、计算机输出的信号

　　图 1 - 2 所示为一个模拟信号（analog signal）和一个数字信号（digital signal）示意图。横轴代表时间，纵轴表示信号的取值。可见，模拟信号的曲线是连续的，有无穷多个取值；而数字信号从一个值到另一个值是瞬时发生的，就像开关电灯一样。最典型的数字信号是二进制信号（信号只有两种取值）。

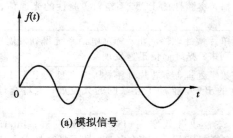
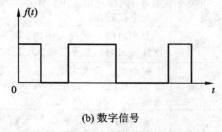

(a) 模拟信号　　　　　　　　　　　(b) 数字信号

图 1 - 2　模拟信号和数字信号示意图

　　综上所述，消息、信息和信号这三者之间既有联系又有不同，即

- 消息是信息的外在形式；
- 信息是消息的内涵；
- 信号是消息（或信息）的载体。

　　基于对上述内容的理解，通信（即电信）就是指利用电信号将信息从发送端（信源）传递到接收端（信宿）。

1.2　通信发展简史

　　表 1 - 2 所示为通信发展历程中的重要事件，从中可以感受到其不断发展的脚步。

表 1 - 2　通信技术发展大事记

年　份	事　件
1844	莫尔斯发明有线电报，标志着人类社会从此进入了电通信的时代
1864	麦克斯韦预言了电磁波的存在，建立了电磁场理论
1876	贝尔发明电话
1887	赫兹验证了麦克斯韦的理论，证明了电磁波的存在
1900	马可尼发明无线电
1906	发明电子管，开辟了模拟通信的新纪元
1918	阿姆斯特朗发明超外差接收机，调幅无线电广播问世
1925	载波电话问世，实现了在同一路介质上传输多路电话信号
1933	阿姆斯特朗发明调频技术
1936	英国广播公司开播
1937	里夫斯提出脉冲编码调制（PCM）

年　份	事　件
1940—1945	载波通信系统得到发展（第二次世界大战刺激了雷达和微波通信系统的发展）
1946	美国研制出第 1 台数字计算机
1948	时分多路电话系统问世，同年，香农发表了奠定"信息论"基础的论文
1949	晶体管问世
1953	第一条横跨大西洋的电话电缆铺设成功
1961—1970	集成电路问世；美国发射第一颗通信卫星，开辟了空间通信的新纪元；梅曼发明激光器；美国开始使用立体声调频广播；实验性的 PCM 系统；实验性的光通信；登月实况电视转播
1971—1980	商用通信卫星投入使用；第一块单片微处理器问世；蜂窝电话系统得到发展；个人计算机出现；大规模集成电路时代到来；光纤通信迅速发展
1981—1990	移动通信进入实用阶段；可编程数字处理器、芯片加密、压缩光盘及 IBM PC 机出现；传真机广泛使用；Windows 95 的出现，推动了互联网的大发展；卫星全球定位系统（GPS）完成部署
1991—2000	GSM 移动通信系统投入商用；综合业务数字网（ISDN）得到发展；Internet 和 WWW 普及；扩频系统、高清晰度电视（HDTV）、掌上电脑、数字蜂窝技术出现
2000 至今	进入基于微处理器的数字信号处理、数字示波器、高速个人计算机、扩频通信系统、数字通信卫星系统、数字电视及个人通信系统时代

展望未来，通信技术正在向数字化、智能化、综合化、宽带化、个人化的方向飞速发展，最终，将实现通信的终极目标，即无论何时、何地都能与任何人进行任何方式的信息交流——全球个人通信。

1.3　通信系统的模型

1.3.1　基本模型

通信系统（communication system）是指完成通信这一过程所需的一切设备和传输媒介所构成的总体。以点对点通信为例，通信系统的基本模型如图 1-3 所示。

图 1-3　通信系统的基本模型

其各组成部分的作用简述如下：

· 信源（information source）是消息（或信息）的发源地，它的作用是把待传输的消息转换成原始电信号，该原始电信号称为基带信号。例如，电话机可以把说话的声音转换成话音信号。

· 发送设备（transmitter，发射机）的作用是对信源输出的信号进行处理和变换，以适合于在信道中传输，通常包括调制、放大、滤波、编码、多路复用等过程。

· 信道（channel）是指传输信号的各种物理介质，如电缆和光缆（有线信道）、空间或大气(无线信道)。

· 接收设备(receiver,接收机)的功能与发送设备相反,如译码、解调。它的任务是从受到干扰的接收信号中恢复出相应的原始信号。

· 信宿(destination)是消息(或信息)的目的地,其功能与信源相反。例如,电话机将语音信号还原成声音。

· 噪声源(noise source)是信道中的噪声以及通信系统其他各处噪声的集中表示,它不是人为加上去的,而是实实在在存在的各种噪声的集合。

实际中,根据信道中传输的是模拟信号还是数字信号,相应地把通信系统分为模拟通信系统和数字通信系统。

1.3.2　模拟通信系统模型

利用模拟信号来传递消息的系统称为模拟通信系统(Analog Communication System, ACS),其模型如图 1-4 所示。

图 1-4　模拟通信系统模型

对于模拟通信系统,有两种重要变换。

(1)"连续消息↔原始电信号",即在发送端把连续消息变换成原始电信号(也称基带信号)。基带的含义是指信号的频谱从零频(或接近零频)开始到几兆赫兹,如语音信号(300~3400 Hz)、图像信号(0~6 MHz)。在接收端进行相反的变换。这些变换由信源和信宿完成。

(2)"基带信号↔已调信号",即把基带信号变换成适合在信道中传输的信号(调制),并在接收端进行反变换(解调)。这些过程是通过调制器和解调器来实现的。关于调制和解调,详见第 3 章。

需要指出,在实际的模拟通信系统中,除了上述两种变换之外,一般还包括滤波、放大、天线辐射等过程。但上述两种变换对信号的变化起决定性的作用,它们是保证通信质量的关键。其他处理只是对信号进行一些改善,不会使信号发生质的变化。

1.3.3　数字通信系统模型

利用数字信号来传递消息的通信系统称为数字通信系统(Digital Communication System,DCS),其模型如图 1-5 所示。

图 1-5　数字通信系统模型

对照图 1-3 所示的基本模型可知，这里的发送设备包括信源编码、信道编码和数字调制，接收设备包括数字解调、信道译码、信源译码，其功能与发送设备相反。各单元的主要功能简述如下：

· 信源编码：一是进行模/数（A/D）转换；二是去除冗余信息，提高传输的有效性。收端信源译码是编码的逆过程。

· 信道编码：进行差错控制，提高传输的可靠性（详见第 8 章）。接收端信道译码是其相反的过程。

· 数字调制与模拟调制的本质及原理相似，只不过把数字基带信号加载到高频载波上，使之适应信道传输的要求。解调是调制的逆过程（详见第 5 章）。

说明：① 除上述组成单元之外，实际的数字通信系统中还包括同步、加密和多路复用等组成部分，但在图 1-5 中并没有画出。

② 图 1-5 所示的是数字通信系统的一般模型，实际的系统中不一定包含上述所有的单元。例如，在数字基带系统（详见第 4 章）中就没有调制器和解调器。

1.3.4　数字通信的特点

目前，数字通信得到了广泛的应用，与模拟通信相比，它有如下优点：

（1）抗干扰能力强，可用再生中继技术消除噪声的积累，如图 1-6 所示。

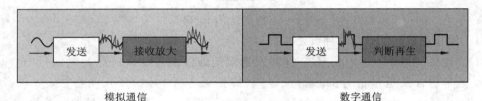

模拟通信　　　　　　　　　　　　　　　数字通信

图 1-6　两种通信方式处理噪声的示意图

（2）差错可控，通信质量高。

（3）便于加密，且保密性好。

（4）易于集成，设备体积小、重量轻、功耗低。

（5）可将不同类型的信息（如语音、数据、视频图像等）综合到一个信道中进行多路传输（因为它们都可以转换成相同的数字信号——比特信号）。

（6）易于与现代技术相结合。现代的通信系统中，许多设备、终端接口处理的都是数字信号，极易与数字通信系统相连接。

需要指出的是，任何一种通信方式都有利有弊，数字通信也不例外，其主要缺点包括：

（1）占用信道带宽更宽。例如，一路模拟电话通常只占 4 kHz 带宽，但一路数字电话要占 20~60 kHz 的带宽，因此数字通信的频带利用率不高。

（2）对同步要求高，系统设备比较复杂。不过，随着超大规模集成电路的出现，新的数据压缩技术以及宽带传输介质（如光纤）的使用，数字通信的这些缺点已经得到弱化。因此，数字通信的应用将会越来越广泛。

【扩展阅读：对讲机"模转数"，让通信专网安全可控】

在专业无线通信领域，近几年全球范围内刮起了一股模拟转数字的风潮。"自 2011 年

1月1日起，停止对 150 MHz、400 MHz 频段内模拟对讲机设备的型号核准，已取得型号核准证的模拟对讲机设备在型号核准证到期后不再予以办理延期手续；到 2016 年，我国将全面禁止模拟对讲机的生产和销售，模拟对讲机将被数字专用对讲机完全取代而退出市场。"这是我国对 150 MHz、400 MHz 频段专用模拟对讲机的生产、销售、使用等环节逐步向数字化过渡所确定的时间表和路线图，意味着专用对讲机通信被"强制"进入"模转数"倒计时。

相比模拟对讲机，数字对讲机具有频率利用率高、干扰少、通信质量高、业务功能丰富和便于统一管理等特点，在公共安全、交通物流等领域深受欢迎。现在的信息化社会，商业用户面对激烈的市场竞争和高效的企业管理，已经越来越离不开专业无线通信的保障。不同行业的用户对数字对讲机，除了要求价格低、覆盖广、操作简单便捷外，还有更多特定的要求，例如轻巧美观、保密性好和防水性好等，这些细分行业用户的需求，应当引起对讲机厂商的高度重视。在数字时代，不能仅仅依靠一款产品"包打天下"，需要"组合拳"来打动用户的心。

数字时代抓住用户的核心需求，获得用户的认可，是对讲机企业必修的功课。

1.4 通信系统的分类及通信方式

1.4.1 通信系统的分类

通信系统有许多不同的分类方法，常见的有以下几种。

1. 按信号的特征分类

（1）模拟通信——信道中传输的是模拟信号。

（2）数字通信——信道中传输的是数字信号。

2. 按传输介质分类

（1）有线通信——用各种传输导线（如电缆、光缆）作为传输介质，这种传输介质看得见、摸得着。市话系统、有线电视系统都属于有线通信方式。

（2）无线通信——利用无线电磁波进行通信的系统，如移动通信、微波中继通信等。

3. 按传输方式分类

（1）基带传输系统——以基带信号（未经调制的信号）作为传输信号的系统。

（2）频带传输系统——以已调信号（经过调制的信号）作为传输信号的系统。

4. 按工作频带分类

根据波长的大小或频率的高低，可将电磁波划分成不同的波段（或频段），对应的通信方式分别称为长波通信、中波通信、短波通信、微波通信等。

5. 按通信业务类型分类

按通信业务类型可分为电报通信、电话通信、图像通信、数据通信等。目前，已实现了业务综合，即可以把各种通信业务综合在一个网内传输。

6. 按终端用户移动性分类

（1）移动通信——通信双方至少有一方在移动中进行信息交换。

（2）固定通信——各终端的地理位置都是固定不变的。

7. 按复用方式分类

在同一条信道中同时传输多路信号时要采用复用技术。常用的复用方式有：频分复用、时分复用、码分复用和空分复用。

需要指出，同一个通信系统可以分属于不同的分类。

1.4.2　通信方式

通信方式是指通信双方（或多方）之间的工作方式。例如，对于点对点通信（专门为两点之间设立传输线的通信，本书主要讨论此种通信的基本原理），按照信息传输的方向与时间的关系，可分为单工（simplex）、半双工（half-duplex）和全双工（full-duplex）通信；对于数字通信，按照数字信号码元排列的方式，可分为并行传输和串行传输。

1. 单工、半双工和全双工通信

（1）单工通信。单工通信就像是单行道，只能单方向传递信息，如图 1-7（a）所示。例如，广播、遥控、无线寻呼等都是单工通信方式。

（2）半双工通信。半双工通信就像是独木桥，通信双方都能收发信息，但不能同时进行，如图 1-7（b）所示。例如，对讲机、收发报机等就是半双工通信方式。

（3）全双工通信。全双工通信就像双行道，通信双方可以同时进行收发信息，如图 1-7（c）所示。例如，移动电话、计算机通信网络等都是全双工通信。

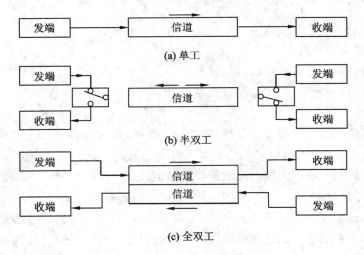

图 1-7　通信方式示意图

2. 并行传输和串行传输

并行传输是将代表信息的数字码元序列在两路或两路以上的信道上并行同时传输，如图 1-8（a）所示。它的优势在于节省传输时间、速度快，但需要多条通信线路，成本高。通常只适用于设备之间的近距离通信，如计算机和打印机之间的数据传输。

串行传输是将数字码元序列按时间顺序一个接一个地在信道中传输，如图 1-8（b）所示。这种传输方式只需一条通信信道，线路成本低，但速度比并行传输慢。通常，远距离的数字通信都采用这种方式。

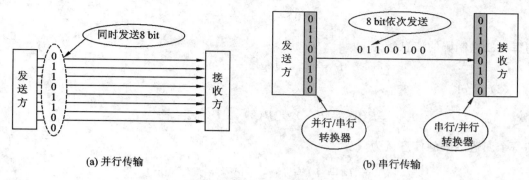

(a) 并行传输　　　　　　　　　　　　　　　　　　　(b) 串行传输

图 1-8　并行和串行传输方式

1.5　信息的度量

通信的目的在于传递和交换信息。信息的多少可用"信息量"来度量。消息中所包含的信息量与消息发生的概率密切相关。消息出现的概率越小，其不确定性越大，消息中所包含的信息量就越大。

请从常识的角度感知以下三条消息：

① 太阳从东方升起；

② 太阳比往日大两倍；

③ 太阳将从西方升起。

可以知道，第一条消息几乎没有带来任何信息；第二条带来了大量信息；第三条带来的信息多于第二条。这是因为第一个事件是一个必然事件，不足为奇；第三个事件几乎不可能发生，它使人感到惊奇和意外，也就是说，它带来更多的信息。越是不可预测的事件，越会使人感到惊奇，带来的信息就越多。

本节将介绍离散消息和离散信源发出的消息的度量方法。

1.5.1　离散消息的信息量

设离散消息 x_i 出现的概率为 $p(x_i)$，则它所含的信息量为

$$I(x_i) = \log_a \frac{1}{p(x_i)} = -\log_a p(x_i) \tag{1.5.1}$$

信息量的单位与对数底 a 有关：$a=2$ 时，信息量的单位为比特(bit)；$a=e$ 时，信息量的单位为奈特(nat)；$a=10$ 时，信息量的单位为哈特莱(Hartley)。

目前广泛使用的单位为比特，这时有

$$I(x_i) = \log_2 \frac{1}{p(x_i)} = -\log_2 p(x_i) \tag{1.5.2}$$

【例 1.1】　设离散信源等概率发送每个符号，且每个符号的出现是独立的。

(1) 若它是二进制信源(0，1)，计算每个符号的信息量。

(2) 若它是四进制信源(0，1，2，3)，计算每个符号的信息量。

解　(1) 已知

$$P(0) = P(1) = \frac{1}{2}$$

则每个二进制码的信息量为

$$I_0 = I_1 = \log_2 2 = 1(\text{bit})$$

（2）已知

$$P(0) = P(1) = P(2) = P(3) = \frac{1}{4}$$

则每个四进制码的信息量为

$$I_0 = I_1 = I_2 = I_3 = -\log_2 \frac{1}{4} = 2(\text{bit})$$

评注：等概时，每个符号含有相同的信息量；非等概时，各个符号的信息量不同，出现概率越小的符号所含的信息量越大。

1.5.2　离散信源的平均自信息量

1.5.1 小节讨论的是一个单独的符号或事件出现时，它所携带的信息量。但是，实际上，离散信源发出的并不是单一的符号，而是多个符号的集合。而自信息量并不能衡量整个信源的平均不确定度，通常需要计算出每个符号或消息所能够给出的平均自信息量。

平均自信息量是指每个符号所含信息量的统计平均值。设一离散信源是一个由 n 个符号组成的集合，其中每个符号 $x_i(i=1,2,3,\cdots,n)$ 按一定的概率 $p(x_i)$ 独立出现，即

$$\begin{bmatrix} X \\ P(X) \end{bmatrix} = \begin{bmatrix} x_1 & x_2 & \cdots & x_n \\ p(x_1) & p(x_2) & \cdots & p(x_n) \end{bmatrix}, \text{且有} \sum_{i=1}^{n} P(x_i) = 1$$

则该信源的平均自信息量为

$$H(X) = E(I(x_i)) = -\sum_{i=1}^{n} p(x_i)\log_2 p(x_i) \tag{1.5.3}$$

单位为比特/符号（bit/symbol）。由于 $H(X)$ 的公式同热力学中熵的形式类似，所以又称它为信源熵。

信源熵 $H(X)$ 有三种物理含义：

（1）在信源输出前，$H(X)$ 表示信源的平均不确定性。

（2）在信源输出后，$H(X)$ 表示每个离散消息所提供的平均信息量。

（3）$H(X)$ 反映了随机变量 X 的随机性和无序性。

信源熵有如下性质：

（1）非负性。信源熵不能小于零，即 $H(X) \geqslant 0$。

（2）确定性。若信源某一符号以概率 1 出现，而其他符号均不可能出现时，这个信源就是一个确知信源，其熵等于零。

（3）对称性。信源熵的取值与各概率分量 $p_1, p_2, \cdots, p_n$ 的顺序无关。

（4）极值性。对于离散信源，当各个符号等概出现时，其熵最大，这称为最大离散熵定理，用公式表示如下：

$$H(p_1, p_2, \cdots, p_n) \leqslant H\left(\frac{1}{n}, \frac{1}{n}, \cdots, \frac{1}{n}\right) = \log n \tag{1.5.4}$$

【扩展阅读：不要把所有的鸡蛋放在同一个篮子里！】

近年来，随着人们生活水平的提高，特色菜肴慢慢变成了抢手货。一位投资者看到此景，毅然抛开了一直处在考察中的其他投资项目，一心一意搞起了特色养殖。这位自称相信"风险与机遇并存"的投资者，力排众议，倾其所有，将全部资金都投入到他选定的特色养殖项目上，并坚信在自己的苦心经营下，一定能够从这个项目上获取丰厚回报。但一场突如其来的"禽流感"疫情，却使其梦想破灭。

虽然单一投资因为资源和资金的集中，在项目选择正确的情况下，常常会给企业带来好的收益，但单一投资的风险也是显而易见的，放大的风险只要发生一次，就可能使投资者多年积累起来的财富毁于一旦。

形象地讲，投资过于单一，就像把所有鸡蛋放在同一个篮子里，一旦篮子打翻，鸡蛋也就全部摔破了。而由多项目构成的组合性投资，可以大大减少单一投资所带来的投资风险。

【例 1.2】 某信息源的符号集由 A、B、C、D 和 E 组成，设每一符号独立出现，其出现概率分别为 $\frac{1}{4}$、$\frac{1}{8}$、$\frac{1}{8}$、$\frac{3}{16}$ 和 $\frac{5}{16}$。试求该信息源符号的平均自信息量。

解 该信息源符号的平均自信息量为

$$H(x) = -\sum_{i=1}^{n} P(x_i) \log_2 P(x_i)$$

$$= -\frac{1}{4}\log_2 \frac{1}{4} - 2 \times \frac{1}{8}\log_2 \frac{1}{8} - \frac{3}{16}\log_2 \frac{3}{16} - \frac{5}{16}\log_2 \frac{5}{16}$$

$$= 2.23 \, (\text{bit}/\text{symbol})$$

1.6 通信系统的性能指标

要设计和评价一个通信系统，就要用到许多性能指标。但通信的任务是又快又准地传递信息，因此，有效性和可靠性是评价通信系统性能的主要指标。

有效性指的是信息传输的"速度"问题，而可靠性考虑的是信息传输的"质量"问题。这两者通常是矛盾的，在设计通信系统时，应综合考虑。

下面分别介绍模拟通信系统和数字通信系统的性能指标。

1.6.1 模拟通信系统的性能指标

1. 有效性

模拟通信系统的有效性可以用传输带宽来度量。信号占用的传输带宽越小，通信系统的有效性就越好。信号的有效传输带宽与调制方式有关，同样的消息用不同的调制方式，则需要不同的频带宽度。如单边带信号占用的带宽为 4 kHz，而采用双边带调制，则需要 8 kHz，就有效性而言，单边带方式的有效性比双边带好。

2. 可靠性

模拟通信系统的可靠性用接收端最终的输出信噪比(Signal to Noise Ratio，SNR)来衡量。SNR 指的是信号与噪声的平均功率之比。信噪比越高，说明噪声对信号的影响越小。

显然，信噪比越高，通信质量就越好。在信道条件一样的情况下，不同调制方式具有不同的可靠性，如宽带调频系统的可靠性通常比调幅系统好，但有效性则不如调幅系统。所以说有效性和可靠性通常是矛盾的。

1.6.2　数字通信系统的性能指标

1. 有效性

数字通信系统的有效性可用传输速率和频带利用率来衡量。

1）传输速率

（1）码元速率 R_B，是指每秒钟传送的码元（或符号）数。单位为波特（Baud），所以也称 R_B 为波特率。

设码元宽度为 T_s，则码元速率可表示为

$$R_B = \frac{1}{T_s} \text{ (Baud)} \tag{1.6.1}$$

（2）信息速率 R_b，又称为比特率，是指系统每秒钟传送的信息量。单位是比特/秒（bit/s），简记为 b/s。

因为一个二进制符号携带 1 bit 的信息量（各符号等概出现时），一个 N 进制码元携带 $\log_2 N$ 比特的信息量（等概发送时），所以码元速率和信息速率存在以下对应关系，即

$$R_b = R_B \log_2 N \text{ (bit/s)} \tag{1.6.2}$$

例如，每秒钟传输 1200 个码元，则码元速率为 1200 Baud；若采用二进制传输，信息速率为 1200 bit/s；若采用四进制，则信息速率为 2400 bit/s。

2）频带利用率

单位频带内的传输速率称为频带利用率。频带利用率有两种表示方式：码元频带利用率和信息频带利用率。

码元频带利用率是指单位频带内的码元传输速率，用公式表示为

$$\eta_B = \frac{R_B}{B} \text{ (Baud/Hz)} \tag{1.6.3}$$

信息频带利用率是指每秒钟在单位频带上传输的信息量，用公式表示为

$$\eta_b = \frac{R_b}{B} \text{ (bit/(s · Hz))} \tag{1.6.4}$$

【例 1.3】　对于同样以 2400 bit/s 比特率发送的消息信号，若 A 系统以 2PSK 调制方式进行传输时所需带宽为 2400 Hz，而 B 系统以 4PSK 调制方式传输时的带宽为 1200 Hz。试问：哪个系统更有效？

解　　A 系统：　　　　　$\eta_b = \dfrac{R_b}{B} = \dfrac{2400}{2400} = 1 \text{ (bit/(s · Hz))}$

　　　　　B 系统：　　　　　$\eta_b = \dfrac{R_b}{B} = \dfrac{2400}{1200} = 2 \text{ (bit/(s · Hz))}$

所以，B 系统的有效性更好。

评注：两个传输速率相同的系统，若占用的带宽不同，则两者的传输效率不同，所以频带利用率更好地反映了数字通信系统的有效性。

2. 可靠性

数字通信系统的可靠性通常用差错率来衡量。差错率越小,则可靠性越高。差错率也有两种表示方法:误码率(P_e)和误比特率(P_b)。

(1)误码率定义为

$$P_e = \frac{错误码元数}{传输总码元数} \tag{1.6.5}$$

表示码元在传输过程中出错的概率。P_e越小,说明传输的可靠性越高。

(2)误比特率(误信率)定义为

$$P_b = \frac{错误比特数}{传输总比特数} \tag{1.6.6}$$

表示错误接收的比特数在传输总比特数中所占的比例。显然,对于二进制系统,有$P_e = P_b$。

【例 1.4】 已知某八进制数字通信系统,其信息速率为 3000 bit/s,接收端在 10 分钟内,共测得出现 18 个错误码元,求该系统的误码率。

解 码元速率:

$$R_B = \frac{R_b}{\log_2 N} = \frac{3000}{3} = 1000 (\text{Baud})$$

10 分钟传输的码元总数:

$$M = R_B \times t = 1000 \times 10 \times 60 = 6 \times 10^5$$

误码率:

$$P_e = \frac{18}{6 \times 10^5} = 3 \times 10^{-5}$$

想一想: 如果是二进制的系统,其误码率又是多少?

本 章 小 结

本章从通信的基本概念出发,简要回顾了通信发展的历史,在此基础上,重点介绍了通信系统的组成、信息的度量方法以及系统的性能指标。

通信的基本任务是传递消息中所包含的信息,它的目的是为了获取信息。通信中信息的传递是通过信号来承载的。信号是信息的载体。

完成通信这一过程所需的一切设备和传输媒介所构成的总体,称为通信系统。按照通信系统中传输的信号进行分类,通信可以分为模拟通信系统和数字通信系统。

与模拟通信相比,数字通信因其抗干扰能力强、差错可控、便于加密处理、易于集成、易于与现代通信技术相结合等优点,在现代社会中应用更为广泛。但数字通信最突出的缺点是信号占用频带较宽。

通信的目的在于传递和交换信息。信息的多少可用"信息量"来度量,它与消息出现的概率有关。

要设计和评价一个通信系统,有许多性能指标。但通信的任务是又快又准地传递信息,因此,有效性和可靠性是评价通信系统性能的主要指标。有效性指的是信息传输的

"速度"问题，而可靠性考虑的是信息传输的"质量"问题。这两者通常是矛盾的，在设计通信系统时，应综合考虑。

通过本章的学习，读者应对通信的基本概念、发展历程、通信系统的组成和性能指标、信息的度量有一个总体的认识。

思　考　题

1. 简述信息、信号和通信的概念。
2. 试画出数字通信系统的一般模型，并简要说明各部分的作用。
3. 如何确定通信的方式？
4. 数字通信有哪些特点？
5. 衡量数字通信系统的主要性能指标有哪些？
6. 什么是码元速率？什么是信息速率？二者之间有何关系？

习　　题

1.1　请解释一下什么是通信。

1.2　编码分为信源编码和信道编码两种，信源编码以提高_____为目的，信道编码以提高_____为目的。

1.3　将基带信号的频谱搬移至较高的频率范围，使其能转换成适合于信道传输的信号，这一过程称为_____。

1.4　通常将信道中传输模拟信号的通信系统称为_____；将信道中传输数字信号的通信系统称为_____。

1.5　各符号独立等概出现时，在码元速率相同的情况下，M 进制码元的信息速率是二进制的_____倍。

1.6　"在码元速率相等的情况下，四进制的信息速率是二进制的 2 倍。"此话成立的条件是_____。

1.7　将信源发出的连续信号变换为数字序列是由_____完成的。（信道编码/信源编码）

1.8　计算机和打印机之间的通信是一种（　　）通信方式。
　　A. 单工　　　　　　　B. 半双工　　　　　　C. 全双工

1.9　在数字通信系统中，传输速率属于通信系统性能指标中的（　　）。
　　A. 有效性　　　　　B. 可靠性　　　　　C. 适应性　　　　　D. 标准性

1.10　下列性能指标中，可以用来表示数字通信系统可靠性的指标是（　　）。
　　A. 信息传输速率　B. 符号速率　　　C. 频带利用率　　　D. 误码率

1.11　关于数字通信的特点表述有误的是（　　）。
　　A. 传输质量高
　　B. 抗干扰能力强
　　C. 数字基带信号占用频带比模拟信号窄

　　D. 设备体积小，重量轻

　　1.12　试画出数字通信系统的一般模型，并指出收发双方在功能上互逆的关系对。

　　1.13　某信源符号集由 A、B、C、D、E、F 组成，设每个符号独立出现，其出现概率分别为 $\frac{1}{2}$、$\frac{1}{4}$、$\frac{1}{8}$、$\frac{1}{16}$、$\frac{1}{32}$、$\frac{1}{32}$。试求：

　　（1）符号 D 的信息量为多少？

　　（2）该信息源符号的平均自信息量。

　　（3）该信源的最大可能平均信息量是多少？要达到此值，需要满足什么条件？

　　1.14　若二进制符号的码元宽度为 0.1 ms，求其码元速率 R_B 和信息传输速率 R_b；若改为八进制信号，码元宽度不变，求 R_B 和 R_b。

　　1.15　已知某四进制数字传输系统的信息传输速率为 2400 bit/s，接收端在一个小时内共接收到 216 个错误码元，试计算：

　　（1）一个小时内传送的码元总数；

　　（2）该系统的误码率 P_e。

第 2 章　信号与信道

　　通信中消息的传送是通过信号来进行的，也可以说，信号是消息的载荷者，它是携带消息并随时间变化的物理量，如电压、电流信号等。通信的过程就是信号在系统中抑制噪声并且正常传输和变换的过程。通信系统中普遍存在的噪声便是一种随机信号。因此，研究通信系统，必须分析信号与噪声。

　　信道则是消息传送的通道。信道的传输特性直接影响着通信的可靠性以及通信系统的总特性。本章将对信道的统计特性、数学模型以及信道容量等理论进行讨论，从而得到有关信道传输的重要结论。

2.1　信号和噪音的分类

2.1.1　信号的分类

　　从不同的角度，可以将信号分为不同的类型。

1. 确定信号与随机信号

　　根据信号是否能用确定的时间函数来表示，可以把信号分为确定信号与随机信号。

　　确定信号：可以写出一个确定的时间函数表示式，它在定义域内任意时刻都有确定的函数值。例如正弦信号 $f(t) = \sin 2\pi t$。

　　随机信号：写不出明确的时间函数表达式，随时间作无规律、未知的变化。通常只知道它在某一个时刻取某一数值的概率，只能用概率统计的方法来描述。在通信系统中，不仅传输的信号多数本身具有随机性，同时它们还要受到传输系统随机噪声的影响，使结果具有更复杂的随机性。自然界中也有大量的信号属于随机信号。例如，半导体载流子随机运动所产生的噪声、雷达接收到目标信号的"幅度与相位"、人说话时发出的"语音信号"等。

2. 连续信号与离散信号

　　根据信号时间变量取值的情况，可以把信号分为连续时间信号与离散时间信号。

　　连续信号：除了有限的间断点以外，如果一个信号在其他的时刻均有定义值，则称其为连续信号（与连续函数的定义不同）；连续是指时间自变量 t 是连续变化的，而函数值可以在个别时刻跳变。

　　离散信号：仅在离散时刻有定义，而在两个有定义的时刻之间信号是未知的，用 $f(tk)$、$f(kT)$ 或 $f(k)$ 表示。

3. 周期信号与非周期信号

　　周期信号：按一定的时间间隔重复变化并且无始无终的信号。

$$f_T(t) = f(t + kT) \quad k = 0, \pm 1, \pm 2, \pm 3, \cdots, -\infty < t < \infty \qquad (2.1.1)$$

式中，T 为信号的周期，它是信号重复出现所需的最短时间间隔，单位为秒（s）。

非周期信号：不具有重复性的信号。

4. 能量信号与功率信号

能量信号：平均功率（在整个时间轴上平均）等于 0，但其能量有限的信号。

设能量信号 $f(t)$ 为时间的实函数，通常把能量信号的归一化能量（简称能量）定义为由电压加于单位电阻上所消耗的能量，即

$$E = \int_{-\infty}^{\infty} f^2(t)\,\mathrm{d}t \qquad (2.1.2)$$

功率信号：在整个时间域 $(-\infty, \infty)$ 内都存在，因此它具有无限大的能量，但其平均功率是有限的。

设信号 $f(t)$ 为时间的实函数，通常把 $f(t)$ 信号看做是随时间变化的电压或电流，则当信号 $f(t)$ 通过 $1\,\Omega$ 电阻时，其瞬时功率为 $|f(t)|^2$，而平均功率定义为

$$S = \lim_{T \to \infty} \frac{1}{T} \int_{-T/2}^{T/2} f^2(t)\,\mathrm{d}t \qquad (2.1.3)$$

通信系统中，一切随机信号或噪声均是功率信号。

2.1.2　噪声的分类

信道对信号传输的限制有损耗和衰落，还有一个重要的限制因素便是噪声。噪声，从广义上讲是指通信系统中有用信号以外的电信号，通信系统中必然存在噪声。

1. 按噪声与信号的关系分类

加性噪声：与信号的关系是相加，不管有没有信号，噪声都存在。加性噪声的存在虽独立于有用信号（携带信息的信号），但它却始终干扰有用信号，因而就不可避免地对通信造成危害。

乘性噪声：由信道不理想引起，它们与信号之间是相乘的关系。

在一般的通信系统中把加性噪声看成是系统的背景噪声；而将乘性噪声看成是由系统的时变性（如衰落或者多普勒）或者非线性所造成的。

2. 按来源分类

加性噪声（简称噪声）按来源可分为内部噪声和外部噪声，外部噪声又可分为自然噪声和人为噪声。

内部噪声：是系统设备本身产生的各种噪声。例如，在电阻一类的导体中由电子的热运动所引起的热噪声，热噪声无处不在，不可避免地存在于一切电子设备中。另外还有真空管中由电子的起伏性发射或半导体中由载流子的起伏变化所引起的散弹噪声及电源哼声等。电源哼声及接触不良或自激振荡等引起的噪声是可以消除的，但热噪声和散弹噪声一般无法避免，而且它们的准确波形不能预测。这种不能预测的噪声统称为随机噪声。

外部噪声包括自然噪声和人为噪声。

（1）自然噪声：自然界中存在各种电磁波辐射，如闪电、大气噪声，以及来自太阳和银河系等的宇宙噪声。

（2）人为噪声：人类活动产生的，如各种电气装置中电流或电压发生急剧变化而形成的电磁辐射，诸如电动机、电焊机、高频电气装置、电气开关等所产生的火花放电形成的

电磁辐射。

3. 按性质分类

脉冲噪声：主要特点是突发的脉冲幅度大，但是，单个突发脉冲持续时间很短，相邻突发脉冲间隔较长。从频谱上看，脉冲噪声通常具有较宽的频谱，一般从甚低频一直延续到高频，但频率越高，能量越小，例如汽车发动机所产生的点火噪声。

窄带噪声：它可以看成是一种非所需的连续的已调正弦波，或一个幅度恒定的单一频率的正弦波。通常它来自相邻电台或其他电子设备。窄带噪声的频率位置通常是确定的或可以测知的。

起伏噪声：在时域和频域普遍存在的随机噪声。由于起伏噪声长时间统计满足正态分布，是一个类高斯随机过程，故又称类高斯噪声，并且在相当宽的频率范围内其频谱是均匀分布的，故又称白噪声（类似白光的频谱）。热噪声、散弹噪声及宇宙噪声是典型的起伏噪声。由于起伏噪声是无处不在的，在分析噪声对通信系统影响的时候，主要考虑起伏噪声（特别是热噪声），它是通信系统最基本的噪声源。因此，通信系统中的噪声常常被近似地描述成加性高斯白噪声，即服从高斯分布且功率谱密度均匀分布的噪声。

2.2　随　机　变　量

在"信号与系统"课程中，主要针对确知信号进行了分析，学习了确知信号在时域和频域中的分析方法。在实际通信系统中传输的信号（如语音信号、视频信号等）以及噪声基本都是随机信号，所以接来下主要讨论随机信号。随机信号具有不可预测性，不能用时间函数准确地描述，但它们都遵循一定的统计规律性，可以用严格的统计特性来描述随机信号。

在任意一个给定的时刻上，随机信号的取值就是一个随机变量。要分析随机过程和随机信号，首先应学会分析随机变量及其统计特征。

2.2.1　随机变量的概念

在概率论中，将每次实验的结果用一个变量 X 来表示，如果变量的取值 x 是随机的，则称变量 X 为随机变量。

随机变量可分为连续型随机变量和离散型随机变量。当随机变量所取的可能值可以连续地充满某个区间，称为连续型随机变量，例如灯泡的寿命、某地区健康成人的身高体重值等；当随机变量的所有取值是有限个或可列的时，称为离散型随机变量，例如抛一枚骰子出现的结果，在一定时间内电话交换台收到的呼叫次数，等等。

随机变量的统计规律用概率分布函数或概率密度函数来描述。

1. 概率分布函数 $F(x)$

定义随机变量 X 的概率分布函数 $F(x)$ 是 X 取值小于或等于某个数值 x 的概率 $P(X \leqslant x)$，即

$$F(x) = P(X \leqslant x) \tag{2.2.1}$$

上述定义中，随机变量 X 可以是连续随机变量，也可以是离散随机变量。

概率分布函数有如下性质：

(1) $0 \leqslant F(x) \leqslant 1$。

(2) $F(-\infty)=0$，$F(+\infty)=1$。

(3) 单调不减。

(4) 右连续性。

对于离散随机变量，其分布函数也可表示为

$$F(x) = P(X \leqslant x) = \sum_{x_i \leqslant x} P(x_i) \qquad i = 1,2,3,\cdots \tag{2.2.2}$$

式中 $P(x_i)(i=1,2,3,\cdots)$ 是随机变量 X 取值为 x_i 的概率。

2. 概率密度函数 $f(x)$

在许多实际问题中，采用概率密度函数比采用概率分布函数能更方便地描述连续随机变量的统计特性。

对于连续随机变量 X，其分布函数 $F(x)$ 对于一个非负函数 $f(x)$ 有下式成立：

$$F(x) = \int_{-\infty}^{x} f(u)\mathrm{d}u \tag{2.2.3}$$

则称 $f(x)$ 为随机变量 X 的概率密度函数（简称概率密度）。由于式(2.2.3)表示随机变量 X 在区间 $(-\infty, x]$ 上取值的概率，故 $f(x)$ 具有概率密度的含义，式(2.2.3)也可表示为

$$f(x) = \frac{\mathrm{d}F(x)}{\mathrm{d}x} \tag{2.2.4}$$

可见，概率密度函数是分布函数的导数。从图形上看，概率密度就是分布函数曲线的斜率。

概率密度函数有如下性质：

(1) $f(x) \geqslant 0$。

(2) $\int_{-\infty}^{\infty} f(x)\mathrm{d}x = 1$，如图 2-1(a)所示。

(3) $\int_{x_1}^{x_2} f(x)\mathrm{d}x = P(x_1 < X \leqslant x_2) = F(x_2) - F(x_1)$，如图 2-1(b)所示。

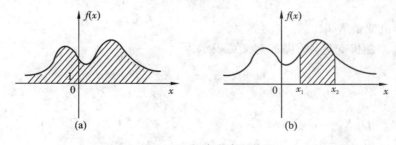

(a)　　　　　　　　　　　　　(b)

图 2-1　概率密度函数

2.2.2　随机变量的数字特征

前面讨论了随机变量及其分布。如果知道了随机变量 X 的概率分布，那么 X 的全部概率特征也就知道了。在实际问题中，概率分布是较难确定的，而且有时并不需要知道随机变量的所有性质，只要知道它的某些数字特征就够了。更重要的是一些分布可以由它的某些数字特征完全刻画。因此，在对随机变量的研究中，确定随机变量的某些数字特征是非常重要的。

1. 数学期望

数学期望(简称均值)是用来描述随机变量 X 的统计平均值,它反映随机变量取值的集中位置。

定义:设 X 为离散型随机变量,其概率分布为 $P\{X=x_i\}=p(x_i),k=1,2,\cdots$,则其数学期望定义为

$$E(X) = \sum_{i=1}^{k} x_i p(x_i) \tag{2.2.5}$$

对于连续型随机变量 X,其概率密度函数为 $f(x)$,则其数学期望定义为

$$E(X) = \int_{-\infty}^{\infty} xf(x)\mathrm{d}x \tag{2.2.6}$$

数学期望的性质如下:

(1) 若 X 为一常数,则常数的数学期望等于常数,即 $E(C)=C$。

(2) 若有两个随机变量 X 和 Y,它们的数学期望 $E(X)$ 和 $E(Y)$ 存在,则 $E(X+Y)$ 也存在,且有

$$E(X+Y) = E(X) + E(Y) \tag{2.2.7}$$

对于多个独立的随机变量 $X_1,X_2,\cdots,X_n$,不难证明:

$$E(X_1 + X_2 + \cdots + X_n) = E(X_1) + E(X_2) + \cdots + E(X_n) \tag{2.2.8}$$

(3) 若随机变量 X 和 Y 相互独立,且 $E(X)$ 和 $E(Y)$ 存在,则 $E(XY)$ 也存在,且有

$$E(XY) = E(X)E(Y) \tag{2.2.9}$$

2. 方差

方差反映随机变量的取值偏离均值的程度。方差定义为随机变量 X 与其数学期望之差的平方的数学期望,即

$$D[X] = E[X - E(X)]^2 \tag{2.2.10}$$

对于离散型随机变量,方差的定义可表示为

$$D[X] = \sum_i [x_i - E(X)]^2 P_i \tag{2.2.11}$$

式中,P_i 是随机变量 X 取值为 x_i 的概率。

对于连续型随机变量,方差的定义可表示为

$$D[X] = \int_{-\infty}^{\infty} [x_i - E(X)]^2 f(x)\mathrm{d}x \tag{2.2.12}$$

另外,

$$D[X] = E[X - E(X)]^2 = E[X^2 - 2XE(X) + E^2(X)]$$
$$= E(X^2) - E^2(X) \tag{2.2.13}$$

方差的性质如下:

(1) 常数的方差等于 0,即 $D[X]=0$。

(2) 设 $D[X]$ 存在,C 为常数,则

$$D[X+C] = D[X] \tag{2.2.14}$$

$$D(CX) = C^2 D(X) \tag{2.2.15}$$

(3) 设 $D[X]$ 和 $D[Y]$ 都存在,且 X 和 Y 相互独立,则

$$D[X+Y] = D(X) + D(Y) \tag{2.2.16}$$

对于多个独立的随机变量 $X_1, X_2, \cdots, X_n$，不难证明：

$$D(X_1 + X_2 + \cdots + X_n) = D(X_1) + D(X_2) + \cdots + D(X_n) \qquad (2.2.17)$$

3. n 阶矩

矩是随机变量更一般的数字特征。数学期望和方差都是矩的特例。随机变量 X 的 n 阶矩（又称 n 阶原点矩）定义为

$$E(X^n) = \int_{-\infty}^{\infty} x^n f(x) \mathrm{d}x \qquad (2.2.18)$$

显然，数学期望 $E(X)$ 就是一阶矩。它常用 a 表示，即 $a = E(X)$。

除了原点矩外，还定义相对于均值 a 的 n 阶矩为 n 阶中心矩，即

$$E[(X-a)^n] = \int_{-\infty}^{\infty} (x-a)^n f(x) \mathrm{d}x \qquad (2.2.19)$$

显然，随机变量的二阶中心矩就是它的方差，即

$$D[X] = E\{(X-a)^2\} = \sigma^2 \qquad (2.2.20)$$

2.2.3　通信系统中典型的随机变量

1. 均匀分布随机变量

若连续型随机变量 X 具有概率密度 $f(x)$ 为

$$f(x) = \begin{cases} \dfrac{1}{(b-a)}, & a \leqslant x \leqslant b \\ 0, & \text{其他} \end{cases} \qquad (2.2.21)$$

则称 X 在区间 $[a,b]$ 上服从均匀分布（或等概率分布），记作 $X \sim U(a,b)$。

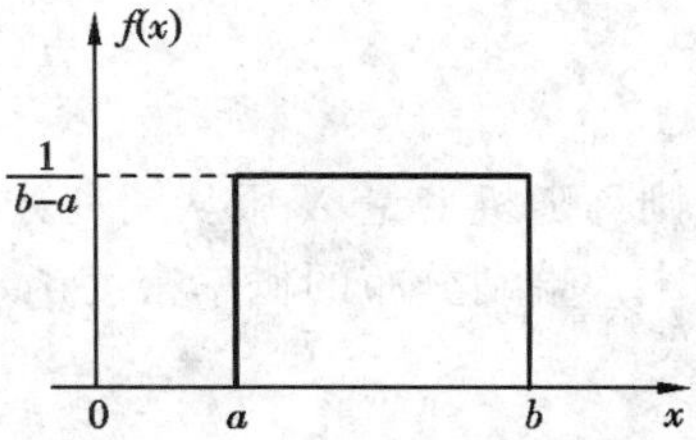

均匀分布的概率密度函数的曲线如图 2-2 所示。

图 2-2　均匀分布的概率密度函数

均匀分布的概率意义：X 落在区间 $[a,b]$ 中任意等长度的子区间的可能性是相同的，即它落在子区间的概率只依赖于子区间的长度而与子区间的位置无关。

2. 高斯(Gauss)分布随机变量

高斯分布是应用最广泛的一种连续型分布，也叫正态分布。数学家德莫佛（见图 2-3）最早发现了二项分布的一个近似公式，这一公式被认为是正态分布的首次出现。正态分布在十九世纪前叶由数学家高斯（见图 2-4）加以推广，所以通常也称为高斯分布。

图 2-3　德莫佛

图 2-4　高斯

若随机变量 X 的概率密度为

$$f(x) = \frac{1}{\sigma\sqrt{2\pi}} e^{-\frac{(x-a)^2}{2\sigma^2}}, \quad -\infty < x < \infty \tag{2.2.22}$$

式中，a 为高斯随机变量的数学期望，σ^2 为方差。其中 a 和 $\sigma^2(\sigma>0)$ 都是常数，则称 X 服从参数为 a 和 σ^2 的正态分布（高斯分布），记作 $X \sim N(a, \sigma^2)$。

高斯分布的概率密度函数的曲线如图 2-5 所示。

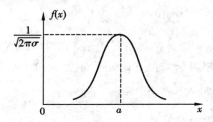

图 2-5　高斯分布的概率密度函数曲线

3. 瑞利（Rayleigh）分布随机变量

若随机变量 X 的概率密度为

$$f(x) = \begin{cases} \dfrac{x}{\sigma^2} \exp\left(-\dfrac{x^2}{2\sigma^2}\right), & x \geqslant 0 \\ 0, & x < 0 \end{cases} \tag{2.2.23}$$

则称随机变量 X 服从瑞利分布。其中 $\sigma > 0$，是一个常数。

瑞利分布的概率密度函数曲线如图 2-6 所示。

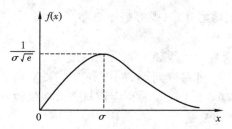

图 2-6　瑞利分布的概率密度函数曲线

后面介绍的窄带高斯噪声的包络就是服从瑞利分布。

2.3　随 机 过 程

通信过程中的随机信号和噪声均可归纳为依赖于时间参数 t 的随机过程。

2.3.1　随机过程的概念

如果每一次实验结果是一个随机变量，那么连续不断地进行试验，在任一瞬间都有一个相应的随机变量，于是这时的试验结果就不仅是一个随机变量，而是一个在时间上不断变化的随机变量的集合，这便是随机过程。

由此从数学的角度，设 $S_k(k=1,2,\cdots)$ 是随机试验，每一次试验都有一个时间波形（称为样本函数或实现），记作 $x_i(t)$，所有可能出现的结果的总体 $\{x_1(t), x_2(t), \cdots, x_n(t), \cdots\}$ 就构成一随机过程，记作 $\xi(t)$，如图 2-7 所示。例如在相同设备和测试条件下观测一台接收机在

一段时间内 n 次输出的噪声波形，在 n 条记录曲线中找不到两个完全相同的波形，这就是说，接收机输出的噪声随时间变化是不可预知的，它是一个随机过程。

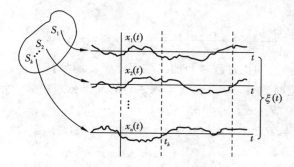

图 2-7　随机过程波形

因此，随机过程定义为：

（1）随时间变化的无数个随机变量的集合。

（2）无穷多个样本函数的总体。

随机过程有以下特点：

（1）它是时间 t 的函数。

（2）在任一确定时刻上的取值是不确定的，是一个随机变量。

例如：$X(t) = A\cos(2\pi f_0 t + \theta)$，其中 θ 为随机变量，其余为常数。

当 θ 取值一定时，$X(t) = A\cos(2\pi f_0 t + \theta)$ 为样本函数。

当 t 取值一定时，$X(t_0) = A\cos(2\pi f_0 t_0 + \theta)$ 为随机变量。

2.3.2　随机过程的统计特性

由于随机过程具有两重性，可以用与描述随机变量相似的方法，来描述它的统计特性。

1. 随机过程的分布函数和概率密度函数

设 $\xi(t)$ 是一个随机过程，在任意给定的时刻 t_1，其取值 $\xi(t_1)$ 是一个随机变量。显然，随机变量的统计特性可以用分布函数或概率密度函数来描述。通常把随机变量 $\xi(t_1)$ 小于或等于某一数值 x_1 的概率 $P[\xi(t_1) \leqslant x_1]$，简记为 $F_1(x_1, t_1)$，称为随机过程 $\xi(t)$ 的一维分布函数，即

$$F_1(x_1, t_1) = P[\xi(t_1) \leqslant x_1] \tag{2.3.1}$$

如果 $F_1(x_1, t_1)$ 对 x_1 的偏导数存在，即有

$$\frac{\partial F_1(x_1, t_1)}{\partial x_1} = f_1(x_1, t_1) \tag{2.3.2}$$

则称 $f_1(x_1, t_1)$ 为随机过程 $\xi(t)$ 的一维概率密度函数。

显然，随机过程的一维分布函数或一维概率密度函数仅仅描述了随机过程在各个孤立时刻的统计特性，而没有说明随机过程在不同时刻取值之间的内在联系，为此需要进一步引入二维分布函数。

在任意给定的两个时刻 t_1、t_2，随机变量 $\xi(t_1)$ 和 $\xi(t_2)$ 构成一个二元随机变量 $\{\xi(t_1), \xi(t_2)\}$，则

$$F_2(x_1, x_2; t_1, t_2) = P[\xi(t_1) \leqslant x_1, \xi(t_2) \leqslant x_2] \tag{2.3.3}$$

称为随机过程 $\xi(t)$ 的二维分布函数。

若存在

$$\frac{\partial^2 F_2(x_1, x_2; t_1, t_2)}{\partial x_1 \cdot \partial x_2} = f_2(x_1, x_2; t_1, t_2) \tag{2.3.4}$$

则称 $f_2(x_1, x_2; t_1, t_2)$ 为随机过程 $\xi(t)$ 的二维概率密度函数。

同理，在任意给定时刻 $t_1, t_2, \cdots, t_n$，则 $\xi(t)$ 的 n 维分布函数被定义为

$$F_n(x_1, x_2, \cdots, x_n; t_1, t_2, \cdots, t_n)$$
$$= P(\xi(t_1) \leqslant x_1, \xi(t_2) \leqslant x_2, \cdots, \xi(t_n) \leqslant x_n) \tag{2.3.5}$$

如果存在

$$\frac{\partial^n F_n(x_1, x_2, \cdots, x_n; t_1, t_2, \cdots, t_n)}{\partial x_1 \partial x_2 \cdots \partial x_n}$$
$$= f_n(x_1, x_2, \cdots, x_n; t_1, t_2, \cdots, t_n) \tag{2.3.6}$$

则称 $f_n(x_1, x_2, \cdots, x_n; t_1, t_2, \cdots, t_n)$ 为随机过程 $\xi(t)$ 的 n 维概率密度函数。

显然，n 越大，对随机过程统计特性的描述就越充分，但问题的复杂性也随之增加。在一般实际问题中，掌握二维概率密度函数便已经足够。

2. 随机过程的数字特征

分布函数或概率密度函数虽然能够较全面地描述随机过程的统计特性，但在实际工作中，有时不易或不需求出分布函数和概率密度函数，而用随机过程的数字特征来描述随机过程的统计特性，更简单直观。

1) 数学期望

设随机过程 $\xi(t)$ 在任意给定 t_1 时刻的取值 $\xi(t_1)$ 是一个随机变量，其概率密度函数为 $f_1(x_1, t_1)$，则 $\xi(t_1)$ 的数学期望为

$$E[\xi(t_1)] = \int_{-\infty}^{\infty} x_1 f_1(x_1, t_1) \mathrm{d}x_1$$

这里，t_1 是任意取值的，可以把 t_1 写成 t，x_1 写成 x，即为随机过程在任意时刻的数学期望，记为 $E[\xi(t)] = a(t)$，即

$$a(t) = E[\xi(t)] = \int_{-\infty}^{\infty} x f_1(x, t) \mathrm{d}x \tag{2.3.7}$$

$a(t)$ 是时间 t 的函数，它表示随机过程的各样本函数曲线的摆动中心，即均值。

2) 方差

随机过程 $\xi(t)$ 的方差定义为

$$D[\xi(t)] = E\{\xi(t) - E[\xi(t)]\}^2 = E[\xi^2(t)] - [a(t)]^2$$
$$= \int_{-\infty}^{\infty} x^2 f_1(x, t) \mathrm{d}x - [a(t)]^2 = \sigma^2(t) \tag{2.3.8}$$

从式(2.3.8)可知，$\sigma^2(t)$ 在 t_1 时的值 $\sigma^2(t_1)$ 就是随机过程在 t_1 瞬间的值的方差。$\sigma^2(t)$ 是 t 的函数，它描述随机过程 $\xi(t)$ 在任意瞬间 t 偏离其数学期望的程度。

随机过程 $\xi(t)$ 的均值和方差如图 $2-8$ 所示，可以看出，它们描述了随机过程在各个孤立时刻上的统计特性，均由随机过程的一维概率密度函数加权决定。

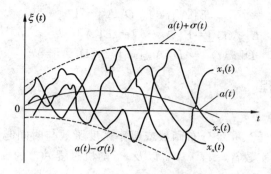

图 2-8　随机过程 $\xi(t)$ 的均值和方差

3）自相关函数

随机过程的均值和方差仅描述了随机过程在各个孤立时刻上的统计特性，不能反映出过程内部任意两个时刻之间的内在联系。

衡量同一随机过程在任意两个时刻上获得的随机变量的统计相关特性时，常用自相关函数来表示（或用自协方差函数表示）。所谓相关，实际上是指随机过程在 t_1 时刻的取值对下一时刻 t_2 的取值的影响。影响越大，相关性越强，反之，相关性越弱。

随机过程的自协方差函数定义为

$$
\begin{aligned}
B(t_1,t_2) &= E\{[\xi(t_1)-a(t_1)][\xi(t_2)-a(t_2)]\} \\
&= E[\xi(t_1)\xi(t_2)] - a(t_1)a(t_2) \\
&= \int_{-\infty}^{\infty}\int_{-\infty}^{\infty}[x_1-a(t_1)][x_2-a(t_2)]f_2(x_1,x_2;t_1,t_2)\mathrm{d}x_1\mathrm{d}x_2 \quad (2.3.9)
\end{aligned}
$$

式中：t_1 与 t_2 是任取的两个时刻；$a(t_1)$ 与 $a(t_2)$ 为在 t_1 及 t_2 时刻得到的数学期望；$f_2(x_1,x_2;t_1,t_2)$ 为二维概率密度函数。

随机过程的自相关函数定义为

$$
R(t_1,t_2) = E[\xi(t_1)\xi(t_2)] = \int_{-\infty}^{\infty}\int_{-\infty}^{\infty}x_1x_2f_2(x_1,x_2;t_1,t_2)\mathrm{d}x_1\mathrm{d}x_2 \quad (2.3.10)
$$

若令 $t_2=t_1+\tau$，则 $R(t_1,t_2)$ 可表示为 $R(t_1,t_1+\tau)$。

显然，由式（2.3.9）和式（2.3.10）可得自协方差函数与自相关函数有如下关系：

$$
B(t_1,t_2) = R(t_1,t_2) - a(t_1)a(t_2) \quad (2.3.11)
$$

可见，随机过程的自协方差函数是自相关函数与 t_1、t_2 时刻均值的乘积的差值。当 $a(t_1)$ 或 $a(t_2)$ 为零时，$B(t_1,t_2)=R(t_1,t_2)$。

综上所述，随机过程 $\xi(t)$ 可以用均值 $a(t)$、方差 $\sigma^2(t)$ 及自相关函数 $R(t_1,t_2)$ 等数字特征来描述。在实际系统中遇到的随机过程，其数字特征的表达往往十分简洁，因此，用数字特征来描述随机过程是行之有效的方法。

【例 2.1】　某随机信号 $x(t)=At+b$，b 为常数，A 为随机变量的概率密度函数为

$$
f_A(x) = \frac{1}{\sqrt{2\pi}}\exp\left[-\frac{(x-1)^2}{2}\right]
$$

（1）A 为何种随机变量？求 $E[A]$ 和 $D[A]$。

（2）求随机过程 $x(t)$ 的期望 $E[x(t)]$ 和方差 $D[x(t)]$。

解　（1）A 为高斯分布的随机变量。

$$E[A] = 1, \ D[A] = 1$$

(2)　　　　　$$E[x(t)] = E[At + b] = tE[A] + b = t + b$$

$$D[x(t)] = D[At + b] = t^2 D[A] = t^2$$

2.3.3 平稳随机过程

1. 严平稳和宽平稳

若一个随机过程的任意 n 维分布函数或概率密度函数与时间起点无关，也就是说，对于任何正整数 n 和任何实数 t_1，t_2，$\cdots$，t_n 以及 τ，随机过程 $\xi(t)$ 的 n 维概率密度函数满足

$$f_n(x_1, x_2, \cdots, x_n; t_1, t_2, \cdots, t_n)$$

$$= f_n(x_1, x_2, \cdots, x_n; t_1 + \tau, t_2 + \tau, \cdots, t_n + \tau) \qquad (2.3.12)$$

则称 $\xi(t)$ 为严平稳随机过程，或称狭义平稳随机过程。

若随机过程 $\xi(t)$ 的均值为常数，与时间 t 无关，而自相关函数仅是 τ 的函数，则称其为宽平稳随机过程或广义平稳随机过程。按此定义得知，对于宽平稳随机过程，有

$$E[\xi(t)] = a \qquad (2.3.13)$$

$$R(t_1, t_2) = E[\xi(t_1)\xi(t_1 + \tau)] = R(\tau) \qquad (2.3.14)$$

由于均值和自相关函数只是统计特性的一部分，所以严平稳随机过程一定也是宽平稳随机过程。反之，宽平稳随机过程就不一定是严平稳随机过程。但对于高斯随机过程，两者是等价的。

通信系统中所遇到的信号及噪声，大多数可视为宽平稳随机过程。以后讨论的随机过程除特殊说明外，均假设是宽平稳随机过程，简称平稳随机过程。

2. 平稳随机过程的特性分析

1) 各态历经性

一个平稳随机过程若按定义求其均值和自相关函数，则需要对其所有的实现计算统计平均值。实际上，这是做不到的。然而，若一个随机过程具有各态历经性，则它的统计平均值可以由任一实现的时间平均值来代替。

各态历经性表示一个平稳随机过程的任一个实现能够经历此过程的所有状态。若一个平稳随机过程具有各态历经性，则它的统计平均值就等于其时间的平均值。也就是说，假设 $x(t)$ 是平稳随机过程 $\xi(t)$ 的任意一个实现，若满足：

$$a = \lim_{T \to \infty} \frac{1}{T} \int_{-\frac{T}{2}}^{\frac{T}{2}} x(t) \mathrm{d}t = \overline{a}$$

$$R(\tau) = \lim_{T \to \infty} \frac{1}{T} \int_{-\frac{\pi}{2}}^{\frac{\pi}{2}} x(t)x(t + \tau) \mathrm{d}t = \overline{R(\tau)} \qquad (2.3.15)$$

则称此随机过程为具有各态历经性的随机过程。

可见，具有各态历经性的随机过程的统计特性可以用时间平均来代替，对于这种随机过程无需（实际中也不可能）考察无限多个实现，而只考察一个实现就可获得随机过程的数字特征，因而可使计算大大简化。

需要注意的是，一个随机过程若具有各态历经性，则它必定是严平稳随机过程，但严平稳随机过程不一定具有各态历经性。在通信系统中所遇到的随机信号和噪声，一般均能满足各态历经性。

2）自相关函数的性质

对于平稳随机过程而言，它的自相关函数是特别重要的。

首先，平稳随机过程的统计特性可通过自相关函数来描述；其次，平稳随机过程的自相关函数与功率谱密度之间存在傅里叶变换的关系。

设 $\xi[(t)]$ 为一平稳随机过程，则其自相关函数有如下性质：

（1）$\xi[(t)]$ 的平均功率：

$$R(0) = E[\xi^2(t)] = S \qquad (2.3.16)$$

式（2.3.16）表明，随机过程的总能量是无穷的，但其平均功率是有限的。

（2）$R(\tau)$ 是偶函数：

$$R(\tau) = R(-\tau) \qquad (2.3.17)$$

（3）$R(\tau)$ 的上界：

$$|R(\tau)| \leqslant R(0) \qquad (2.3.18)$$

（4）$\xi[(t)]$ 的直流功率：

$$R(\infty) = E^2[\xi(t)] \qquad (2.3.19)$$

（5）$\xi[(t)]$ 的交流功率（方差）：

$$R(0) - R(\infty) = \sigma^2 \qquad (2.3.20)$$

由上述性质可知，用自相关函数几乎可以表述 $\xi(t)$ 的主要特征，因而上述性质有明显的实用价值。

3）频谱特性

与功率型确知信号一样，平稳随机过程的自相关函数与功率谱密度之间互为傅里叶变换的关系，即

$$R(\tau) \Leftrightarrow P_\xi(\omega) \qquad (2.3.21)$$

$$\begin{cases} R(\tau) = \dfrac{1}{2\pi} \displaystyle\int_{-\infty}^{\infty} P_\xi(\omega) \mathrm{e}^{\mathrm{j}\omega\tau} \,\mathrm{d}\omega \\[2mm] P_\xi(\omega) = \displaystyle\int_{-\infty}^{\infty} R(\tau) \mathrm{e}^{-\mathrm{j}\omega\tau} \,\mathrm{d}\tau \end{cases} \qquad (2.3.22)$$

下面结合自相关函数的性质，归纳功率谱的性质如下：

（1）$P_\xi(\omega) \geqslant 0$（非负性）。

（2）$P_\xi(-\omega) = P_\xi(\omega)$（偶函数）。

【例 2.2】　求随机相位正弦波 $\xi(t) = \cos(\omega_0 t + \theta)$ 的自相关函数、功率谱密度和功率。其中 ω_0 是常数 θ 是在区间 $[0, 2\pi]$ 上均匀分布的随机变量。

解　　　　　$R(\tau) = E[\cos(\omega_0 t + \theta) \cos(\omega_0 t + \omega_0 \tau + \theta)]$

$\qquad\qquad = E\{\cos(\omega_0 t + \theta)[\cos(\omega_0 t + \theta)\cos\omega_0\tau - \sin(\omega_0 t + \theta)\sin\omega_0\tau]\}$

$\qquad\qquad = \cos\omega_0\tau E[\cos^2(\omega_0 t + \theta)] - \sin\omega_0\tau E\left[\dfrac{1}{2}\sin(2\omega_0 t + 2\theta)\right]$

$\qquad\qquad = \dfrac{1}{2}\cos\omega_0\tau$

由自相关函数与功率谱密度为傅里叶变换对，可得

$$R(\tau) \leftrightarrow P(\omega)$$

$$\frac{1}{2}\cos\omega_0\tau \leftrightarrow \frac{\pi}{2}[\delta(\omega+\omega_0)+\delta(\omega-\omega_0)]$$

$$S = \frac{1}{2\pi}\int_{-\infty}^{\infty}P(\omega)\mathrm{d}\omega = R(0) = \frac{1}{2}$$

2.3.4 高斯随机过程

高斯随机过程又称为正态随机过程，是通信领域中普遍存在的随机过程。在实践中观察到的大多数噪声都是高斯过程，例如通信信道中的噪声通常是一种高斯过程。

1. 高斯过程的定义

若高斯过程 $\xi(t)$ 的任意 n 维 $n=(1,2,\cdots)$ 分布都是正态分布，则称它为高斯随机过程或正态过程。其 n 维正态概率密度函数可表示为

$$f_n(x_1,\cdots,x_n;t_1,\cdots,t_n)$$

$$= \frac{1}{(2\pi)^{n/2}\sigma_1\cdots\sigma_n|B|^{1/2}} \times \exp\left[\frac{-1}{2|B|}\sum_{j=1}^{n}\sum_{k=1}^{n}|B|_{jk}\left(\frac{x_j-a_j}{\sigma_j}\right)\left(\frac{x_k-a_k}{\sigma_k}\right)\right] \quad (2.3.23)$$

式中：$a_k=E[\xi(t_k)]$；$\sigma_k^2=E[\xi(t_k)-a_k]^2$；$|B|=\begin{vmatrix} 1 & b_{12} & \cdots & b_{1n} \\ b_{21} & 1 & \cdots & \\ \vdots & & \ddots & \vdots \\ b_{n1} & b_{n2} & \cdots & 1 \end{vmatrix}$，为归一化协方差矩

阵的行式；$|B|_{jk}$ 行列式 $|B|$ 中元素 b_{jk} 的代数余因子 $b_{jk}=\dfrac{E\{[\xi(t_j)-a_j][\xi(t_k)-a_k]\}}{\sigma_j\sigma_k}$，为归一化协方差函数。

由式（2.3.23）可见，正态随机过程的维分布仅由各随机变量的数学期望、方差和两两之间的归一化协方差函数所决定。

2. 高斯过程的性质

（1）若高斯过程是宽平稳随机过程，则它也是严平稳随机过程。也就是说，对于高斯过程来说，宽平稳和严平稳是等价的。

（2）若高斯过程中的随机变量之间互不相关，则它们也是统计独立的。

（3）若干个高斯过程之和仍是高斯过程。

（4）高斯过程经过线性变换（或线性系统）后的过程仍是高斯过程。

3. 一维高斯分布

1）一维概率密度函数

高斯过程的一维概率密度表达式为

$$f(x) = \frac{1}{\sqrt{2\pi}\sigma}\exp\left[-\frac{(x-a)^2}{2\sigma^2}\right] \quad (2.3.24)$$

式中：a 为高斯随机变量的数学期望；σ^2 为方差。$f(x)$ 的曲线如图 2-9 所示。

由式（2.3.24）和图 2-9 可知 $f(x)$ 具有如下特性：

（1）$f(x)$ 对称于 $x=a$ 的直线 aa'。

（2）$\int_{-\infty}^{\infty}f(x)\mathrm{d}x=1$ 且有 $\int_{-\infty}^{a}f(x)\mathrm{d}x=\int_{a}^{\infty}f(x)\mathrm{d}x=\frac{1}{2}$

在图 2-9 中，a 表示分布中心，σ 表示集中程度，$f(x)$ 的图形将随着 σ 的减小而变高

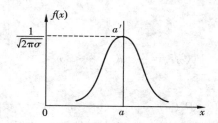

图 2-9　一维概率密度函数

和变窄。当 $a=0$，$\sigma=1$ 时，称 $f(x)$ 为标准正态分布的密度函数。

2）正态分布函数

正态分布函数是概率密度函数的积分，即

$$F(x) = \int_{-\infty}^{x} \frac{1}{\sqrt{2\pi}\sigma} \exp\left[-\frac{(z-a)^2}{2\sigma^2}\right] \mathrm{d}z$$

$$= \frac{1}{\sqrt{2\pi}\sigma} \int_{-\infty}^{x} \exp\left[-\frac{(z-a)^2}{2\sigma^2}\right] \mathrm{d}z = \phi\left(\frac{x-a}{\sigma}\right) \tag{2.3.25}$$

式中，$\phi(x)$ 称为概率积分函数，其定义为

$$\phi(x) = \frac{1}{\sqrt{2\pi}} \int_{-\infty}^{x} \exp\left[-\frac{z^2}{2}\right] \mathrm{d}z \tag{2.3.26}$$

式（2.3.26）积分不易计算，常引入误差函数和互补误差函数表示正态分布。

3）误差函数和互补误差函数

误差函数的定义式：

$$\mathrm{erf}(x) = \frac{2}{\sqrt{\pi}} \int_{0}^{x} \mathrm{e}^{-z^2} \mathrm{d}z \tag{2.3.27}$$

互补误差函数的定义式：

$$\mathrm{erfc}(x) = 1 - \mathrm{erf}(x) = \frac{2}{\sqrt{\pi}} \int_{x}^{\infty} \mathrm{e}^{-z^2} \mathrm{d}z \tag{2.3.28}$$

误差函数、互补误差函数和概率积分函数之间的关系如下：

$$\mathrm{erf}(x) = 2\phi(\sqrt{2}x) - 1 \tag{2.3.29}$$

$$\mathrm{erfc}(x) = 2 - 2\phi(\sqrt{2}x) \tag{2.3.30}$$

引入误差函数和互补误差函数后，不难求得

$$F(x) = \begin{cases} \dfrac{1}{2} + \dfrac{1}{2}\mathrm{erf}\left(\dfrac{x-a}{\sqrt{2}\sigma}\right), & x \geqslant a \\[2mm] 1 - \dfrac{1}{2}\mathrm{erfc}\left(\dfrac{x-a}{\sqrt{2}\sigma}\right), & x \leqslant a \end{cases} \tag{2.3.31}$$

在后面分析通信系统的抗噪声性能时，常用到误差函数和互补误差函数来表示 $F(x)$。其好处是：借助于一般数学手册所提供的误差函数表，可方便查出不同值时误差函数的近似值（参见附录 C），避免了式（2.3.26）的复杂积分运算。此外，误差函数的简明特性特别有助于通信系统的抗噪性能分析。

4. 高斯白噪声

信号在信道中传输时，常会遇到这样一类噪声，它的功率谱密度均匀分布在整个频率

范围内，即：

双边功率谱为

$$P_\xi(\omega) = \frac{n_0}{2} \quad (-\infty < \omega < \infty) \tag{2.3.32}$$

单边功率谱为

$$P_\xi(\omega) = n_0 \quad (0 \leqslant \omega < \infty) \tag{2.3.33}$$

这种噪声被称为白噪声，它是一个理想的宽带随机过程。式中 n_0 为一常数，单位是瓦/赫兹。显然，白噪声的自相关函数可借助式(2.3.34)求得：

$$R(\tau) = \frac{1}{2\pi} \int_{-\infty}^{\infty} \frac{n_0}{2} e^{j\omega\tau} d\omega = \frac{n_0}{2}\delta(\tau) \tag{2.3.34}$$

这说明，白噪声只有在 $\tau = 0$ 时才相关，而它在任意两个时刻上的随机变量都是互不相关的。图 2-10 所示为白噪声的功率谱和自相关函数的图形。

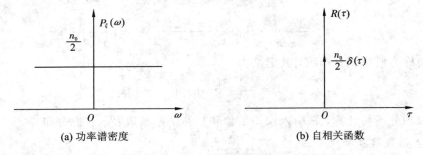

(a) 功率谱密度　　　　　　　　　　　　(b) 自相关函数

图 2-10　白噪声的双边带功率谱密度和自相关函数

如果白噪声是高斯分布的，就称之为高斯白噪声。由式(2.3.34)可以看出，高斯白噪声在任意两个不同时刻上的取值之间，不仅是互不相关的，而且还是统计独立的。应当指出，这里所定义的这种理想化的白噪声在实际中是不存在的。但是，如果噪声的功率谱均匀分布的频率范围远远大于通信系统的工作频带，就可以把它视为白噪声。

【例 2.3】 均值为 0，自相关函数为 $e^{-|\tau|}$ 的高斯噪声 $X(t)$，通过传输特性为 $Y(t) = A + BX(t)$（A、B 为常数）的线性网络，试求：

(1) 输入噪声的一维概率密度函数；

(2) 输出噪声的一维概率密度函数；

(3) 输出噪声功率。

解 (1) 输入过程 $X(t)$ 均值为 0，

$$R_x(\tau) = e^{-|\tau|}$$

所以是宽平稳随机过程，它的总平均功率，即方差

$$\sigma_x^2 = D[X(t)] = R(0) = E[X^2(t)] = 1$$

所以可以直接写出输入噪声的一维概率密度函数为

$$f_x(x) = \frac{1}{\sqrt{2\pi}} e^{-x^2/2}$$

(2) 经过 $Y(t) = A + BX(t)$ 的线性网络，由于高斯过程通过线性系统后的过程仍然是高斯过程，则

$$f_y(y) = \frac{1}{\sqrt{2\pi}\sigma_y} e^{-(y-a_y)^2/2\sigma_y^2}$$

其中，均值为

$$a_y = E[Y(t)] = E[BX(t) + A] = A$$

方差为

$$\sigma_y^2 = D[Y(t)] = D[A + BX(t)] = B^2 D[X(t)] = B^2$$

这样，

$$f_y(y) = \frac{1}{\sqrt{2\pi}B} e^{-(y-A)^2/2B^2}$$

（3）输出功率为

$$S_Y = E[Y^2(t)] = a_y^2 + D[Y(t)] = A^2 + B^2$$

5. 窄带高斯噪声

当高斯白噪声通过窄带系统时，其输出噪声只能集中在中心频率附近的带宽之内，这种噪声称为窄带高斯噪声。窄带高斯噪声的原理框图及相关波形如图 2-11 所示。

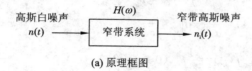

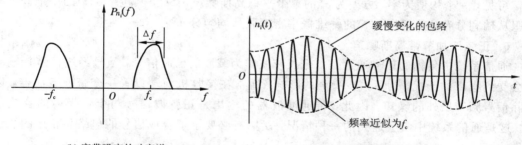

图 2-11　窄带噪声的原理框图及波形

如果用示波器观察窄带噪声的波形，可以发现它是一个包络和相位都在缓慢变化、频率近似为 f_c 的正弦波。因此，窄带高斯噪声可以表示为

$$n_i(t) = a(t)\cos[\omega_c t + \varphi(t)] \qquad a(t) \geqslant 0 \qquad (2.3.35)$$

式中，$a(t)$ 和 $\varphi(t)$ 分别表示窄带高斯噪声的包络和相位，它们都是随机过程，且变化与 $\cos\omega_c t$ 相比要缓慢得多。将式(2.3.35)展开可得

$$n_i(t) = a(t)\cos[\varphi(t)]\cos\omega_c t - a(t)\sin[\varphi(t)]\sin\omega_c t$$
$$= n_c(t)\cos\omega_c t - n_s(t)\sin\omega_c t \qquad (2.3.36)$$

式中，

$$n_c(t) = a(t)\cos[\varphi(t)] \qquad (2.3.37)$$
$$n_s(t) = a(t)\sin[\varphi(t)] \qquad (2.3.38)$$

式(2.3.25)和式(2.3.26)中的 $n_c(t)$、$n_s(t)$ 分别称为 $n_i(t)$ 的同相分量和正交分量。

由上式(2.3.25)和式(2.3.26)可以看出：$n_c(t)$ 的统计特性可以由 $a(t)$ 和 $\varphi(t)$，或者

$n_c(t)$ 和 $n_s(t)$ 的统计特性确定。反之，若 $n_i(t)$ 的统计特性已知，则 $a(t)$ 和 $\varphi(t)$，或者 $n_c(t)$ 和 $n_s(t)$ 的统计特性也随之确定。

设窄带高斯噪声 $n_i(t)$ 的均值为 0，方差为 σ_n^2，则其同相分量 $n_c(t)$ 和正交分量 $n_s(t)$ 有如下性质：

(1) 同相分量和正交分量的均值都为 0，方差均为 σ_n^2

$$E[n_c(t)] = E[n_s(t)] = 0 \tag{2.3.39}$$

$$\sigma_c^2 = \sigma_s^2 = \sigma_n^2 \tag{2.3.40}$$

(2) $n_c(t)$ 和 $n_s(t)$ 都是平稳随机过程。

(3) $n_c(t)$ 和 $n_s(t)$ 在同一时刻的取值是线性不相关的，又由于它们是高斯过程，则 $n_c(t)$ 和 $n_s(t)$ 也是统计独立的。

综上所述，可以得到一个重要结论：一个均值为零的窄带平稳高斯过程，它的同相分量 $n_c(t)$ 和正交分量 $n_s(t)$ 同样是平稳高斯过程，而且均值都为零，方差也相同。另外，同一时刻上得到的 n_c 及 n_s 是不相关的或统计独立的。

可以证明，窄带高斯噪声的包络 $a(t)$ 和相位 $\varphi(t)$ 的一维概率密度函数分别为

$$f(a) = \frac{a}{\sigma_n^2} \exp\left[-\frac{a^2}{2\sigma_n^2}\right] \qquad a \geqslant 0 \tag{2.3.41}$$

$$f(\varphi) = \frac{1}{2\pi} \qquad (0 \leqslant \varphi \leqslant 2\pi) \tag{2.3.42}$$

可见，一个均值为零、方差为 σ_n^2 的窄带平稳高斯噪声 $n_i(t)$，其包络 $a(t)$ 的一维概率密度服从瑞利分布；其相位 $\varphi(t)$ 的一维概率密度服从均匀分布。

6. 正弦波加窄带高斯噪声

通信系统中传输的信号通常是一个正弦波作为载波的已调信号，信号经过信道传输时总会受到噪声的干扰，为了减少噪声的影响，通常在接收机前端设置一个带通滤波器，以滤除信号频带以外的噪声。因此，带通滤波器的输出是正弦波信号与窄带噪声的合成信号。这是通信系统中常会遇到的一种情况，所以有必要了解合成信号的包络和相位的统计特性。

设正弦波加窄带高斯噪声的合成信号为

$$
\begin{aligned}
r(t) &= A\cos(\omega_c t + \theta) + n_i(t) \\
&= A\cos(\omega_c t + \theta) + [n_c(t)\cos\omega_c t - n_s(t)\sin\omega_c t] \\
&= [A\cos\theta + n_c(t)]\cos\omega_c t - [A\sin\theta + n_s(t)]\sin\omega_c t \\
&= z(t)\cos[\omega_c t + \varphi(t)]
\end{aligned}
\tag{2.3.43}
$$

式中：

$$z(t) = \sqrt{[A\cos\theta + n_c(t)]^2 + [A\sin\theta + n_s(t)]^2} \qquad z \geqslant 0 \tag{2.3.44}$$

$$\varphi(t) = \arctan\frac{A\sin\theta + n_s(t)}{A\cos\theta + n_c(t)} \tag{2.3.45}$$

分别为合成信号的随机包络和随机相位。可以证明，正弦信号加窄带高斯噪声所形成的合成信号具有如下统计特性：

(1) 正弦信号加窄带高斯噪声的随机包络服从广义瑞利分布（也称莱斯（Rice）分布），即其包络的概率密度函数为

$$f(z) = \frac{z}{\sigma^2} \exp\left[-\frac{1}{2\sigma^2}(z^2 + A^2)\right] I_0\left(\frac{Az}{\sigma^2}\right) \quad z \geqslant 0 \tag{2.3.46}$$

式中，σ^2 是 $n_i(t)$ 的方差，$I_0(x)$ 为零阶修正贝塞尔函数。$x \geqslant 0$ 时，$I_0(x)$ 是单调上升函数，且有 $I_0(0)=1$。

由式(2.3.46)可以得出结论：

第一：当信号很小，$A \rightarrow 0$，即信号功率与噪声功率之比，$r = \frac{A^2}{2\sigma^2} \rightarrow 0$ 时，$I_0(0) \approx 1$。这时 $r(t)$ 合成波中只存在窄带高斯噪声，式(2.3.46)近似为式(2.3.41)，即由广义瑞利分布退化为瑞利分布。

第二：当信噪比 r 很大时，$f(z)$ 接近于高斯分布。

第三：在一般情况下 $f(z)$ 是莱斯分布。图 2-12(a)给出了不同 r 值时的 $f(z)$ 曲线。

(2) 正弦信号加窄带高斯噪声的随机合成波相位分布 $f(\varphi)$，由于比较复杂，这里就不再演算了。不难推想，$f(\varphi)$ 也与信噪比 r 有关。小信噪比时，它接近于均匀分布，大信噪比时，相位趋近于一个在原点的冲激函数。图 2-12(b)给出了不同 r 值时 $f(\varphi)$ 的曲线。

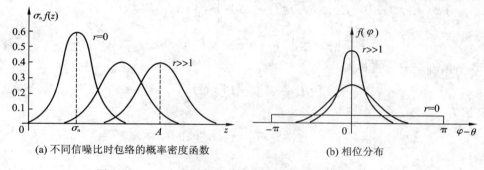

(a) 不同信噪比时包络的概率密度函数　　　　(b) 相位分布

图 2-12　正弦波加窄带高斯噪声的包络与相位分布曲线

2.4　随机过程通过系统的分析

我们知道，随机过程是以某一概率出现的样本函数的集合。因此，可以将随机过程加到线性系统的输入端理解为是随机过程的某一可能的样本函数出现在线性系统的输入端。所以，可以认为确知信号通过线性系统的分析方法仍然适用于平稳随机过程通过线性系统的情况。

2.4.1　随机过程通过线性系统

线性系统的输出响应 $v_o(t)$ 等于输入信号 $v_i(t)$ 与冲激响应 $h(t)$ 的卷积，即

$$v_o(t) = v_i(t) * h(t) = \int_{-\infty}^{\infty} v_i(\tau) h(t-\tau) d\tau \tag{2.4.1}$$

若 $v_o(t) \Leftrightarrow V_o(\omega)$，$v_i(t) \Leftrightarrow V_i(\omega)$，$h(t) \Leftrightarrow H(\omega)$，则有

$$V_o(\omega) = H(\omega) V_i(\omega) \tag{2.4.2}$$

若线性系统是物理可实现的，则

$$v_o(t) = \int_{-\infty}^{t} v_i(\tau) h(t-\tau) d\tau \tag{2.4.3}$$

或

$$v_o(t) = \int_0^\infty h(\tau)v_i(t-\tau)\mathrm{d}\tau \tag{2.4.4}$$

如果把 $v_i(t)$ 看做是输入随机过程的一个实现，则 $v_o(t)$ 可看做是输出随机过程的一个实现。因此，只要输入有界且系统是物理可实现的，当输入是随机过程 $\xi_i(t)$ 时，便有一个输出随机过程 $\xi_o(t)$，且有

$$\xi_o(t) = \int_0^\infty h(\tau)\xi_i(t-\tau)\mathrm{d}\tau \tag{2.4.5}$$

图 2-13 所示为平稳随机过程通过线性系统的示意图，假定输入 $\xi_i(t)$ 是平稳随机过程，现在来分析系统的输出过程 $\xi_o(t)$ 的统计特性。

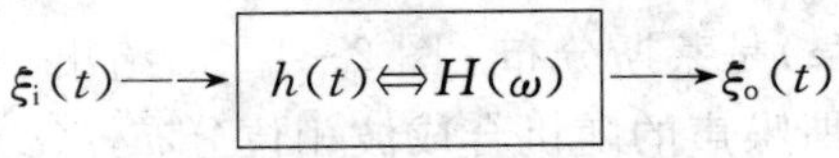

$$\xi_i(t) \longrightarrow \boxed{h(t) \Leftrightarrow H(\omega)} \longrightarrow \xi_o(t)$$

图 2-13 平稳随机过程通过线性系统示意图

1. 输出随机过程 $\xi_o(t)$ 的数学期望 $E[\xi_o(t)]$

$$E[\xi_o(t)] = E\left[\int_0^\infty h(\tau)\xi_i(t-\tau)\mathrm{d}\tau\right] = \int_0^\infty h(\tau)E[\xi_i(t-\tau)]\mathrm{d}\tau$$

$$= E[\xi_i(t)]\int_0^\infty h(\tau)\mathrm{d}\tau = a\int_0^\infty h(\tau)\mathrm{d}\tau \tag{2.4.6}$$

式(2.4.6)中利用了平稳性(常数)：

$$E[\xi_i(t-\tau)] = E[\xi_i(t)] = a$$

又因为

$$H(\omega) = \int_0^\infty h(t)\mathrm{e}^{-\mathrm{j}\omega t}\mathrm{d}t$$

求得

$$H(0) = \int_0^\infty h(t)\mathrm{d}t$$

所以

$$E[\xi_o(t)] = a \cdot H(0) \tag{2.4.7}$$

由此可见，输出过程的数学期望等于输入过程的数学期望与 $H(0)$ 的乘积，并且 $E[\xi_o(t)]$ 与 t 无关。

2. 输出随机过程 $\xi_o(t)$ 的自相关函数 $R_o(t_1, t_1+\tau)$

$$R_o(t_1, t_1+\tau) = E[\xi_o(t_1)\xi_o(t_1+\tau)]$$

$$= E\left[\int_0^\infty h(\alpha)\xi_i(t_1-\alpha)\mathrm{d}\alpha\int_0^\infty h(\beta)\xi_i(t_1-\beta+\tau)\mathrm{d}\beta\right]$$

$$= \int_0^\infty\int_0^\infty h(\alpha)h(\beta)E[\xi_i(t_1-\alpha)\xi_i(t_1-\beta+\tau)]\mathrm{d}\alpha\mathrm{d}\beta$$

根据平稳性：

$$E[\xi_i(t-\alpha)\xi_i(t-\beta+\tau)] = R_i(\tau+\alpha-\beta)$$

有

$$R_o(t_1, t_1+\tau) = \int_0^\infty\int_0^\infty h(\alpha)h(\beta)R_i(\tau+\alpha-\beta)\mathrm{d}\alpha\mathrm{d}\beta = R_o(\tau) \tag{2.4.8}$$

可见，自相关函数只依赖时间间隔 τ 而与时间起点 t_1 无关。从数学期望与自相关函数

的性质可见，这时的输出过程是一个宽平稳随机过程。

3. $\xi_o(t)$ 的功率谱密度 $P_{\xi_o}(\omega)$

利用公式 $P_\xi(\omega) \Leftrightarrow R(\tau)$，有

$$P_{\xi_o}(\omega) = \int_{-\infty}^{\infty} R_o(\tau) e^{-j\omega\tau} d\tau$$

$$= \int_{-\infty}^{\infty} d\tau \int_0^{\infty} d\alpha \int_0^{\infty} \left[h(\alpha)h(\beta)R_i(\tau+\alpha-\beta) e^{-j\omega\tau} \right] d\beta$$

令 $\tau' = \tau + \alpha - \beta$，则有

$$P_{\xi_o}(\omega) = \int_0^{\infty} h(\alpha) e^{j\omega\alpha} d\alpha \int_0^{\infty} h(\beta) e^{-j\omega\beta} d\beta \int_{-\infty}^{\infty} R_i(\tau') e^{-j\omega\tau'} d\tau'$$

$$= H^*(\omega)H(\omega)P_{\xi_i}(\omega)$$

$$= |H(\omega)|^2 P_{\xi_i}(\omega) \tag{2.4.9}$$

可见，系统输出功率谱密度是输入功率谱密度 $P_{\xi_i}(\omega)$ 与 $|H(\omega)|^2$ 的乘积。

4. 输出过程 $\xi_o(t)$ 的概率分布

在已知输入随机过程 $\xi_i(t)$ 的概率分布情况下，通过(2.4.5)式，即

$$\xi_o(t) = \int_0^{\infty} h(\tau)\xi_i(t-\tau) d\tau$$

可以求出输出随机过程 $\xi_o(t)$ 的概率分布。如果线性系统的输入过程是高斯过程，则系统输出的随机过程也是高斯过程。因为按积分的定义，式(2.4.5)可以表示为一个和式的极限，即

$$\xi_o(t) = \lim_{\Delta\tau_k \to 0} \sum_{k=0}^{\infty} \xi_i(t-\tau_k)h(\tau_k)\Delta\tau_k \tag{2.4.10}$$

由于已假定输入过程是高斯的，因此在任一个时刻上的每一项 $\xi_i(t-\tau_k)h(\tau_k)\Delta\tau_k$ 都是一个服从正态分布的随机变量。所以在任一时刻得到的输出随机变量，将是无限多个正态随机变量之和，且这"和"也是正态随机变量。

这就证明，高斯随机过程经过线性系统后其输出过程仍为高斯过程。但要注意的是，由于线性系统的介入，与输入高斯过程相比，输出过程的数字特征已经改变了。

2.4.2　随机过程通过乘法器

在通信系统中，经常进行乘法运算，所以乘法器在通信系统中的应用非常广泛，下面计算平稳随机过程通过乘法器后，输出过程的功率谱密度。

平稳随机过程通过乘法器的数学模型如图 2-14 所示。

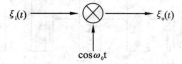

$$\xi_i(t) \longrightarrow \bigotimes \longrightarrow \xi_o(t)$$

$$\cos\omega_0 t$$

图 2-14　平稳随机过程通过乘法器的数学模型

设一平稳随机过程 $\xi_i(t)$ 和正弦波信号 $\cos\omega_0 t$ 同时通过乘法器，则其输出响应为

$$\xi_o(t) = \xi_i(t)\cos\omega_0 t \tag{2.4.11}$$

首先计算输出过程的自相关函数。由自相关函数的定义得

$$R_o(t, t+\tau) = E[\xi_o(t)\xi_o(t+\tau)]$$
$$= E[\xi_i(t)\xi_i(t+\tau)\cos\omega_0 t\cos\omega_0(t+\tau)]$$
$$= \frac{E[\xi_i(t)\xi_i(t+\tau)]}{2}[\cos(\omega_0\tau) + \cos(2\omega_0 t + \omega_0\tau)]$$
$$= \frac{R_i(\tau)}{2}[\cos(\omega_0\tau) + \cos(2\omega_0 t + \omega_0\tau)]$$
$$= \frac{R_i(\tau)}{2}\cos(\omega_0\tau) + \frac{R_i(\tau)}{2}\cos(2\omega_0 t + \omega_0\tau) \tag{2.4.12}$$

式(2.4.12)中 $R_i(\tau) = E[\xi_i(t)\xi_i(t+\tau)]$，是输入平稳随机过程的自相关函数，它只与时间间隔 τ 有关。但由式(2.4.12)可知，$R_o(t, t+\tau)$ 是时间 t 的函数，故乘法器的输出过程不是平稳随机过程。

可以证明乘法器输出响应的功率谱为

$$P_{\xi_o}(\omega) = \frac{1}{4}[P_{\xi_i}(\omega+\omega_0) + P_{\xi_i}(\omega-\omega_0)] \tag{2.4.13}$$

2.5　信道分类与模型

任何一个通信系统均可视为由发送端、信道和接收端三大部分组成。因此，信道是通信系统必不可少的组成部分，信道特性的好坏直接影响到系统的总特性。本节研究信道的分类、信道的数学模型以及信道容量等问题。

2.5.1　信道的分类

信道是信号传输的通道。信道按照其不同特征有不同的分类方法。

按信道的组成可以将其划分为狭义信道和广义信道。信号的传输媒质称为狭义信道，如对称电缆、同轴电缆、超短波及微波视距传播路径、短波电离层反射路径、对流层散射路径以及光纤等。如果将传输媒质和各种信号形式的转换、耦合等设备都归纳在一起，包括发送设备、接收设备，馈线与天线、调制器等部件和电路在内的传输路径或传输通路，这种范围扩大了的信道称为广义信道。广义信道按照它包含的功能，可以划分为编码信道与调制信道。所谓编码信道，是指图 2-15 中编码器输出端到译码器输入端的部分。所谓调制信道，是指图 2-15 中调制器输出端到解调器输入端的部分。

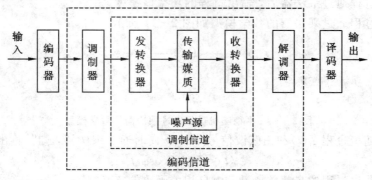

图 2-15　编码信道与调制信道

　　按照信道输入、输出端信号的类型可将其分为离散信道(数字信道)和连续信道(模拟信道)。离散信道的输入、输出信号为离散信号(又称数字信号)，广义信道中的编码信道即属于离散信道。连续信道的输入、输出信号为连续信号(又称模拟信号)，广义信道中的调制信道即属于连续信道。

　　按照信道的物理性质可将其分为无线信道、有线信道等。

　　以下内容只限于研究单符号离散信道和连续信道的情况。

2.5.2　离散信道的数学模型

　　信道的数学模型反映信道输出和输入之间的关系。下面简要描述离散信道(编码信道)和连续信道(调制信道)这两种广义信道的数学模型。

　　信道的输入、输出都取值于离散符号集，且用一个随机变量来表示的信道称为单符号离散信道，如图 2 - 16 所示。单符号离散信道是最简单的离散信道，可用概率空间 $\{X, P(b_j|a_i), Y\}$ 来描述。

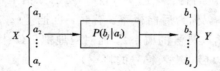

图 2 - 16　单符号离散信道

　　设单符号离散信道的输入随机变量为 X，其所有可能的取值集合为 $\{a_1, a_2, \cdots, a_r\}$，输出随机变量为 Y，其所有可能的取值集合为 $\{b_1, b_2, \cdots, b_s\}$，其中 r 和 s 可相等，也可不相等。由于信道中存在干扰(噪声)，因此输入符号在传输中会产生错误，这种信道干扰对传输信号的影响可用条件概率 $p(b_j|a_i)(i=1, 2, \cdots, r, j=1, 2, \cdots, s)$ 来描述。该条件概率集中体现了信道对输入符号的传递作用。因此，称条件概率 $p(b_j|a_i)(i=1, 2, \cdots, r, j=1, 2, \cdots, s)$ 为信道的传递概率或转移概率。

　　由于信道的输入符号集 X 有 r 种不同的输入符号 $a_i(i=1, 2, \cdots, r)$，输出符号集 Y 有 s 种不同的输出符号 $b_j(j=1, 2, \cdots, s)$，所以要完整描述信道的传递特性 $P(Y|X)$ 必须测定 $(r \times s)$ 个条件概率 $p(b_j|a_i)(i=1, 2, \cdots, r, j=1, 2, \cdots, s)$。按输入、输出符号的对应关系，把 $(r \times s)$ 个条件概率 $p(b_j|a_i)(i=1, 2, \cdots, r, j=1, 2, \cdots, s)$ 排列成一个 $(r \times s)$ 阶矩阵，用 $\boldsymbol{P}=[p(b_j|a_i)]$ 表示。

$$\boldsymbol{P} = \begin{array}{c} a_1 \\ a_2 \\ \vdots \\ a_r \end{array} \begin{bmatrix} P(b_1|a_1) & P(b_2|a_1) & \cdots & P(b_s|a_1) \\ P(b_1|a_2) & P(b_2|a_2) & \cdots & P(b_s|a_2) \\ \vdots & \vdots & \cdots & \vdots \\ P(b_1|a_r) & P(b_2|a_r) & \cdots & P(b_s|a_r) \end{bmatrix} \qquad (2.5.1)$$

并且满足：

$$0 \leqslant P(b_j|a_i) \leqslant 1 \quad (i=1, 2, \cdots, r; j=1, 2, \cdots, s) \qquad (2.5.2)$$

及

$$\sum_{j=1}^{s} P(b_j|a_i) = 1 \quad (i=1, 2, \cdots, r) \qquad (2.5.3)$$

式(2.5.3)表示矩阵中每一行之和必等于 1。矩阵 P 完整地描述了单符号离散信道的传递特性，所以该矩阵又称为信道矩阵。

下面推导一般单符号离散信道的一些概率关系。

设信道的输入概率空间为

$$\begin{bmatrix} X \\ P(x) \end{bmatrix} = \begin{bmatrix} a_1, & a_2, & \cdots, & a_r \\ P(a_1), & P(a_2), & \cdots, & P(a_r) \end{bmatrix}$$

并且满足：

$$\sum_{i=1}^{r} P(a_i) = 1 \quad 0 \leqslant P(a_i) \leqslant 1 \quad (i = 1, 2, \cdots, r)$$

又设输出符号集 $Y = \{b_1, b_2, \cdots, b_s\}$，则输入、输出随机变量的联合概率 $P(a_i b_j)$ 为

$$P(a_i b_j) = P(a_i)P(b_j \mid a_i) = P(b_j)P(a_i \mid b_j) \tag{2.5.4}$$

其中 $P(b_j \mid a_i)$ 是信道传递概率，即发送为 a_i，通过信道传输接收到为 b_j 的概率，称为前向概率，通常用它描述信道噪声的特性。而 $P(a_i \mid b_j)$ 是已知信道输出端接收到符号为 b_j 时，发送的输入符号为 a_i 的概率，称为后向概率。有时，也把 $P(a_i)$ 称为输入符号的先验概率（在接收到输出符号之前，输入符号的概率），而对应地把 $P(a_i \mid b_j)$ 称为输入符号的后验概率（在接收到一个输出符号以后，输入符号的概率）。

根据联合概率可得输出符号的概率为

$$P(b_j) = \sum_{i=1}^{r} P(a_i)P(b_j \mid a_i) \quad (对 j = 1, 2, \cdots, s 都成立) \tag{2.5.5}$$

也可写成矩阵形式，即

$$\begin{bmatrix} P(b_1) \\ P(b_2) \\ \vdots \\ P(b_s) \end{bmatrix} = P^{\mathrm{T}} \begin{bmatrix} P(a_1) \\ P(a_2) \\ \vdots \\ P(a_r) \end{bmatrix} \quad r \neq s \tag{2.5.6}$$

式中，P^T 为 P 的转置矩阵。

根据贝叶斯定律可得后验概率为

$$P(a_i \mid b_j) = \frac{P(a_i b_j)}{P(b_j)} P(b_j) \neq 0$$

$$= \frac{P(a_i)P(b_j \mid a_i)}{\sum\limits_{i=1}^{r} P(a_i)P(b_j \mid a_i)} \quad (i = 1, 2, \cdots, r; j = 1, 2, \cdots, s) \tag{2.5.7}$$

且

$$\sum_{i=1}^{r} P(a_i \mid b_j) = 1 \quad (j = 1, 2, \cdots, s)$$

式(2.5.7)说明，在信道输出端接收到任意符号 b_j 一定是输入符号 $\{a_1, a_2 \cdots a_r\}$ 中的某一个。

2.5.3 模拟信道的数学模型

通过对连续信道进行大量的分析研究，发现它具有如下共性：

(1) 有一对（或多对）输入端和一对（或多对）输出端。

（2）绝大多数的信道都是线性的，即满足线性叠加原理。

（3）信号通过信道具有一定的延迟时间，而且它还会受到（固定的或时变的）损耗。

（4）即使没有信号输入，在信道的输出端仍可能有一定的输出（噪声）。

根据上述性质，可以用一个线性时变网络来表示连续信道，如图 2-17 所示。

图 2-17 连续信道模型

图 2-17 中，输入与输出之间的关系可以表示为

$$e_o(t) = f[e_i(t)] + n(t) \tag{2.5.8}$$

式中：$e_i(t)$ 是输入的已调信号；$e_o(t)$ 是信道的输出；$n(t)$ 为加性噪声（或称加性干扰），它与 $e_i(t)$ 不发生依赖关系；或者说，$n(t)$ 独立于 $e_i(t)$。

连续信道又可分为恒参信道和随参信道。恒参信道的性质（参数）不随时间变化。如果实际信道的性质（参数）不随时间变化，或者变化极慢，则可以认为是恒参信道。随参信道的性质（参数）随时间随机变化。

通信系统中没有传输信号时也有噪声，噪声永远存在于通信系统中。

2.6 信道容量

2.6.1 离散信道的信道容量

1. 平均互信息量

前面讨论了单符号离散信道的数学模型，即给出了信道输入、输出之间的统计依赖关系，下面进一步讨论由信源与离散信道相接构成通信系统的信息传输问题。

对于图 2-16 所示的信道，信源 X 发出某符号，a_i 由于受噪声的随机干扰，在信道的输出端输出符号 a_i 的某种变型 b_j。信道所传递的信息量，即信宿收到 b_j 后，从 b_j 中获取关于 a_i 的信息量 $I(a_i; b_j)$，等于信宿收到 b_j 前、后，对符号 a_i 的不确定性的消除，即有收到 b_j 后，从 b_j 中获取关于 a_i 的信息量：

$I(a_i; b_j)$＝［收到 b_j 前，对信源发符号 a_i 的先验不确定性 $I(a_i)$］

＝－［收到 b_j 后，对信源发符号 a_i 仍然存在的后验不确定性 $I(a_i|b_j)$］

＝［信宿收到 b_j 前、后，对符号 a_i 的不确定性的消除］

相应的表达式为

$$I(a_i; b_j) = I(a_i) - I(a_i | b_j) = \log_2 \frac{P(a_i | b_j)}{P(a_i)} \quad (i = 1, 2, \cdots, r; j = 1, 2, \cdots, s) \tag{2.6.1}$$

通常把信宿收到 b_j 后，从 b_j 中获取关于 a_i 的信息量 $I(a_i; b_j)$ 称为输入符号 a_i 和输出符号 b_j 之间的互信息量，简称为互信息。它表明信道把输入符号 a_i 传递为输出符号 b_j 的过程中，信道所传递的信息量。

　　可见只能表示信源 X 和信宿 Y 的某特定具体符号 a_i 和 b_j 之间的互信息。而信源 X 出现某特定具体符号 a_i、信宿 Y 出现某特定具体符号 b_j 本身是一个概率为 $P(a_ib_j)$ 的随机事件，相应的互信息量 $I(a_i;b_j)$ 是一个随机性的量。作为信道传递信息的度量函数，它应该从总体上反映信道每传递一个符号（不论传递什么具体符号）所传递的平均信息量，同时也应该是一个确定的量。

　　我们知道，当信宿 Y 收到某一具体符号 b_j 后，推测信源 X 发符号 a_i 的概率，已由先验概率 $p(a_i)$ 转变为后验概率 $p(a_i|b_j)$，从 b_j 中获取关于输入符号（不论是哪一个符号）的平均信息量，应该是互信息 $I(a_i;b_j)$ 在条件概率空间 $P(X|Y=b_j)$ 中的统计平均值，即

$$I(X;b_j) = \sum_{i=1}^{r} P(a_i|b_j) I(a_i;b_j)$$

$$= \sum_{i=1}^{r} P(a_i|b_j) \log \frac{P(a_i|b_j)}{P(a_i)} (j=1,2,\cdots,s) \tag{2.6.2}$$

　　从总体上看，信道每传递一个符号（不论传递什么具体符号）所传输的平均信息量 $I(X;Y)$，应该是互信息 $I(a_i;b_j)$ 在 X 和 Y 的联合概率空间 $P(XY):\{P(a_ib_j) (i=1,2,\cdots,r,j=1,2,\cdots,s)\}$ 中的统计平均值，即

$$I(X;Y) = \sum_{i=1}^{r} \sum_{j=1}^{s} P(a_ib_j) I(a_i;b_j) = \sum_{i=1}^{r} \sum_{j=1}^{s} P(a_ib_j) \log \frac{P(a_i|b_j)}{P(a_i)}$$

$$= \sum_{i=1}^{r} \sum_{j=1}^{s} P(a_ib_j) \log \frac{P(a_ib_j)}{P(a_i)P(b_j)}$$

$$= \sum_{i=1}^{r} \sum_{j=1}^{s} P(a_ib_j) \log \frac{P(b_j|a_i)}{P(b_j)} \tag{2.6.3}$$

　　$I(X;Y)$ 称为信道输入 X 与输出 Y 之间的平均互信息。它代表接收到输出符号后平均每个符号获得的关于 X 的信息量，它也表明，输入与输出两个随机变量之间的统计约束程度。

2. 信道容量

　　研究信道的目的是要讨论信道中平均每个符号所能传送的信息量，即信息传输率 R。由前已知，平均互信息 $I(X;Y)$ 就是接收到符号 Y 后平均每个符号获得的关于 X 的信息量。因此，信道的信息传输率就是平均互信息，即

$$R = I(X;Y) \quad (\text{bit/symbol}) \tag{2.6.4}$$

　　由 $I(X;Y)$ 定义可知，它是输入变量 X 的概率分布 $P(a_i)$ 和信道转移概率 $P(b_j|a_i)$ 的函数。

　　$I(X;Y)$ 具有如下性质：对于一个固定信道（即 $P(b_j|a_i)$ 已经确定），总存在一种信源（某种概率分布 $P(x)$），使 $I(X;Y)$ 达到最大值，也就是每个固定信道都有一个最大的信息传输率，定义这个最大的信息传输率为信道容量 C。

$$C = R_{\max} = \max_{P(a_i)} \{I(X;Y)\} \tag{2.6.5}$$

　　信道容量 C 的单位是比特/符号或奈特/符号，而相应的输入概率分布称为最佳输入分布。

　　对于一般单符号离散信道，信道容量的计算是比较复杂的，从数学上来说，就是对互信息 $I(X;Y)$ 求极大值的问题。但对于某些特殊信道，可利用其特点，运用信息理论的基

本概念，简化信道容量的计算，直接得到信道容量的数值。

若单符号离散信道的信道矩阵 $\boldsymbol{P}$ 中每一行都是同一符号集(p_1', p_2', $\cdots$, p_s')诸元素的不同排列，并且每一列也都是同一符号集(q_1', q_2', $\cdots$, q_r')诸元素的不同排列组成，则这种信道称为对称离散信道。一般 $r \neq s$。例如：

$$\boldsymbol{P}_1 = \begin{bmatrix} \dfrac{1}{3} & \dfrac{1}{3} & \dfrac{1}{6} & \dfrac{1}{6} \\[2mm] \dfrac{1}{6} & \dfrac{1}{6} & \dfrac{1}{3} & \dfrac{1}{3} \end{bmatrix} \quad 和 \quad \boldsymbol{P}_2 = \begin{bmatrix} \dfrac{1}{2} & \dfrac{1}{3} & \dfrac{1}{6} \\[2mm] \dfrac{1}{6} & \dfrac{1}{2} & \dfrac{1}{3} \\[2mm] \dfrac{1}{3} & \dfrac{1}{6} & \dfrac{1}{2} \end{bmatrix}$$

所对应的信道是对称离散信道。

设对称离散信道的信道矩阵 $\boldsymbol{P}$ 的行元素集合为(p_1', p_2', $\cdots$, p_s')，则有

$$0 \leqslant p_1', p_2', \cdots, p_s' \leqslant 1 \text{ 且 } \sum_{j=1}^{s} p_j' = 1$$

可证明，对称离散信道的信道容量为

$$\begin{aligned} C &= \max_{P(a_i)}\{I(X; Y)\} = \max_{P(a_i)}\{H(Y) - H(p_1', p_2', \cdots, p_s')\} \\ &= \log s - H(p_1', p_2', \cdots, p_s') \\ &= \log s - H(\boldsymbol{P} \text{ 的行矢量}) \end{aligned} \tag{2.6.6}$$

对于对称离散信道，只有当输入信源等概分布时，才能达到信道容量 C，信道容量 C 的值只取决于信道矩阵 $\boldsymbol{P}$ 中行元素集合 $\{p_1', p_2', \cdots, p_s'\}$ 和信道的输出符号数 s。此结论说明信道容量 C 是信道本身固有的特征参量。

【例 2.4】　设某对称离散信道的信道矩阵为

$$\boldsymbol{P} = \begin{bmatrix} \dfrac{1}{3} & \dfrac{1}{3} & \dfrac{1}{6} & \dfrac{1}{6} \\[2mm] \dfrac{1}{6} & \dfrac{1}{6} & \dfrac{1}{3} & \dfrac{1}{3} \end{bmatrix}$$

求其信道容量。

解　$s = 4$，由对称信道的信道容量公式(2.6.6)得

$$\begin{aligned} C &= \log s - H(\boldsymbol{P} \text{ 的行矢量}) = \log_2 4 - H\left(\frac{1}{3}, \frac{1}{3}, \frac{1}{6}, \frac{1}{6}\right) \\ &= 2 + 2 \times \frac{1}{3}\log_2 \frac{1}{3} + 2 \times \frac{1}{6}\log_2 \frac{1}{6} \\ &= 0.0817(\text{bit/symobol}) \end{aligned}$$

在这个信道中，每个符号平均能够传输的最大信息为 0.0817 bit，而且只有当信道输入是等概分布时才能达到这个最大值。

2.6.2　模拟信道的信道容量

连续信道的信道容量，由著名的香农公式表示：

$$C = B\log_2\left(1 + \frac{S}{N}\right) \quad (\text{bit/s}) \tag{2.6.7}$$

式中：B 表示信道的带宽(Hz)，S 表示信道输出的信号功率(W)，N 表示输出加性带限高

斯白噪声的功率（W）。

式（2.6.7）就是信息论中具有重要意义的香农（Shannon）公式，它表明当信号与作用在信道上噪声的平均功率给定时，在具有一定频带宽度 B 的信道上，理论上单位时间内可能传输的信息量的极限数值。

由于噪声功率 N 与信道带宽 B 有关，若设单位频带内的噪声功率为 n_0，单位为 W/Hz（n_0 又称为单边功率谱密度），则噪声功率 $N = n_0 B$。因此，香农公式的另一种形式为

$$C = B\log_2 \left(1 + \frac{S}{n_0 B}\right) \quad (\text{bit/s}) \tag{2.6.8}$$

香农公式主要讨论了信道容量、带宽和信噪比之间的关系，是信息传输中非常重要的公式，也是目前通信系统设计和性能分析的理论基础。

由香农公式可得以下结论：

（1）当给定 B、S/N 时，信道的极限传输能力（信道容量）C 即确定。如果信道实际的传输信息速率 R 小于或等于 C，此时能做到无差错传输（差错率可任意小）。如果 R 大于 C，那么无差错传输在理论上是不可能的。

（2）提高信噪比 S/N（通过减少 n_0 或增大 S），可提高信道容量 C。特别是，若 $n_0 \rightarrow 0$，则 $C \rightarrow \infty$，这意味着无干扰信道容量为无穷大。

（3）当信道容量 C 一定时，带宽 B 和信噪比 S/N 之间可以互换。换句话说，要使信道保持一定的容量，可以通过调整带宽 B 和信噪比 S/N 之间的关系来实现。

（4）增加信道带宽 B 并不能无限制地增大信道容量。当信道噪声为高斯白噪声时，随着带宽 B 的增大，噪声功率 $N = n_0 B$ 也增大，信道容量的极限值为

$$\lim_{B \to \infty} C = \lim_{B \to \infty} B\log_2 \left(1 + \frac{S}{n_0 B}\right) \approx 1.44 \frac{S}{n_0} \tag{2.6.9}$$

由式（2.6.9）可见，即使信道带宽无限大，信道容量仍然是有限的。

香农公式给出了通信系统所能达到的极限信息传输速率，但对于如何达到或接近这一理论极限，并未给出具体的实现方案。这正是通信系统研究和设计者们所面临的任务。

【例 2.5】 计算机终端通过电话信道（已知该电话信道带宽为 3.4 kHz）传输数据。

（1）设要求信道的输出信噪比为 30 dB，试求该信道的信道容量是多少？

（2）设线路上的最大信息传输速率为 4800 b/s，试求所需最小信噪比为多少？

解 （1）因为信道的输出信噪比为 30 dB，即 $10\lg \frac{S}{N} = 30$ dB，得

$$\frac{S}{N} = 1000$$

由香农公式求得信道容量

$$C = B\log_2 \left(1 + \frac{S}{N}\right) = 3400 \times \log_2 (1 + 1000) \approx 33.89 \times 10^3 (\text{bit/s})$$

（2）因为最大信息传输速率为 4800 b/s，即信道容量为 4800 b/s。由香农公式：

$$C = B\log_2 \left(1 + \frac{S}{N}\right)$$

得最小信噪比为

$$\frac{S}{N} = 2^{\frac{C}{B}} - 1 = 2^{\frac{4800}{3400}} - 1 \approx 2.66 - 1 = 1.66$$

2.7 移动通信系统中的信道分析

2.7.1 移动通信信道特点

信道是任何通信系统所必不可少的部分，当然移动通信也不例外，但移动通信信道有其自身的特点，首先，移动通信是一种无线通信，它的信道是一个开放的空间，这有别于光纤通信等有线通信信道，其次，移动通信至少有一方处于移动状态的，这又有别于微波、广播电视等无线通信。所以无线和移动是我们对移动通信信道的两个基本的认识。正因为移动通信自身的特点使得移动通信的信道是一个非常恶劣的传播环境，移动通信要得以实现，也就必须有相应的技术来克服这些问题。所以对移动通信信道的理解有助于理解移动通信中象切换、频率复用、交织、分集接收等特有技术，也有助于对编码、调制等基本技术的选择。

移动信道的三个主要特点：

（1）传播的开放性：这个特点区别于有线信道，有线信道中，电磁波被限定在导线内，而移动通信的信道是一个开放的空间。

（2）接收环境的复杂性：是指接收点地理环境的复杂性与多样性。这与用户所处的位置直接相关，可能是繁华市区，也可能是郊区，有可能是平原，也有可能是山丘、湖泊。

（3）通信用户的随机移动性：作为移动用户，当其通话时，有可能处于室内静止状态，也有可能是室外慢速步行或高速车载状态。

归纳为一句话就是复杂、恶劣的传播环境是移动通信信道的总特征。

2.7.2 移动信道电波的传播方式

直射波：即没有障碍物的情况下，电磁波在视距范围内直接由基站到达手机。这是一种较为理想的情况，更多情况下，尤其是在复杂的环境下，是存在障碍物的，下面这三种情况都有可能发生，但其产生机理却有所不同。

反射波：当障碍物的尺寸大于电磁波的波长时，电磁波就会在障碍物的前方发生反射。

绕射波：电磁波绕过障碍物，在障碍物后方形成场强。

散射波：当电磁波遇到粗糙的表面时，反射能量会散布于所有方向，这样就形成了散射波。典型的例子如电线杆和树。

移动信道电波的传播方式如图 2-18 所示。

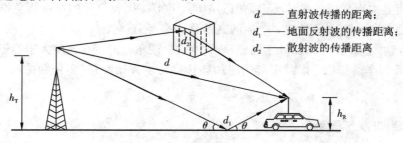

d —— 直射波传播的距离；
d_1 —— 地面反射波的传播距离；
d_2 —— 散射波的传播距离

图 2-18 移动信道电波传播方式

2.7.3　移动通信中的干扰

除了噪声，移动通信信道中还有以下干扰：

（1）同频干扰：是指相同载频电台之间的干扰。

若频率管理或系统设计不当，就会造成同频干扰；在移动通信系统中，为了提高频率利用率，在相隔一定距离以外，可以使用相同的频率，这称为同频复用。采用同频复用时，同频复用距离设置不当，会造成同频干扰。

（2）邻频干扰：是指相邻的或邻近的频道之间的干扰。

由于发射机的调制边带扩展和边带噪声辐射，离基站近的第 $K\pm1$ 频道的 MS 强信号会干扰离基站远的第 K 频道的 MS 弱信号。共信道干扰，即干扰分量落在被干扰接收机带内。

（3）互调干扰：是由传输信道中的非线性电路产生的。它是指两个或多个信号作用在通信设备的非线性器件上，产生同有用信号频率相近的组合频率，从而对通信系统构成干扰的现象。

（4）多径干扰和多址干扰。多径干扰主要是由于电波传播的开放性和地理环境的复杂性而引起的多条传播路径之间的相互干扰；而多址干扰是由于多个用户信号之间的正交性不好所引起的，对于模拟移动通信系统，不同用户使用不同的频段，主要滤波器隔离度做得好，就能很好地保证正交，对于 GSM 系统，不同用户使用不同的时隙，主要时间选通隔离度做得好，也能很好地保证正交，而对于 CDMA 系统，小区内的用户使用相同的频段、相同的时隙，不同用户的隔离是靠扩频码来区分的，而这种码往往很难完全正交，所以多址干扰在 CDMA 系统中表现得尤为突出。

2.7.4　接收信号中的四种效应

在上述信道主要特点和传播方式的作用下，接收点的信号将产生如下特点：

（1）阴影效应。由于大型建筑物或其他物体的遮挡，在障碍物的后面产生的传播半盲区。

（2）远近效应。由于移动用户距离基站有远有近，这样近处的用户信号就会对远处的用户信号产生抑制（功率控制）。

（3）多径效应。由于用户所处位置的复杂性，到达移动台天线的信号不是由单一路径来的，而是由许多路径来的，是众多发射波的合成。由于电波通过各个路径的距离不同，因而由各路径来的反射波到达时间不同，相位也不同。不同相位的多个信号在接收端叠加，有时同相叠加而加强，有时反相叠加而减弱。这样，接收信号的幅度将急剧变化，即产生衰落。这种现象称为多径效应，产生的衰落称为多径衰落。

（4）多普勒效应。由于用户处于高速移动中（这一现象只产生在速度大于等于 70 km/h），从而引起传播频率的扩散。由此引起的附加频移称为多普勒频移（多普勒扩散），可表示为

$$f_\mathrm{d} = \frac{1}{2\pi}\frac{\Delta\varphi}{\Delta t} = \frac{v}{\lambda}\cos\theta_i$$

式中，θ_i 为入射电波与移动台运动方向的夹角。

本 章 小 结

本章首先讨论了信号的分类，重点讨论随机变量和平稳随机过程的统计特性，以及随机过程通过线性系统的基本分析方法，然后讨论信道的统计特性和信道容量等。

信号的分类方法有多种，可以分为确知信号和随机信号、周期信号和非周期信号、能量信号和功率信号等。一般来说，能量有限的信号称为能量信号，平均功率有限的信号称为功率信号。功率信号对应的频谱是功率谱，能量信号对应的频谱是能量谱。

确知信号可以从频域和时域两方面进行分析。频域分析常采用傅里叶分析法。时域分析主要包括卷积和相关函数。

随机信号的统计特性既可由其概率分布和概率密度函数表示，也可由其数字特征来描述。

通常定义随时间变化的无数个随机变量的集合为随机过程。随机过程的基本特征是：它是时间 t 的函数，但在任一确定时刻上的取值是不确定的，是一个随机变量；或者，可将它看成是一个事件的全部可能实现构成的总体，其中每个实现都是一个确定的时间函数，而随机性就体现在出现哪一个实现是不确定的。通信过程中的随机信号和噪声均可归纳为依赖于时间 t 的随机过程。通信系统中的信号和噪声都可以看成是随时间变化的随机过程。

随机过程的统计特征可通过它的概率分布或数字特征加以表述，其主要的数字特征有：数学期望（均值）、方差、相关函数和协方差函数。

若一个随机过程的统计特性与时间起点无关，则称其为严平稳随机过程（或狭义平稳随机过程）。若随机过程的均值和方差为常效，而自相关函数与时间的起点无关，仅与时间间隔 τ 有关，则称其为宽平稳随机过程（或广义平稳随机过程）。严平稳随机过程一定也是宽平稳随机过程。反之，宽平稳随机过程就不一定是严平稳随机过程。但对于高斯随机过程，两者是等价的。在通信系统理论中讨论的大都是宽平稳随机过程，简称平稳随机过程。平稳随机过程一般具有各态历经性。

平稳随机过程的自相关函数与其功率谱密度之间互为傅里叶变换的关系。平稳随机过程通过线性系统后其输出过程仍然是平稳的。高斯过程通过线性系统后仍为高斯过程，但其数字特征发生了变化。平稳随机过程通过乘法器后其输出过程是非平稳随机过程。

一个均值为零的窄带平稳高斯噪声，它的同相分量 $n_c(t)$ 和正交分量 $n_s(t)$ 同样是平稳高斯过程，而且均值都为零，方差也相同。另外，同一时刻上得到的 n_c 及 n_s 是不相关的或统计独立的。

窄带高斯噪声的包络服从瑞利分布，随机相位服从均匀分布。

正弦波加窄带高斯噪声时的合成波包络服从广义瑞利分布（莱斯分布）。

信道是信号传输的通道。信道按照其不同特征有不同的分类方法。按照信道输入、输出端信号的类型可将其分为离散信道和连续信道。离散信道的数学模型用信道矩阵 $\mathbf{P}$ 来描述。

研究信道的目的是要讨论信道中平均每个符号所能传送的信息量，即信息传输率。每个固定信道都有一个最大的信息传输率。定义这个最大的信息传输率为信道容量。香农公式给出了信道中信息无差错传输的最大信息速率。

思 考 题

1. 什么是确知信号？什么是随机信号？

2. 什么是随机过程？请说明随机过程中几个主要数字特征的意义。

3. 随机过程的自相关函数有哪些性质？

4. 什么是高斯白噪声？它的概率密度函数、功率谱密度函数如何表示？

5. 什么是窄带高斯噪声？它在波形上有什么特点？它的包络和相位各服从什么分布？

6. 窄带高斯噪声的同相分量和正交分量各具有什么样的统计特性？

7. 正弦波加窄带高斯噪声的合成波包络服从什么概率分布？

8. 什么是随机过程的各态历经性？

9. 随机过程通过线性系统时，系统输出功率谱密度和输入功率谱密度之间有什么关系？

10. 平稳随机过程通过乘法器后，输出过程是否仍是平稳随机过程？

11. 离散信道的数学模型是什么？其信道容量如何表示？

12. 香农公式如何表示？公式中各符号的含义是什么？

13. 移动通信系统有哪些特点？

习 题

2.1　设随机过程 $\xi(t)$ 可表示成 $\xi(t)=2\cos(2\pi t+\theta)$，式中 θ 是一个离散型随机变量，且 $P(\theta=0)=\dfrac{1}{2}$，$P(\theta=\pi/2)=1/2$，试求 $E_{\xi}(1)$ 及 $R_{\xi}(0,1)$。

2.2　已知功率信号 $f(t)=A\cos(200\pi t)\sin(200\pi t)$，试求：

(1) 该信号的平均功率；

(2) 该信号的自相关函数；

(3) 该信号的功率谱密度。

2.3　若随机过程 $z(t)=m(t)\cos(\omega_0 t+\theta)$，其中，$m(t)$ 是宽平稳随机过程，且自相关函数 $R_m(\tau)$ 为

$$R_m(\tau)=\begin{cases}1+\tau, & -1<\tau<0 \\ 1-\tau, & 0\leqslant\tau<1 \\ 0, & \text{其他}\end{cases}$$

θ 是服从均匀分布的随机变量，它与 $m(t)$ 彼此统计独立。

(1) 证明 $z(t)$ 是宽平稳的；

(2) 绘出自相关函数 $R_z(\tau)$ 的波形；

(3) 求功率谱密度 $P_z(\omega)$ 及功率 S。

2.4　某随机过程 $X(t)=(\eta+\varepsilon)\cos\omega_0 t$，其中 η 和 ε 是均值为 0、方差为 $\sigma_\eta^2=\sigma_\varepsilon^2=2$ 的互不相关的随机变量，试求：

(1) $X(t)$ 的均值 $a_x(t)$；

(2) 自相关 $R_x(t_1, t_2)$；

(3) 是否为宽平稳随机过程？

2.5 某平稳随机过程 $X(t)$ 的自相关函数 $R_X(\tau)$ 如题 2.5 图所示。试求：

(1) $E[X(t)]$；

(2) 均方值 $E[X^2(t)]$；

(3) 方差 σ_X^2。

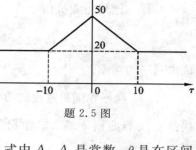

题 2.5 图

2.6 已知平稳随机过程 $X(t) = A_0 + A_1\cos(\omega_1 t + \theta)$，式中 A_0、A_1 是常数，θ 是在区间 $(0, 2\pi)$ 上均匀分布的随机变量。

(1) 试求 $X(t)$ 的自相关函数 $R(\tau)$；

(2) 试求 $R(0)$、直流功率、交流功率、功率谱密度。

2.7 将一个均值为零、功率谱密度为 $n_0/2$ 的高斯白噪声加到一个中心频率为 f_c、带宽为 B 的理想带通滤波器 (BPF) 上，如题 2.7 图所示。试求：

(1) 滤波器输出噪声的功率谱密度；

(2) 滤波器输出噪声的自相关函数；

(3) 滤波器输出噪声的一维概率密度函数。

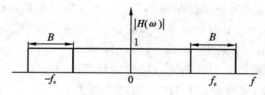

题 2.7 图

2.8 平稳随机过程 $X(t)$ 的功率谱如题 2.8 图所示。

(1) 确定并画出 $X(t)$ 的自相关函数 $R_X(\tau)$；

(2) 求 $X(t)$ 所含直流功率；

(3) 求 $X(t)$ 所含交流功率。

2.9 平稳随机过程 $X(t)$ 的均值为 1，方差为 2，现有另一个随机过程 $Y(t) = 2 + 3X(t)$，试求：

(1) $Y(t)$ 是否为宽平稳随机过程？

(2) $Y(t)$ 的总平均功率；

(3) $Y(t)$ 的方差。

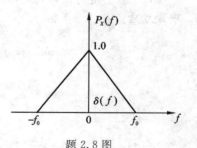

题 2.8 图

2.10 已知某线性系统的输出为 $Y(t) = X(t+a) - X(t-a)$，这里输入 $X(t)$ 是平稳过程。试求：

(1) $Y(t)$ 的自相关函数；

(2) $Y(t)$ 的功率谱。

2.11 设 $Y(t) = X(t)\cos(\omega_0 t + \theta)$，其中，$\omega_0$ 是常数，θ 是在区间 $[0, 2\pi]$ 上均匀分布的随机变量，$X(t)$ 是均值为 0、方差为 σ_X^2 的平稳随机过程，且 $X(t)$ 与 θ 统计独立。

(1) $Y(t)$ 是否为宽平稳随机过程？

（2）求 $Y(t)$ 的功率谱密度。

2.12 已知一随机信号 $X(t)$ 的双边功率谱密度为

$$P_x(f) = \begin{cases} 10^{-5}f^2, & -10 \text{ kHz} < f < 10 \text{ kHz} \\ 0, & \text{其他} \end{cases}$$

试求其平均功率。

2.13 某平稳随机过程的功率谱为 $\dfrac{n_0}{2} = 10^{-10}$ W/Hz，加于冲激响应为 $h(t) = 5e^{-5t}u(t)$ 的线性滤波器的输入端。求输出的自相关函数 $R_Y(\tau)$ 及功率谱 $P_Y(\omega)$，以及总的平均功率 S_Y。

2.14 设 $n(t)$ 是均值为 0、双边功率谱密度为 $\dfrac{n_0}{2} = 10^{-6}$ W/Hz 的白噪声，$y(t) = \dfrac{\mathrm{d}n(t)}{\mathrm{d}t}$，将 $y(t)$ 通过一个截止频率为 $B = 10$ Hz 的理想低通滤波器得到 $y_o(t)$，求：

（1）$y(t)$ 的双边功率谱密度；

（2）$y_o(t)$ 的平均功率。

2.15 已知平稳白高斯噪声的功率谱密度为 $\dfrac{n_0}{2}$。此噪声经过一个冲激响应为 $h(t)$ 的线性系统成为 $y(t)$。若已知 $h(t)$ 的能量为 E，求 $y(t)$ 的功率。

2.16 正弦波 $A\cos\omega_c t$ 加窄带高斯噪声 $n_i(t)$ 通过乘法器后，再经过一低通滤波器输出 $Y(t)$，如题 2.16 图所示。$Y(t) = s_o(t) + n_o(t)$，其中 $s_o(t)$ 是与 $A\cos\omega_c t$ 对应的输出，$n_o(t)$ 是与 $n_i(t)$ 对应的输出。其中，$n_i(t) = n_e(t)\cos\omega_c t - n_s(t)\sin\omega_c t$，其均值为 0，方差为 σ_n^2，且 $n_e(t)$ 和 $n_s(t)$ 的带宽与低通滤波器带宽相同。

（1）若 θ 为常数，求 $s_o(t)$ 和 $n_o(t)$ 的平均功率之比；

（2）若 θ 是与 $n_i(t)$ 独立的均值为零的高斯随机变量，其方差为 σ^2，求 $s_o(t)$ 和 $n_o(t)$ 的平均功率之比。

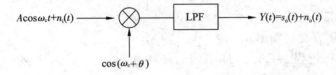

题 2.16 图

2.17 具有 6.5 MHz 带宽的某高斯信道，若信道中信号功率与噪声功率谱密度之比为 45.5 MHz，试求其信道容量。

2.18 设高斯信道的带宽为 4 kHz，信号与噪声的功率比为 63，试确定利用这种信道的理想通信系统的传信率和差错率。

第3章　模拟调制系统

3.1　调制的原理及分类

3.1.1　调制的原理

通常将信息直接转换得到的较低频率的原始电信号称为基带信号。一般情况下，基带信号不宜直接在信道中传输。因此在通信系统的发送端需将基带信号的频谱搬移（调制）到适合信道传输的频率范围内，而在接收端，再将它们搬移（解调）到原来的频率范围，这就是调制和解调。

所谓调制，是指使基带信号（调制信号）控制载波的某个（或几个）参数，使这一（或几个）参数按照基带信号的变化规律而变化的过程。调制后所得到的信号称为已调信号或频带信号。

调制在通信系统中具有十分重要的作用。一方面，通过调制可以把基带信号的频谱搬移到所希望的位置上去，从而将调制信号转换成适合于信道传输或便于信道多路复用的已调信号。另一方面，通过调制可以提高信号通过信道传输时的抗干扰能力，同时，它还和传输效率有关。具体地讲，不同的调制方式产生的已调信号的带宽不同，因此调制影响传输带宽的利用率。可见，调制方式往往决定一个通信系统的性能。

调制在通信系统中的作用归纳如下：

（1）调制是为了使天线容易辐射。

（2）通过调制可以把基带信号的频谱搬移到载波频率附近，即将基带信号变换为带通信号。

（3）通过调制可以提高信号通过信道传输的抗干扰能力。

3.1.2　调制的分类

调制的实质是进行频谱的搬移，把携带消息的基带信号的频谱搬移到较高的频率范围。经过调制后的已调信号应该具有两个基本特征：一是仍然带有消息；二是适合于信道传输。调制器的模型如图 3-1 所示，其中 $m(t)$ 为基带信号（调制信号），$C(t)$ 为载波信号，$S_M(t)$ 为已调信号。

根据不同的 $m(t)$、$C(t)$ 和不同的调制器功能，可将调制分类如下：

1. 根据 $m(t)$ 的不同

（1）模拟调制：调制信号 $m(t)$ 为连续变化的模拟量，通常以单音正弦波为代表。

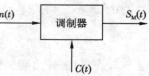

图 3-1　调制器模型

(2) 数字调制：调制信号 $m(t)$ 为离散的数字量，通常以二进制数字脉冲为代表。

2. 根据 $C(t)$ 的不同

(1) 连续载波调制：载波信号 $C(t)$ 为连续波形，通常以单频正弦波为代表。

(2) 脉冲载波调制：载波信号 $C(t)$ 为脉冲波形，通常以矩形周期脉冲为代表。

3. 根据调制器功能的不同

(1) 幅度调制：调制信号改变载波信号的振幅参数，如调幅(AM)、振幅键控(ASK)等。

(2) 频率调制：调制信号改变载波信号的频率参数，如调频(FM)、频率键控(FSK)等。

(3) 相位调制：调制信号改变载波信号的相位参数，如调相(FM)、相位键控(PSK)等。

4. 根据调制器频谱搬移特性的不同

(1) 线性调制：输出已调信号的频谱和调制信号的频谱之间呈线行搬移关系，如 AM、单边带调制(SSB)等。

(2) 非线性调制：输出已调信号的频谱和调制信号的频谱之间没有线性对应关系，即在输出端含有与已调制信号频谱不呈线性对应关系的频谱成分，如 FM、FSK 等。

本章主要研究各种模拟调制的产生、波形和频谱、调制与解调原理以及系统的抗干扰性能。

3.2 线性调制的原理

3.2.1 幅度调制

1. AM 信号的产生

幅度调制(AM)是指用调制信号去控制高频载波的幅度，使其随调制信号呈线性变化的过程。AM 信号的数学模型如图 3-2 所示。

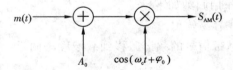

图 3-2 AM 信号的数学模型

图 3-2 中，$m(t)$ 为基带信号，它可以是确知信号，也可以是随机信号，但通常认为平均值为 0，载波为

$$C(t) = A_0\cos(\omega_c t) \tag{3.2.1}$$

式中：A_0 为载波振幅；ω_c 为载波角频率，载波的初始相位 φ_0 设为 0。

由图 3-2 可得 AM 的时域表达式为

$$S_{AM}(t) = [A_0 + m(t)]\cos(\omega_c t) \tag{3.2.2}$$

2. 调制信号为确知信号时 AM 信号的频谱特性

虽然实际模拟基带信号 $m(t)$ 是随机的，但还应从简单入手，先考虑 $m(t)$ 是确知信号时 AM 信号的傅氏频谱，然后再分析 $m(t)$ 是随机信号时调幅信号的功率谱密度。

由式(3.2.2)可知：

$$S_{AM}(t) = [A_0 + m(t)]\cos\omega_c t = A_0\cos\omega_c t + m(t)\cos\omega_c t \qquad (3.2.3)$$

设 $m(t)$ 的频谱为 $M(\omega)$，由傅氏变换的理论可得已调信号 $S_{AM}(t)$ 的频谱 $S_{AM}(\omega)$ 为

$$S_{AM}(\omega) = \pi A_0[\delta(\omega - \omega_c) + \delta(\omega + \omega_c)] + \frac{1}{2}[M(\omega - \omega_c) + M(\omega + \omega_c)] \qquad (3.2.4)$$

图 3-3 所示为 AM 的波形和相应的频谱图。

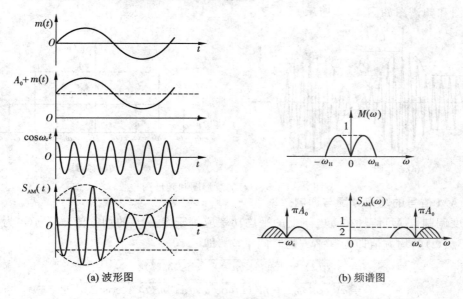

(a) 波形图　　　　　　　　　　　　　　　　(b) 频谱图

图 3-3　AM 的波形及频谱图

由图 3-3 可以看出：

(1) AM 波的频谱与基带信号的频谱呈线性关系，只是将基带信号的频谱搬移到 ω_c 处，并没有产生新的频率成分，因此 AM 调制属于线性调制。

(2) AM 信号波形的包络与基带信号成正比，所以 AM 信号的解调既可采用相干解调，也可采用非相干解调（包络检波）。

(3) AM 的频谱中含有载频和上、下两个边带，无论是上边带还是下边带，都含有原调制信号的完整信息，故已调波的带宽为原基带信号带宽的两倍，即

$$B_{AM} = 2f_H \qquad (3.2.5)$$

式中，f_H 为调制信号的最高频率。

【例 3.1】　设 $m(t)$ 为正弦信号，即 $m(t)A_m\cos\omega_m t$ 式中，A_m 为调制信号的振幅；ω_m 为调制信号的角频率。试求已调信号 $S_{AM}(t)$ 的时域和频域表达式、波形和频谱图。

解　由式(3.2.2)可得

$$S_{AM}(t) = [A_0 + m(t)]\cos\omega_m t = [A_0 + A_m\cos\omega_m t]\cos\omega_c t$$
$$= A_0[1 + \beta_{AM}\cos\omega_m t]\cos\omega_c t$$

式中，$\beta_{AM} = A_m/A_0$，称为调制指数或调幅系数。为了避免过调，必须使 $\beta_{AM} \leqslant 1$。$m(t)$ 的傅里叶变换为

$$M(\omega) = \pi A_m[\delta(\omega - \omega_m) + \delta(\omega + \omega_m)]$$

则由式(3.2.4)可得

$$S_{AM}(\omega) = \pi A_m [\delta(\omega - \omega_m) + \delta(\omega + \omega_m)]$$
$$+ \frac{\pi A_m}{2} [\delta(\omega - \omega_c - \omega_m) + \delta(\omega - \omega_c + \omega_m)]$$
$$+ \frac{\pi A_m}{2} [\delta(\omega + \omega_c - \omega_m) + \delta(\omega + \omega_c + \omega_m)]$$

其波形图和频谱图如图 3-4 所示。

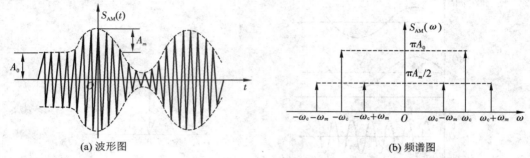

(a) 波形图　　　　　　　　　　　　　　　　　　　(b) 频谱图

图 3-4　$S_{AM}(t)$ 的波形图和频谱图

3. AM 信号的功率分配与调制效率

幅度调制（AM）信号在 1 电阻上的平均功率应等于 $S_{AM}(t)$ 的均方值。当 $m(t)$ 为确知信号时，$S_{AM}(t)$ 的均方值即为其平方的时间平均，即

$$S_{AM} = \overline{S_{AM}^2(t)} = \overline{[A_0 + m(t)]^2 \cos^2 \omega_c(t)}$$
$$= \overline{A_0^2 \cos^2 \omega_c t} + \overline{m^2(t) \cos^2 \omega_c t} + \overline{2m(t)A_0 \cos^2 \omega_c t} \qquad (3.2.6)$$

前面已假设调制信号没有直流分量，即 $\overline{m(t)} = 0$，而且 $m(t)$ 是与载波无关的变化较为缓慢的信号。

所以

$$S_{AM} = \frac{A_0^2}{2} + \frac{\overline{m^2(t)}}{2} = S_c + S_m \qquad (3.2.7)$$

式中：

$$S_c = \frac{A_0^2}{2} \qquad (3.2.8)$$

为不携带信息的载波功率；

$$S_m = \frac{\overline{m^2(t)}}{2} \qquad (3.2.9)$$

为携带信息的边带功率。

可见，AM 调幅波的平均功率由不携带信息的载波功率与携带信息的边带功率两部分组成，所以涉及调制效率的概念。

定义边带功率 S_m 与 S_{AM} 的比值为调制效率，记为 η_{AM}，即

$$\eta_{AM} = \frac{P_m}{P_{AM}} = \frac{\overline{m^2(t)}}{A_0^2 + \overline{m^2(t)}} \qquad (3.2.10)$$

显然，AM 信号的调制效率总是小于 1。

【例 3.2】 设 $m(t)$ 为正弦信号，进行 100% 的幅度调制，求此时的调制效率。

解　依题意可设 $m(t) = A_m \cos \omega_m t$，而 100% 调制就是 $A_0 = |m(t)|_{max}$ 的调制，即

$A_0 = A_m$，因此

$$\overline{m^2(t)} = \frac{A_m^2}{2} = \frac{A_0^2}{2}$$

$$\eta_{AM} = \frac{\overline{m^2(t)}}{A_0^2 + \overline{m^2(t)}} = \frac{1}{3} \times 100\% = 33.3\%$$

可见，正弦波作 100% 幅度调制时，调制效率仅为 33.3%。

综上所述，AM 信号的总功率包括载波功率和边带功率两部分。只有边带功率才与调制信号有关。也就是说，载波分量不携带信息，所以，调制效率低是 AM 调制的一个最大缺点。

4. 调制信号为随机信号时已调信号的频谱特性

前面讨论了调制信号为确知信号时已调信号的频谱。在一般情况下，调制信号常常是随机信号，如语音信号。此时，已调信号的频谱特性必须用功率谱密度来表示。

在通信系统中所遇到的调制信号通常被认为是具有各态历经性的宽平稳随机过程。这里假设 $m(t)$ 是均值为零、具有各态历经性的平稳随机过程，其统计平均与时间平均是相同的。由 2.4 节可知，AM 已调信号是一非平稳随机过程，经分析可得

$$P_{AM}(\omega) = \frac{\pi A_0^2}{2} [\delta(\omega - \omega_c) + \delta(\omega + \omega_c)] + \frac{1}{4}[P_m(\omega - \omega_c) + P_m(\omega + \omega_c)] \quad (3.2.11)$$

式中，$P_m(\omega)$ 为调制信号的功率谱密度。由功率谱密度可以求出已调信号的平均功率为

$$S_{AM} = \frac{1}{2\pi} \int_{-\infty}^{\infty} P_{AM}(\omega) d\omega = S_c + S_m \quad (3.2.12)$$

其中：

$$S_c = \frac{1}{2\pi} \int_{-\infty}^{\infty} \frac{\pi A_0^2}{2} [\delta(\omega - \omega_c) + \delta(\omega + \omega_c)] d\omega = \frac{1}{2} A_0^2 \quad (3.2.13)$$

$$S_m = \frac{1}{2\pi} \int_{-\infty}^{\infty} \frac{1}{4}[P_m(\omega - \omega_c) + P_m(\omega + \omega_c)] d\omega$$

$$= \frac{1}{4\pi} \int_{-\infty}^{\infty} P_m(\omega) d\omega = \frac{1}{2} \overline{m^2(t)} \quad (3.2.14)$$

比较式(3.2.13)和式(3.2.8)以及式(3.2.14)和式(3.2.9)可见，在调制信号为确知信号和随机信号两种情况下，分别求出的已调信号功率表达式是相同的。考虑到本章模拟通信系统的抗噪声能力是由信号平均功率和噪声平均功率之比(信噪比)来度量的。因此，为了后面分析问题的简便，均假设调制信号(基带信号)为确知信号。

3.2.2　双边带调制(DSB)

1. DSB 信号的模型

在 AM 信号中，载波分量并不携带信息，信息完全由边带传送。如果将载波抑制，只需在图 3-2 中将直流 A_0 去掉，即可输出抑制载波双边带信号，简称双边带信号(DSB)。DSB 调制器模型如图 3-5 所示。

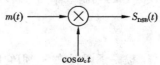

图 3-5　DSB 调制器模型

2. DSB 信号的表达式、频谱及带宽

由图 3-5 可得 DSB 信号的时域表达式为

$$S_{\text{DSB}}(t) = m(t)\cos\omega_c t \tag{3.2.15}$$

当调制信号 $m(t)$ 为确知信号时，已调信号的频谱为

$$S_{\text{DSB}}(\omega) = \frac{1}{2}\big[M(\omega - \omega_c) + M(\omega + \omega_c)\big] \tag{3.2.16}$$

其波形和频谱如图 3-6 所示。

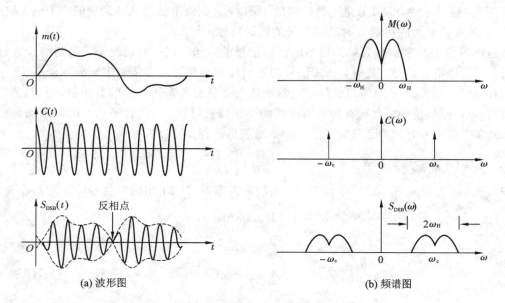

(a) 波形图　　　　　　　　　　　　　(b) 频谱图

图 3-6　DSB 调制过程的波形及频谱图

　　DSB 信号的包络不再与调制信号的变化规律一致，因而不能采用简单的包络检波来恢复调制信号，需采用相干解调（同步检波）。另外，在调制信号 $m(t)$ 的过零点处，高频载波相位有 $180°$ 的突变。

　　除不再含有载频分量离散谱外，DSB 信号的频谱与 AM 信号的频谱完全相同，仍由上下对称的两个边带组成。所以 DSB 信号的带宽与 AM 信号的带宽相同，也为基带信号带宽的两倍，即

$$B_{\text{DSB}} = B_{\text{AM}} = 2f_H \tag{3.2.17}$$

式中，f_H 为调制信号的最高频率。

3. DSB 信号的功率分配及调制效率

　　由于不再包含载波成分，因此，DSB 信号的功率就等于边带功率，是调制信号功率的一半，即

$$S_{\text{DSB}} = \overline{S_{\text{DSB}}^2(t)} = P_m = \frac{1}{2}\overline{m^2(t)} \tag{3.2.18}$$

式中，S_m 为边带功率。显然，DSB 信号的调制效率为 100%。

3.2.3　单边带调制(SSB)

　　DSB 信号虽然节省了载波功率，提高了调制效率，但它的频带宽度仍是调制信号带宽的两倍，与 AM 信号带宽相同。由于 DSB 信号的上、下两个边带是完全对称的，并且都携带了

调制信号的全部信息，因此仅传输其中一个边带即可，这是单边带调制能解决的问题。

1. SSB 信号的产生

产生 SSB 信号的方法有很多，其中最基本的方法有滤波法和相移法。

1）用滤波法产生 SSB 信号

由于单边带调制只传送双边带调制信号的一个边带。因此产生单边带信号的最直观的方法是让双边带信号通过一个单边带滤波器，滤除不要的边带，即可得到单边带信号。通常把这种方法称为滤波法，它是最简单的也是最常用的方法。滤波法产生 SSB 信号的数学模型如图 3-7 所示。

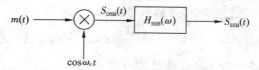

图 3-7 滤波法产生 SSB 信号的数学模型

由图 3-7 可见，只需将滤波器 $H_{SSB}(\omega)$ 设计成如图 3-8 所示的理想高通特性 $H_{USB}(\omega)$ 或理想低通特性 $H_{LSB}(\omega)$，就可以分别得到上边带信号和下边带信号。

显然，SSB 信号的频谱可表示为

$$S_{SSB}(\omega) = S_{DSB}(\omega)H_{SSB}(\omega) = \frac{1}{2}[M(\omega+\omega_c)+M(\omega-\omega_c)]H_{SSB}(\omega) \quad (3.2.19)$$

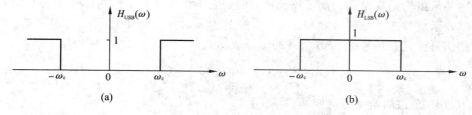

图 3-8 形成 SSB 信号的滤波特性

用滤波法形成 SSB 信号的技术难点是：由于一般调制信号都具有丰富的低频成分，经调制后得到的 DSB 信号的上、下边带之间的间隔很窄，这就要求单边带滤波器在 f_c 附近具有陡峭的截止特性，才能有效地抑制无用的一个边带。这就使滤波器的设计和制作很困难，有时甚至难以实现。为此，在工程中往往采用多级调制滤波的方法，即在低载频上形成单边带信号，然后通过变频将频谱搬移到更高的载频。实际上，频谱搬移可以连续分几步进行，直至达到所需的载频为止，如图 3-9 所示。

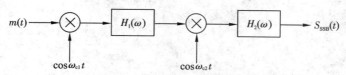

图 3-9 滤波法产生 SSB 信号的多级频率搬移过程

2）用相移法产生 SSB 信号

（1）SSB 信号的时域表达式。

单边带信号的时域表达式的推导比较困难，一般需借助希尔伯特变换来表述。但可以从简单的单频调制出发，得到 SSB 信号的时域表达式，然后再推广到一般表示式。

设单频调制信号 $m(t)=A_{\mathrm{m}}\cos\omega_{\mathrm{m}}t$，载波为 $c(t)=\cos\omega_{\mathrm{c}}t$，则双边带信号的时域表达式为

$$S_{\mathrm{DSB}}(t) = A_{\mathrm{m}}\cos\omega_{\mathrm{m}}t\cos\omega_{\mathrm{c}}t$$

$$= \frac{1}{2}A_{\mathrm{m}}\cos(\omega_{\mathrm{c}}+\omega_{\mathrm{m}})t + \frac{1}{2}A_{\mathrm{m}}\cos(\omega_{\mathrm{c}}-\omega_{\mathrm{m}})t \tag{3.2.20}$$

式(3.2.20)中，保留上边带的单边带调制信号为

$$S_{\mathrm{USB}}(t) = \frac{1}{2}A_{\mathrm{m}}\cos(\omega_{\mathrm{c}}+\omega_{\mathrm{m}})t = \frac{A_{\mathrm{m}}}{2}\cos\omega_{\mathrm{c}}t\,\cos\omega_{\mathrm{m}}t - \frac{A_{\mathrm{m}}}{2}\sin\omega_{\mathrm{c}}t\,\sin\omega_{\mathrm{m}}t \tag{3.2.21}$$

式(3.2.20)中，保留下边带的单边带调制信号为

$$S_{\mathrm{LSB}}(t) = \frac{1}{2}A_{\mathrm{m}}\cos(\omega_{\mathrm{c}}-\omega_{\mathrm{m}})t = \frac{A_{\mathrm{m}}}{2}\cos\omega_{\mathrm{c}}t\,\cos\omega_{\mathrm{m}}t + \frac{A_{\mathrm{m}}}{2}\sin\omega_{\mathrm{c}}t\,\sin\omega_{\mathrm{m}}t \tag{3.2.22}$$

将式(3.2.21)和式(3.2.22)合并起来可以表示为

$$S_{\mathrm{SSB}}(t) = \frac{A_{\mathrm{m}}}{2}\cos\omega_{\mathrm{c}}t\,\cos\omega_{\mathrm{m}}t \mp \frac{A_{\mathrm{m}}}{2}\sin\omega_{\mathrm{c}}t\,\sin\omega_{\mathrm{m}}t \tag{3.2.23}$$

式中，"$-$"表示上边带信号，"$+$"表示下边带信号。

$A_{\mathrm{m}}\sin\omega_{\mathrm{c}}t$ 可以看成是 $A_{\mathrm{m}}\cos\omega_{\mathrm{c}}t$ 相移 $-\dfrac{\pi}{2}$，而幅度大小保持不变。通常将这种变换称为希尔伯特变换，记为"$\wedge$"，即 $A_{\mathrm{m}}\overset{\wedge}{\cos}\omega_{\mathrm{c}}t = A_{\mathrm{m}}\sin\omega_{\mathrm{c}}t$。

上述关系虽然是在单频调制下得到的，但是它不失一般性，因为任一个基带信号的波形总可以表示成许多正弦信号之和。因此，将上述表示方法运用到式(3.2.23)中，就可以得到调制信号为任意信号的 SSB 信号的时域表达式

$$S_{\mathrm{SSB}}(t) = \frac{1}{2}m(t)\cos\omega_{\mathrm{c}}t \mp \frac{1}{2}\hat{m}(t)\sin\omega_{\mathrm{c}}t \tag{3.2.24}$$

式中，$\hat{m}(t)$ 是 $m(t)$ 的希尔伯特变换。

为更好地理解单边带信号，这里有必要简要叙述希尔伯特变换的概念及其性质。

(2) 希尔伯特变换。

设 $f(t)$ 为实函数，称

$$\frac{1}{\pi}\int_{-\infty}^{\infty}\frac{f(\tau)}{t-\tau}\mathrm{d}\tau \tag{3.2.25}$$

为 $f(t)$ 的希尔伯特变换，记为

$$\hat{f}(t) = H[f(t)] = \frac{1}{\pi}\int_{-\infty}^{\infty}\frac{f(\tau)}{t-\tau}\mathrm{d}\tau \tag{3.2.26}$$

其反变换为

$$f(t) = H^{-1}[\hat{f}(t)] = -\frac{1}{\pi}\int_{-\infty}^{\infty}\frac{\hat{f}(\tau)}{t-\tau}\mathrm{d}\tau \tag{3.2.27}$$

由卷积的定义：

$$f_1(t) * f_2(t) = \int_{-\infty}^{\infty}f_1(\tau)f_2(t-\tau)\mathrm{d}\tau \tag{3.2.28}$$

不难得出希尔伯特变换的卷积形式为

$$\hat{f}(t) = f(t) * \frac{1}{\pi t} \tag{3.2.29}$$

由式(3.2.29)可见，希尔伯特变换相当于 $f(t)$ 通过一个冲激响应为 $h_h(t) = \dfrac{1}{\pi t}$ 的线性网络，其等效系统模型如图 3-10 所示。

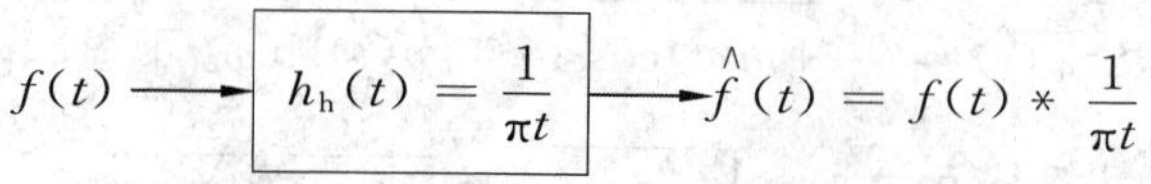

$$f(t) \longrightarrow \boxed{h_h(t) = \frac{1}{\pi t}} \longrightarrow \hat{f}(t) = f(t) * \frac{1}{\pi t}$$

图 3-10　希尔伯特变换的等效系统模型

又因为

$$\frac{1}{\pi t} \Longleftrightarrow -\mathrm{j}\,\mathrm{sgn}(\omega) \tag{3.2.30}$$

所以可得

$$H_h(\omega) = -\mathrm{j}\,\mathrm{sgn}\,\omega = \begin{cases} -\mathrm{j} & \omega > 0 \\ \mathrm{j} & \omega < 0 \end{cases} \tag{3.2.31}$$

由 $\mathrm{e}^{-\mathrm{j}\pi/2} = -\mathrm{j}$ 和 $\mathrm{e}^{\mathrm{j}\pi/2} = \mathrm{j}$ 可以看出，希尔伯特变换实质上是一个理想相移网络，在 $\omega > 0$ 域相移 $-\pi/2$（在 $\omega < 0$ 域相移 $\pi/2$），而信号的幅度保持不变。可以称传输函数 $H_h(\omega)$ 为希尔伯特变换器。

希尔伯特变换及以下性质对分析单边带信号是十分有用的，如：

$$H[\cos(\omega_c t + \varphi)] = \sin(\omega_c t + \varphi) \tag{3.2.32}$$

$$H[\sin(\omega_c t + \varphi)] = -\cos(\omega_c t + \varphi) \tag{3.2.33}$$

若 $f(t)$ 的频带限于 $|\omega| \leqslant \omega_c$，则

$$H[f(t)\cos\omega_c t] = f(t)\sin\omega_c t \tag{3.2.34}$$

$$H[f(t)\sin\omega_c t] = -f(t)\cos\omega_c t \tag{3.2.35}$$

由式(3.2.24)可画出单边带调制相移法的模型，如图 3-11 所示。

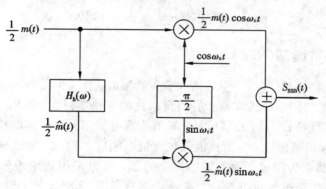

图 3-11　相移法形成的 SSB 信号

2. SSB 信号的带宽、功率和调制效率

由于 SSB 信号的频谱是 DSB 信号频谱的一个边带，其带宽为 DSB 信号的一半，与基带信号带宽相同，即

$$B_{\mathrm{SSB}} = \frac{1}{2}B_{\mathrm{DSB}} = f_{\mathrm{H}} \tag{3.2.36}$$

式中，f_{H} 为调制信号的最高频率。

由于 SSB 信号仅包含一个边带，因此其功率为 DSB 信号的一半，即

$$P_{\text{SSB}} = \frac{1}{2} P_{\text{DSB}} = \frac{1}{4} \overline{m^2(t)} \qquad (3.2.37)$$

$$S_{\text{SSB}} = \overline{S_{\text{SSB}}^2(t)} = \frac{1}{4} \overline{[m(t)\cos\omega_c t \mp \hat{m}(t)\sin\omega_c t]^2}$$

$$= \frac{1}{4} \left[\frac{1}{2} \overline{m^2(t)} + \frac{1}{2} \overline{\hat{m}^2(t)} \mp 2 \overline{m(t)\hat{m}(t)\cos\omega_c t \sin\omega_c t} \right] \qquad (3.2.38)$$

由于调制信号的平均功率与调制信号经过 90° 相移后的信号功率是一样的，即

$$\overline{m^2(t)} = \overline{\hat{m}^2(t)}$$

前面已假设基带信号中没有直流分量，即 $\overline{m(t)} = 0$，则式(3.2.38)可简化为

$$S_{\text{SSB}} = \frac{1}{4} \overline{m^2(t)} \qquad (3.2.39)$$

显然，SSB 信号的调制效率也为 100%。

由于 SSB 信号也是抑制载波的已调信号，它的包络不能直接反映调制信号的变化，所以 SSB 信号的调解和 DSB 一样不能采用简单的包络检波，仍需采用相干解调。

【例 3.3】 已知调制信号 $m(t) = \cos(2000\pi t) + \cos(4000\pi t)$，载波为 $\cos 10^4 \pi t$，进行单边带调制，请写出上边带信号的表达式。

解 根据单边带信号的时域表达式，可确定上边带信号为

$$S_{\text{USB}}(t) = \frac{1}{2} m(t)\cos\omega_c t - \frac{1}{2} m(t)\sin\omega_c t$$

$$= \frac{1}{2} [\cos(2000\pi t) + \cos(4000\pi t)]\cos 10^4 \pi t$$

$$- \frac{1}{2} [\sin(2000\pi t) + \sin(4000\pi t)]\sin 10^4 \pi t$$

$$= \frac{1}{2} \cos(12000\pi t) + \frac{1}{2} \cos(14000\pi t)$$

3.2.4 残留边带调制(VSB)

单边带传输信号具有节约一半频谱和节省功率的优点。但是付出的代价是设备制作非常困难，如用滤波法则边带滤波器不容易得到陡峭的频率特性，如用相移法则基带信号各频率成分不可能都做到 $-\pi/2$ 的移相等。如果传输电视信号、传真信号和高速数据信号的话，由于它们的频谱范围较宽，而且极低频分量的幅度也比较大，这样边带滤波器和宽带相移网络的制作都更为困难，为了解决这个问题，可以采用残留边带调制(VSB)。DSB、SSB 和 VSB 信号的频谱图如图 3-12 所示。VSB 是介于 SSB 和 DSB 之间的一个折中方案。在这种调制中，一个边带绝大部分顺利通过，而另一个边带残留一小部分，如图 3-12 (d)所示。

1. VSB 信号的产生与解调

残留边带调制信号的产生与解调框图如图 3-13 所示。

由图 3-13(a)可以看出，VSB 信号的产生与 DSB、SSB 的产生框图相似，都是由基带信号和载波信号相乘后得到双边带信号，所不同的是后面接的滤波器。不同的滤波器得到不同的调制方式。

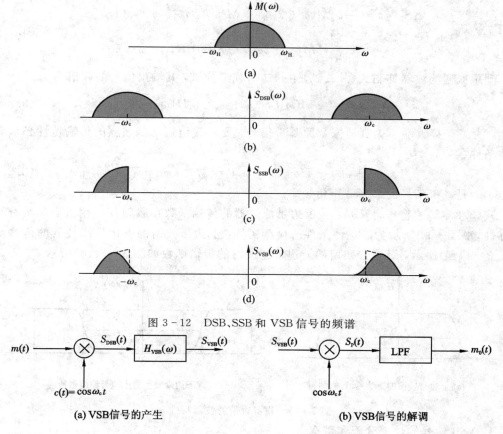

图 3 - 12　DSB、SSB 和 VSB 信号的频谱

(a) VSB信号的产生　　　　　　　　　　　**(b) VSB信号的解调**

图 3 - 13　VSB 信号的产生与解调

　　如何选择残留边带滤波器的滤波特性使残留边带信号解调后不产生失真呢？从图
3-12可以直观想象，如果解调后一个边带损失部分能够让另一个边带保留部分完全补偿
的话，那么输出信号是不会失真的。

　　为了确定残留边带滤波器传输特性应满足的条件，接下来分析接收端是如何从该信号
中恢复原基带信号的。

2. 残留边带滤波器传输特性 $H_{\text{VSB}}(\omega)$ 的确定

图 3 - 13(b)中，$S_{\text{VSB}}(t)$ 信号经乘法器后输出 $S_{\text{P}}(t)$ 的表达式为

$$S_{\text{P}}(t) = S_{\text{VSB}}(t)\cos\omega_c t \tag{3.2.40}$$

式(3.2.40)对应的傅氏频谱为

$$S_{\text{P}}(\omega) = \frac{1}{2\pi} S_{\text{VSB}}(\omega) * \left[\pi\delta(\omega+\omega_c) + \delta(\omega-\omega_c)\right]$$

$$= \frac{1}{2}\left[S_{\text{VSB}}(\omega+\omega_c) + S_{\text{VSB}}(\omega-\omega_c)\right] \tag{3.2.41}$$

由图 3 - 13(a)知：

$$S_{\text{VSB}}(\omega) = \frac{1}{2}\left[M(\omega+\omega_c) + M(\omega-\omega_c)\right]H_{\text{VSB}}(\omega) \tag{3.2.42}$$

将式(3.2.42)带入式(3.2.41)得

$$S_P(\omega) = \frac{1}{4}\{[M(\omega + 2\omega_c) + M(\omega)]H_{VSB}(\omega + \omega_c)\}$$
$$+ \frac{1}{4}\{[M(\omega - 2\omega_c) + M(\omega)]H_{VSB}(\omega - \omega_c)\} \tag{3.2.43}$$

理想低通滤波器抑制式(3.2.43)中的二倍载频分量，其输出信号的频谱为

$$M_0(\omega) = \frac{1}{4}M(\omega)[H(\omega + \omega_c) + H(\omega - \omega_c)] \tag{3.2.44}$$

显然，为了在接收端不失真地恢复原基带信号，要求残留边带滤波器的传输特性必须满足下述条件：

$$H_{VSB}(\omega + \omega_c) + H_{VSB}(\omega - \omega_c) = 常数 \qquad |\omega| \leqslant \omega_H \tag{3.2.45}$$

式中，ω_H 是基带信号的最高截止角频率。

式(3.2.45)的物理含义是：残留边带滤波器的传输函数在载频 $|\omega_c|$ 附近必须具有互补对称性。图 3-14 所示为满足该条件的典型实例：上边带残留的下边带滤波器的传输函数如图 3-14(a)所示，下边带残留的上边带滤波器的传输函数如图 3-14(b)所示。

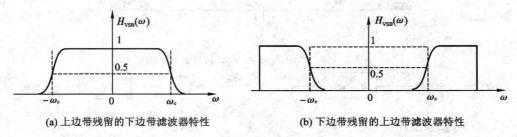

(a) 上边带残留的下边带滤波器特性　　　(b) 下边带残留的上边带滤波器特性

图 3-14　残留边带滤波器特性

3. VSB 信号的功率分配和带宽

残留边带滤波器具有互补对称性，满足该特性的不仅仅是直线，还可能是余弦形、对数形等多种形式，它们只要具有互补对称特性，就都能满足不失真解调的要求。根据互补对称特性的不同，其信号的功率也不同。因此，要准确地求出 VSB 信号的平均功率比较困难，常用一个范围来表示其大小，即大于单边带而小于双边带信号的功率：

$$S_{SSB} \leqslant S_{VSB} \leqslant S_{DSB} \tag{3.2.46}$$

VSB 信号的频带宽度介于单边带和双边带之间：

$$B_{SSB} \leqslant B_{VSB} \leqslant B_{DSB} \tag{3.2.47}$$

一般典型值为

$$B_{VSB} = 1.25B_{SSB} \tag{3.2.48}$$

3.3　线性调制的抗噪声性能

调制过程是一个频谱搬移的过程，它是将低频信号的频谱搬移到载频位置。而解调是将位于载频的信号频谱再搬回来，并且不失真地恢复出原始基带信号。

解调的方式有两种：相干解调与非相干解调。相干解调适用于各种线性调制系统，非相干解调一般只适用幅度调制(AM)信号。

3.3.1　线性调制的抗噪声性能的分析模型

所谓相干解调，是指为了从接收的已调信号中不失真地恢复原调制信号，要求本地载波和接收信号的载波保证同频同相。

所谓非相干解调，是指在接收端解调信号时不需要本地载波，而是利用已调信号中的包络信息来恢复基带信号。因此，非相干解调一般只适用于 AM 系统。由于包络解调器电路简单，效率高，所以几乎所有的 AM 接收机都采用这种电路。

图 3-15 所示为串联型包络检波器的具体电路。

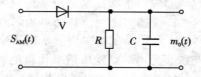

图 3-15　串联型包络检波器电路

当 RC 满足条件 $\dfrac{1}{\omega_c} \ll RC \ll \dfrac{1}{\omega_H}$ 时，包络检波器的输出基本上与输入信号的包络变化呈线性关系，即

$$m_0(t) = A_0 + m(t) \tag{3.3.1}$$

其中，$A_0 \gg |m(t)|_{\max}$，隔去直流后就得到原基带信号 $m(t)$。

有加性噪声时解调器的数学模型如图 3-16 所示。

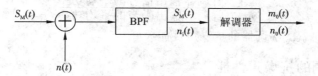

图 3-16　有加性噪声时解调器的数学模型

图 3-16 中，$S_M(t)$ 为已调信号，$n(t)$ 为加性高斯白噪声。$S_M(t)$ 和 $n(t)$ 首先经过一带通滤波器，滤出有用信号，滤除带外的噪声。经过带通滤波器后到达解调器输入端的信号为 $S_M(t)$、噪声为高斯窄带噪声 $n_i(t)$，显然解调器输入端的噪声带宽与已调信号的带宽是相同的。最后经解调器解调输出的有用信号为 $m_0(t)$，噪声为 $n_0(t)$。

由式(2.3.36)可知，高斯窄带噪声 $n_i(t)$ 可表示为

$$n_i(t) = n_c(t)\cos\omega_c t - n_s(t)\sin\omega_c t \tag{3.3.2}$$

式中，高斯窄带噪声 $n_i(t)$ 的同相分量 $n_c(t)$ 和正交分量 $n_s(t)$ 都是高斯变量，它们的均值都为 0，方差（平均功率）都与 $n_i(t)$ 的方差相同，即

$$\sigma_{n_i}^2 = \sigma_{n_c}^2 = \sigma_{n_s}^2 \tag{3.3.3}$$

或者记为

$$\overline{n_c^2(t)} = \overline{n_s^2(t)} = \overline{n_i^2(t)} = N_i \tag{3.3.4}$$

式中，N_i 为解调器的输入噪声功率。

若高斯白噪声的双边功率谱密度为 $n_0/2$，带通滤波器的传输特性是高度为 1、带宽为 B 的理想矩形函数，其传输特性如图 3-17 所示，则

$$N_i = n_0 B \tag{3.3.5}$$

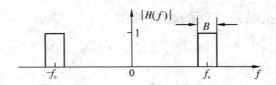

图 3 - 17　带通滤波器的传输特性

　　显然，为了使已调信号无失真地进入解调器，同时又最大限度地抑制噪声，带通滤波器的带宽 B 应等于已调信号的带宽。

　　在模拟通信系统中常用解调器输出信噪比来衡量通信质量，输出信噪比定义为

$$\frac{S_o}{N_o} = \frac{\text{解调器输出信号的平均功率}}{\text{解调器输出噪声的平均功率}} \tag{3.3.6}$$

　　只要解调器输出端信号与噪声分开，则输出信噪比就能确定。输出信噪比与调制方式有关，也与解调方式有关。因此在已调信号平均功率相同，而且噪声功率谱密度也相同的情况下，输出信噪比反映了系统的抗噪声性能。

　　人们还常常用信噪比增益 G 作为不同调制方式下解调器抗噪声性能的度量。信噪比增益 G 定义为

$$G = \frac{\text{输出信噪比}}{\text{输入信噪比}} = \frac{S_o/N_o}{S_i/N_i} \tag{3.3.7}$$

其中，S_i/N_i 为输入信噪比，定义为

$$\frac{S_i}{N_i} = \frac{\text{解调器输出信号的平均功率}}{\text{解调器输出噪声的平均功率}} \tag{3.3.8}$$

显然，信噪比增益愈高，解调器的抗噪声性能愈好。

3.3.2　相干解调的抗噪声性能

　　有加性噪声的相干解调模型如图 3 - 18 所示。图中 $S_M(t)$ 可以是各种调幅信号，如AM、DSB、SSB 和 VSB，带通滤波器的带宽等于已调信号带宽。下面讨论各种线性调制系统的抗噪声性能。

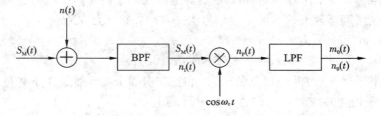

图 3 - 18　有加性噪声的相干解调模型

1. AM 系统的性能

1）解调器输入信噪比

在图 3 - 18 所示的解调模型中，输入信号与噪声可以分别单独解调。解调器输入信号为

$$S_{AM}(t) = [A_0 + m(t)]\cos\omega_c t$$

则其平均功率为

$$S_i = \overline{S_M^2(t)} = \overline{[A_0 + m(t)]^2 \cos^2 \omega_c t} = \frac{A_0^2}{2} + \frac{\overline{m^2(t)}}{2} \qquad (3.3.9)$$

由式(3.3.5)知,解调器输入端的噪声平均功率为

$$N_i = n_0 B = 2n_0 f_H \qquad (3.3.10)$$

故解调器的输入信噪比为

$$(S_i/N_i)_{AM} = \frac{A_0^2 + \overline{m^2(t)}}{2n_0 B_{AM}} = \frac{A_0^2 + \overline{m^2(t)}}{4n_0 f_H} \qquad (3.3.11)$$

2) 解调器输出信噪比

已调信号通过乘法器输出为

$$z(t) = [A_0 + m(t)] \cos^2 \omega_c t = \frac{1}{2}[A_0 + m(t)][1 + \cos(2\omega_c t)] \qquad (3.3.12)$$

式(3.3.12)中含有直流分量,通常在低通滤波器后加一个简单的隔直流电容,隔去无用的直流,从而恢复原信号,即

$$m_0(t) = \frac{1}{2} m(t) \qquad (3.3.13)$$

于是,输出端的信号功率为

$$S_o = \overline{m_0^2(t)} = \overline{\left[\frac{1}{2} m(t)\right]^2} \cdot \frac{1}{4} \overline{m^2(t)} \qquad (3.3.14)$$

下面计算解调器输出端的噪声平均功率。

在图 3-18 中,各线性调制系统的输入噪声通过带通滤波器(BPF)之后,变成窄带噪声,经乘法器相乘后的输出噪声为

$$n_P(t) = n_i(t)\cos\omega_c t = [n_c(t)\cos\omega_c t - n_s(t)\sin\omega_c t]\cos\omega_c t$$
$$= \frac{1}{2} n_c(t) + \frac{1}{2}[n_c(t)\cos 2\omega_c t - n_s(t)\sin 2\omega_c t] \qquad (3.3.15)$$

经 LPF 后,$n_0(t) = \frac{1}{2} n_c(t)$,因此,解调器输出的噪声功率为

$$N_o = \overline{n_0^2(t)} = \frac{1}{4} \overline{n_c^2(t)} = \frac{1}{4} N_i \qquad (3.3.16)$$

根据式(3.3.14)和式(3.3.15)可得解调器的输出信噪比,即

$$(S_o/N_o)_{AM} = \frac{\frac{1}{4}\overline{m^2(t)}}{\frac{1}{4}N_i} = \frac{\overline{m^2(t)}}{2n_0 f_H} \qquad (3.3.17)$$

由式(3.3.11)和式(3.3.17)可得

$$G_{AM} = \frac{S_o/N_o}{S_i/N_i} = \frac{2\overline{m^2(t)}}{A_0^2 + \overline{m^2(t)}} \qquad (3.3.18)$$

由于 A_0 一般比调制信号幅度大,所以,G_{AM} 小于 1。对于单音调制信号,设 $m(t) = A_m\cos\omega_m t$,则 $\overline{m^2(t)} = \frac{1}{2}A_m^2$,如果采用 100% 调制,即 $A_0 = A_m$,此时调制制度增益最大值为 $G_{AM} = \frac{2}{3}$,表明 AM 信号经相干解调后,即使在最好的情况下也不能改善其信噪比,反

而使信噪比恶化。

2. DSB 系统的性能

1）解调器输入信噪比

AM 信号中去掉直流分量，即可得到 DSB 信号。解调器输入信号为

$$S_{\mathrm{DSB}}(t) = m(t)\cos\omega_c t$$

则其平均功率为

$$(S_i)_{\mathrm{DSB}} = \overline{\frac{m^2(t)}{2}} \tag{3.3.19}$$

由式（3.3.5）知，解调器输入端的噪声平均功率为

$$N_i = n_0 B = 2n_0 f_{\mathrm{H}} \tag{3.3.20}$$

故解调器的输入信噪比为

$$(S_i/N_i)_{\mathrm{DSB}} = \overline{\frac{m^2(t)}{2n_0 B_{\mathrm{DSB}}}} = \overline{\frac{m^2(t)}{4n_0 f_{\mathrm{H}}}} \tag{3.3.21}$$

2）解调器输出信噪比

已调信号通过乘法器输出为

$$z(t) = m(t)\cos^2\omega_c t = \frac{1}{2}m(t)[1 + \cos(2\omega_c t)] \tag{3.3.22}$$

经过低通滤波器后，滤出式（3.3.22）中的二次谐波（$2\omega_c t$）成分，得

$$m_0(t) = \frac{1}{2}m(t) \tag{3.3.23}$$

于是输出端的信号功率为

$$S_o = \overline{m_0^2(t)} = \overline{\left[\frac{1}{2}m(t)\right]^2} = \frac{1}{4}\overline{m^2(t)} \tag{3.3.24}$$

由式（3.3.16）知，解调器输出的噪声功率为

$$N_o = \overline{n_0^2(t)} = \frac{1}{4}\overline{n_c^2(t)} = \frac{1}{4}N_i \tag{3.3.25}$$

由式（3.3.24）和式（3.3.25）可得解调器的输出信噪比为

$$(S_o/N_o)_{\mathrm{AM}} = \frac{\frac{1}{4}\overline{m^2(t)}}{\frac{1}{4}N_i} = \overline{\frac{m^2(t)}{2n_0 f_{\mathrm{H}}}} \tag{3.3.26}$$

由式（3.3.26）和式（3.3.21）可得

$$G_{\mathrm{DSB}} = \frac{S_o/N_o}{S_i/N_i} = 2 \tag{3.3.27}$$

$G_{\mathrm{DSB}} = 2$，表明双边带信号的解调器使信噪比改善了一倍，原因是相干解调把噪声中的正交分量抑制掉了，从而功率减半。

3. SSB 系统的性能

1）解调器输入信噪比

解调器输入信号为

$$S_{\mathrm{SSB}}(t) = \frac{1}{2}m(t)\cos\omega_c t \mp \frac{1}{2}\hat{m}(t)\sin\omega_c t$$

则其平均功率为

$$S_i = \overline{S_M^2(t)} = \frac{\overline{m^2(t)}}{4} \tag{3.3.28}$$

又因解调器输入端的噪声平均功率为

$$N_i = n_0 B = 2n_0 f_H \tag{3.3.29}$$

故解调器的输入信噪比为

$$(S_i/N_i)_{SSB} = \frac{\overline{m^2(t)}}{4n_0 B_{SSB}} = \frac{\overline{m^2(t)}}{4n_0 f_H} \tag{3.3.30}$$

2）解调器输出信噪比

已调信号通过乘法器输出为

$$z(t) = \frac{1}{2} m(t) \cos^2 \omega_c t \mp \frac{1}{2} \hat{m}(t) \sin \omega_c t \cos \omega_c t \tag{3.3.31}$$

经过低通滤波器后，滤出式(3.3.31)中的二次谐波($2\omega_c t$)成分，得

$$m_0(t) = \frac{1}{4} m(t) \tag{3.3.32}$$

于是输出端的信号功率为

$$(S_o)_{SSB} = \overline{m_0^2(t)} = \frac{1}{16} \overline{m^2(t)} \tag{3.3.33}$$

解调器输出的噪声功率为

$$N_o = \overline{n_0^2(t)} = \frac{1}{4} \overline{n_c^2(t)} = \frac{1}{4} N_i$$

则解调器的输出信噪比为

$$(S_o/N_o)_{SSB} = \frac{\overline{m^2(t)}}{4n_0 B} = \frac{\overline{m^2(t)}}{4n_0 f_H} \tag{3.3.34}$$

由式(3.3.33)和式(3.3.34)可得

$$G_{SSB} = 1 \tag{3.3.35}$$

$G_{SSB} = 1$，表明 SSB 信号的解调器对信噪比没有改善。这是因为在 SSB 系统中，由于信号和噪声有相同的表示形式，所以相干解调过程中，信号和噪声的正交分量均被抑制掉，使信噪比没有改善。

比较式(3.3.27)和式(3.3.35)，有 $G_{SSB} = \frac{1}{2} G_{DSB}$。但不能说双边带系统的抗噪声性能优于单边带系统。因为 $B_{SSB} = \frac{1}{2} B_{DSB}$，在相同的输入噪声功率谱密度时，$N_{iDSB} = 2B_{iSSB}$。因而在相同的 S_i 和 n_0 时，两者输出的信噪比相同，即抗噪声性能相同。

4. VSB 调制系统的抗噪声性能

VSB 调制系统抗噪声性能的分析方法与上面类似。但是，由于所采用的残留边带滤波器的频率特性形状可能不同，所以难以确定抗噪性能的一般计算公式。不过，在残留边带滤波器滚降范围不大的情况下，可将 VSB 信号近似看成 SSB 信号，即

$$S_{VSB}(t) \approx S_{SSB}(t) \tag{3.3.36}$$

在这种情况下，VSB 调制系统的抗噪声性能与 SSB 系统相同。

3.3.3 非相干解调的抗噪声性能

只有 AM 信号可以直接采用非相干解调。实际中，AM 信号常采用包络检波器解调，有噪声时包络检波器的数学模型如图 3-19 所示。

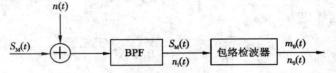

图 3-19 有噪声时的包络检波器数学模型

设包络检波器输入信号 $S_M(t)$ 为

$$S_M(t) = [A_0 + m(t)]\cos\omega_c t \tag{3.3.37}$$

式中，$A_0 \geqslant |m(t)|_{\max}$。

输入噪声 $n_i(t)$ 为

$$n_i(t) = n_c(t)\cos\omega_c t - n_s(t)\sin\omega_c t \tag{3.3.38}$$

显然，解调器输入的信号功率 S_i 和噪声功率 N_i 分别为

$$S_i = \frac{A_0^2}{2} + \frac{\overline{m^2(t)}}{2}$$

$$N_i = \overline{n_i^2(t)} = n_0 B \tag{3.3.39}$$

为了求得包络检波器输出端的信号功率 S_o 和噪声功率 N_o，可以从包络检波器输入端的信号加噪声的合成包络开始分析。由式(3.3.37)和式(3.3.38)可得

$$S_M(t) + n_i(t) = [A_0 + m(t) + n_c(t)]\cos\omega_c t - n_s(t)\sin\omega_c t$$
$$= E(t)\cos[\omega_c t + \varphi(t)] \tag{3.3.40}$$

式中：

$$E(t) = \sqrt{[A_0 + m(t) + n_c(t)]^2 + n_s^2(t)} \tag{3.3.41}$$

由于包络检波时相位不起作用，而包络中的信号与噪声存在非线性关系。因此，如何从 $E(t)$ 中求出有用的调制信号功率和无用的噪声功率，这是需要解决的问题，但作一般的分析比较困难。为了使问题简化，通常考虑以下两种特殊的情形。

1. 大信噪比情况

所谓大信噪比，是指输入信号幅度远大于噪声幅度，即满足下列条件：

$$A_0 + m(t) \gg n_i(t)$$

则式(3.3.41)可变为

$$E(t) = \sqrt{[A_0 + m(t)]^2 + 2[A_0 + m(t)]n_c(t) + n_c^2(t) + n_s^2(t)}$$
$$\approx \sqrt{[A_0 + m(t)]^2 + 2[A_0 + m(t)]n_c(t)}$$
$$\approx [A_0 + m(t)]\sqrt{1 + \frac{2n_c(t)}{A_0 + m(t)}}$$
$$\approx [A_0 + m(t)][1 + \frac{n_c(t)}{A_0 + m(t)}]$$
$$\approx A_0 + m(t) + n_c(t) \tag{3.3.42}$$

这里采用了近似公式

$$(1+x)^{1/2} \approx 1 + \frac{x}{2}, \quad 当 |x| \ll 1 时$$

由此可见，包络检波器输出的有用信号是 $m(t)$，输出的噪声是 $n_c(t)$，信号与噪声是分开的。直流成分 A_0 可被低通滤波器滤除。故输出的平均信号功率及平均噪声功率分别为

$$S_o = \overline{m^2(t)}$$
$$N_o = \overline{n_c^2(t)} = \overline{n_i^2(t)} = n_0 B \tag{3.3.43}$$

于是，可以得到

$$G_{AM} = \frac{S_o/N_o}{S_i/N_i} = \frac{2\,\overline{m^2(t)}}{A_0^2 + \overline{m^2(t)}} \tag{3.3.44}$$

此结果与相干解调时得到的信噪比增益公式相同。可见，在大信噪比情况下，AM 信号包络检波器的性能几乎与相干解调性能相同。

2. 小信噪比情况

所谓小信噪比，是指噪声幅度远大于信号幅度。在此情况下，包络检波器会把有用信号扰乱成噪声，即有用信号"淹没"在噪声中，这种现象通常称为门限效应。进一步说，所谓门限效应，就是当包络检波器的输入信噪比降低到一个特定的数值后，检波器输出信噪比出现急剧恶化的一种现象。

小信噪比输入时，包络检波器输出信噪比的计算很复杂，而且一般也无必要详细计算它。根据实践及有关资料可近似认为

$$\frac{S_o}{N_o} \approx 0.925 \left(\frac{S_i}{N_i}\right)^2 \qquad S_i/N_i \ll 1 \tag{3.3.45}$$

由于在相干解调器中不存在门限效应，所以在噪声条件恶劣的情况下常采用相干解调。

【例 3.4】　某线性调制系统的输出信噪比为 20 dB，输出噪声功率为 10^{-9} W，由发射机输出端到解调器输入端之间总的传输损耗为 100 dB，试求：

（1）DSB/SC 时的发射机输出功率；

（2）SSB/SC 时的发射机输出功率。

解　（1）在 DSB/SC 方式中，信噪比增益 $G=2$，则调制器输入信噪比为

$$\frac{S_i}{N_i} = \frac{1}{2}\frac{S_o}{N_o} = \frac{1}{2} \times 10^{\frac{20}{10}} = 50$$

同时，在相干解调时，

$$S_o = 10^{\frac{100}{10}} \times S_i = 2 \times 10^3 \text{ W}$$
$$N_i = 4N_o = 4 \times 10^{-9} \text{ W}$$

因此解调器输入端的信号功率为

$$S_i = 50N_i = 2 \times 10^{-7} \text{ W}$$

考虑发射机输出端到解调器输入端之间的 100 dB 传输损耗，可得发射机的输出功率为

$$S_T = 10^{\frac{100}{10}} S_i = 2 \times 10^3 \text{ W}$$

（2）在 SSB/SC 方式中，信噪比增益 $G=1$，则调制器输入信噪比为

$$\frac{S_i}{N_i} = \frac{S_o}{N_o} = 100$$

$$N_i = 4N_o = 4 \times 10^{-9} \text{ W}$$

因此，解调器输入端的信号功率为

$$S_i = 100N_i = 4 \times 10^{-7} \text{ W}$$

发射机的输出功率为

$$S_T = 10^{10} \times S_i = 4 \times 10^3 \text{ W}$$

3.4　非线性调制

前面所讨论的各种线性调制方式均有共同的特点，就是调制后的信号频谱只是调制信号的频谱在频率轴上的搬移，以适应信道的要求，虽然频率位置发生了变化，但频谱的结构没有变。

非线性调制又称角度调制，是指调制信号控制高频载波的频率或相位，而载波的幅度保持不变。角度调制后，信号的频谱不再保持调制信号的频谱结构，会产生与频谱搬移不同的新的频率成分，而且调制后信号的带宽一般要比调制信号的带宽大得多。

非线性调制分为频率调制（FM）和相位调制（PM），它们之间可相互转换，FM 用得较多，因此这里着重讨论频率调制。

3.4.1　非线性调制的原理

前面所说的线性调制是通过调制信号改变载波的幅度来实现的，而非线性调制是通过调制信号改变载波的角度来实现的。

1. 角度调制的基本概念

（1）任一未调制的正弦载波可表示为

$$C(t) = A\cos(\omega_c t + \varphi_0) \tag{3.4.1}$$

式中：A 为载波的振幅；$(\omega_c t + \varphi_0)$ 称为载波信号的瞬时相位；ω_c 称为载波信号的角频率；φ_0 为初相。

（2）调制后正弦载波可表示为

$$C(t) = A\cos[\omega_c t + \varphi(t)] = A\cos\theta(t) \tag{3.4.2}$$

式中：$\theta(t) = \omega_c t + \varphi(t)$ 称为信号的瞬时相位；$\varphi(t)$ 称为瞬时相位偏移；$\dfrac{\mathrm{d}\theta(t)}{\mathrm{d}t} = \omega_c + \dfrac{\mathrm{d}\varphi(t)}{\mathrm{d}t}$ 称为信号的瞬时角频率；$\dfrac{\mathrm{d}\varphi(t)}{\mathrm{d}t}$ 称为瞬时角频率偏移。

2. 调相波 PM 与调频波 FM 的一般表达式

1）相位调制（PM）

载波的振幅不变，调制信号 $m(t)$ 控制载波的瞬时相位偏移 $\varphi(t)$，使 $\varphi(t)$ 按 $m(t)$ 的规律变化，则称之为相位调制（PM）。

令 $\varphi(t) = K_\mathrm{p}m(t)$，其中 K_p 为调相器灵敏度，其含义是单位调制信号幅度引起 PM 信号的相位偏移量，单位是弧度/伏（rad/V）。

所以，调相波的表达式为

$$S_\mathrm{PM}(t) = A\cos[\omega_\mathrm{c}t + K_\mathrm{p}m(t)] \tag{3.4.3}$$

对于调相波，其最大相位偏移为

$$\Delta\varphi_{\max} = K_\mathrm{p}\left|m(t)\right|_{\max} \tag{3.4.4}$$

2）频率调制（FM）

载波的振幅不变，调制信号 $m(t)$ 控制载波的瞬时角频率偏移，使载波的瞬时角频率偏移按 $m(t)$ 的规律变化，则称之为频率调制（FM）。

令 $\dfrac{\mathrm{d}\varphi(t)}{\mathrm{d}t} = K_\mathrm{f}m(t)$，即 $\varphi(t) = \displaystyle\int_{-\infty}^{t} K_\mathrm{f}m(\tau)\mathrm{d}\tau$，其中 K_f 为调频器灵敏度，其含义是单位调制信号幅度引起 FM 信号的频率偏移量，单位是赫兹/伏（Hz/V）。

所以，调频波的表达式为

$$S_\mathrm{FM}(t) = A\cos\left[\omega_\mathrm{c}t + \int_{-\infty}^{t} K_\mathrm{f}m(\tau)\mathrm{d}\tau\right] \tag{3.4.5}$$

对于调频波，其最大角频率偏移为

$$\Delta\omega_{\max} = \left|\dfrac{\mathrm{d}\varphi(t)}{\mathrm{d}t}\right|_{\max} = K_\mathrm{f}\left|m(t)\right|_{\max} \tag{3.4.6}$$

3）单频调制时的调相波与调频波

令 $m(t) = A_m\cos\omega_m t\,(\omega_m \ll \omega_c)$，由式（3.4.3）可得

$$S_\mathrm{PM}(t) = A\cos[\omega_\mathrm{c}t + K_\mathrm{p}A_m\cos\omega_m t] = A\cos[\omega_\mathrm{c}t + m_\mathrm{p}\cos\omega_m t] \tag{3.4.7}$$

式中：$m_\mathrm{p} = K_\mathrm{p}A_m$，称为调相指数，代表 PM 波的最大相位偏移。

由式（3.4.5）可得

$$\begin{aligned}
S_\mathrm{FM}(t) &= A\cos\left[\omega_\mathrm{c}t + \int_{-\infty}^{t} K_\mathrm{f}A_m\cos\omega_m\tau\,\mathrm{d}\tau\right] \\
&= A\cos\left[\omega_\mathrm{c}t + \frac{K_\mathrm{f}A_m}{\omega_m}\sin\omega_m t\right] \\
&= A\cos[\omega_\mathrm{c}t + m_\mathrm{f}\sin\omega_m t]
\end{aligned} \tag{3.4.8}$$

式中：$m_\mathrm{f} = \dfrac{K_\mathrm{f}A_m}{\omega_m}$，称为调频指数，代表 FM 波的最大相位偏移；$\Delta\omega_{\max} = K_\mathrm{f}A_m$，称为最大角频率偏移，因此

$$m_\mathrm{f} = \frac{\Delta\omega_{\max}}{\omega_m} = \frac{\Delta f_{\max}}{f_\mathrm{m}} \tag{3.4.9}$$

3. PM 与 FM 之间的关系

比较式（3.4.3）和式（3.4.5）可以得出结论：尽管 PM 和 FM 是角调制的两种不同形式，但它们并无本质区别。PM 和 FM 只是频率和相位的变化规律不同而已。在 PM 中，角度随调制信号呈线性变化，而在 FM 中，角度随调制信号的积分呈线性变化。若将调制信号先积分而后使它对载波进行 PM，即得 FM；而若将调制信号先微分而后使它对载波进行 FM，即得 PM；所以 PM 与 FM 波的产生方法有两种：直接法和间接法，如图 3-20 和图 3-21 所示。

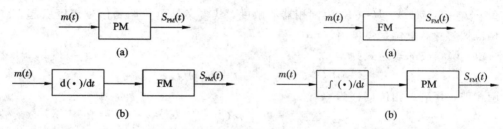

图 3 - 20　直接调相和间接调相　　　　　图 3 - 21　直接调频和间接调频

从以上分析可见，调频与调相并无本质区别，两者之间可相互转换。鉴于在实际应用中多采用 FM 波，下面将集中讨论频率调制。

3.4.2　窄带调频(NBFM)

调频波的最大相位偏移满足式(3.4.10)时，称为窄带调频(NBFM)。

$$\left|\int_{-\infty}^{t} K_f m(\tau)\mathrm{d}\tau\right| \ll \frac{\pi}{6} \tag{3.4.10}$$

在这种情况下，调频波的频谱只占比较窄的频带宽度。

由式(3.4.5)可以得到 NBFM 波的时域表达式为

$$S_{\mathrm{NBFM}}(t) = A\cos\left[\omega_c t + \int_{-\infty}^{t} K_f m(\tau)\mathrm{d}\tau\right]$$

$$= A\cos\omega_c t \cdot \cos\left[\int_{-\infty}^{t} K_f m(\tau)\mathrm{d}\tau\right] - A\sin\omega_c t \cdot \sin\left[\int_{-\infty}^{t} K_f m(\tau)\mathrm{d}\tau\right] \tag{3.4.11}$$

由于 $\left|\int_{-\infty}^{t} K_f m(t)\mathrm{d}t\right|$ 较小，运用公式 $\cos x \approx 1$ 和 $\sin x \approx x$，式(3.4.11)可以简化为

$$S_{\mathrm{NBFM}}(t) = A\cos\omega_c t - A\left[\int_{-\infty}^{t} K_f m(\tau)\mathrm{d}\tau\right]\sin\omega_c t \tag{3.4.12}$$

因此，窄带调频的频域表达式为

$$S_{\mathrm{NBFM}}(\omega) = \pi A[\delta(\omega - \omega_c) + \delta(\omega + \omega_c)] + \frac{AK_f}{2}\left[\frac{M(\omega - \omega_c)}{\omega - \omega_c} - \frac{M(\omega + \omega_c)}{\omega + \omega_c}\right]$$

$$\tag{3.4.13}$$

由式(3.4.13)可见，NBFM 与 AM 的频谱相类似，都包含载波和两个边带。NBFM 信号的带宽与 AM 信号的带宽相同，均为基带信号最高频率分量的两倍。不同的是，NBFM 的两个边频分量分别乘了因式 $1/(\omega - \omega_c)$ 和 $1/(\omega + \omega_c)$，由于因式是频率的函数，所以这种加权是频率加权，加权的结果引起已调信号频谱的失真，造成了 NBFM 与 AM 的本质区别。

3.4.3　宽带调频(WBFM)

当式(3.4.10)不成立时，调频信号的时域表达式不能简化为式(3.4.12)，此时调制信号对载波进行频率调制将产生较大的频偏，使已调信号在传输时占用较宽的频带，所以称为宽带调频。

一般信号的宽带调频时域表达式非常复杂。为使问题简化，这里只研究单频调制的情况，然后把分析的结论推广到一般情况。

1. 单频调制时 WBFM 的频域特性

设单频调制信号为

$$m(t) = A_m\cos\omega_m t, \quad \omega_m \ll \omega_c$$

则由式(3.4.8)可得

$$S_{\mathrm{FM}}(t) = A\cos[\omega_c t + m_f\sin\omega_m t] \tag{3.4.14}$$

经推导，式(3.4.14)可展开成级数形式：

$$S_{\mathrm{FM}}(t) = A\sum_{n=-\infty}^{\infty} J_n(m_f)\cos(\omega_c + n\omega_m)t \tag{3.4.15}$$

式中，$J_n(m_f)$ 为第一类阶贝塞尔函数，贝塞尔函数曲线如图 3－22 所示。

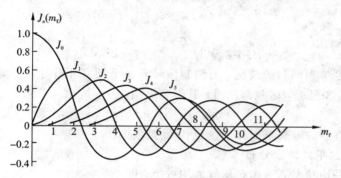

图 3－22　贝塞尔函数曲线

可以证明，第一类阶贝塞尔函数具有以下对称性：

$$J_{-n}(m_f) = \begin{cases} J_n(m_f), & n \text{ 为偶数} \\ -J_n(m_f), & n \text{ 为奇数} \end{cases} \tag{3.4.16}$$

对应不同 n 的第一类贝塞尔函数值可查阅附录 D 的贝塞尔函数表。

对式(3.4.15)进行傅里叶变换，可得到 WBFM 的频谱表达式为

$$S_{\mathrm{FM}}(\omega) = \pi A\sum_{n=-\infty}^{\infty} J_n(m_f)[\delta(\omega - \omega_c - n\omega_m) + \delta(\omega + \omega_c + \omega_m)] \tag{3.4.17}$$

调频波的频谱如图 3－23 所示。

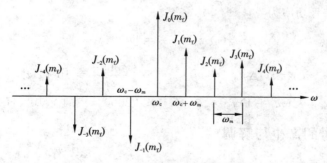

图 3－23　调频波的频谱

由式(3.4.17)和图 3－23 可以看出，调频波的频谱包含无穷多个分量。当 $n=0$ 时，就是载波分量 ω_c，其幅度为 $J_0(m_f)$；当 $n\neq0$ 时，在载频两侧对称地分布上下边频分量 $\omega_c \pm n\omega_m$，谱线之间的间隔为 ω_m，幅度为 $J_n(m_f)$；当 n 为奇数时，上下边频幅度的极性相反；当 n 为偶数时，上下边频幅度的极性相同。

2. 单频调制时的频带宽度

由于调频波的频谱包含无穷多个频率分量，因此，理论上调频波的频带宽度为无限宽。然而实际上边频幅度 $J_n(m_f)$ 随着 n 的增大而逐渐减小，因此只要取适当的 n 值使边频分量小到可以忽略的程度，调频信号可近似认为具有有限频谱。根据经验认为：当 $m_f \geqslant 1$ 时，取边频数 $n = m_f + 1$ 即可。因为 $n > m_f + 1$ 以上的边频幅度 $J_n(m_f)$ 均小于 0.1，相应产生的功率均在总功率的 2% 以下，可以忽略不计。根据这个原则，调频波的带宽为

$$B_{FM} \approx 2(\Delta f + f_m) = 2(m_f + 1)f_m \tag{3.4.18}$$

式中：f_m 为调制信号的频率；Δf 为最大频偏，该式称为卡森公式。

若 $m_f \ll 1$，则

$$B_{NBFM} \approx 2f_m \qquad (NBFM) \tag{3.4.19}$$

若 $m_f \gg 1$，则

$$B_{WBFM} \approx 2\Delta f \qquad (WBFM) \tag{3.4.20}$$

以上讨论的是单频调制的情况，当调制信号有多个频率分量时，已调信号的频谱要复杂很多。根据分析和经验，多频调制时，其带宽近似为

$$B_{FM} \approx 2(\Delta f + f_m)$$

式中：f_m 为调制信号的最高频率分量；Δf 为最大频偏。

3. 调频信号的平均功率分布

调频信号的平均功率等于调频信号的均方值，即

$$P_{FM} = \overline{S_{FM}^2(t)} = \overline{\left[A \sum_{n=-\infty}^{\infty} J_n(m_f)\cos(\omega_c + n\omega_m)t \right]^2} = \frac{A^2}{2} \sum_{n=-\infty}^{\infty} J_n^2(m_f) \tag{3.4.21}$$

根据贝塞尔函数的性质，式中 $\sum\limits_{n=-\infty}^{\infty} J_n^2(m_f) = 1$。

所以调频信号的平均功率为

$$S_{FM} = \frac{A^2}{2} \tag{3.4.22}$$

【例 3.5】 已知 $S_{FM}(t) = 100\cos\left[(2\pi \times 10^6 t) + 5\cos(4000\pi t) \right]$V，求：已调波信号功率、最大频偏、调频指数和已调信号带宽。

解　已调波信号功率为

$$S_{FM}(t) = \frac{100^2}{2} = 5000(W)$$

$$m_f = 5, \ \Delta f_{max} = m_f f_m = 5 \times \frac{4000\pi}{2\pi} = 10^4(Hz)$$

$$B_{FM} = 2(m_f + 1)f_m = 2(5 + 1) \times 2000 = 2.4 \times 10^4(Hz)$$

3.4.4　调频信号的产生与解调

1. 调频信号的产生

产生调频波的方法通常有两种：直接调频法和间接调频法。

1) 直接法

直接法就是用调制信号直接控制振荡器的电抗元件参数，使输出信号的瞬时频率随调制信号呈线性变化。目前人们多采用压控振荡器（VCO）作为产生调频信号的调制器。振荡频率由外

部电压控制的振荡器称为压控振荡器(VCO)，它产生的输出频率正比于所加的控制电压。

直接法的主要优点是在实现线性调频的要求下，可以获得较大的频偏。缺点是频率稳定度不高，往往需要附加稳频电路来稳定中心频率。

2) 间接法

间接法又称倍频法，它是由窄带调频通过倍频产生宽带调频信号的方法。其原理框图如图 3-24 所示。

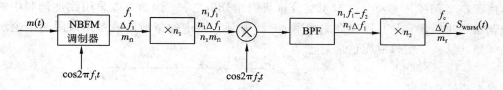

图 3-24　间接法产生 WBFM 的框图

设 NBFM 产生的载波为 f_1，产生的最大频偏为 Δf_1，调频指数为 m_{f1}，n_1 和 n_2 为倍频次数。若要获得 WBFM 的载频为 f_c，最大频偏为 Δf，调频指数为 m_f。根据图 3-24 可以列出它们的关系式如下：

$$f_c = n_2(n_1 f_1 - f_2)$$
$$\Delta f = n_1 n_2 \Delta f$$
$$m_f = n_1 n_2 m_{f1}$$

2. 调频信号的解调

1) 非相干解调

非相干解调器由限幅器、鉴频器和低通滤波器等组成，其方框图如图 3-25 所示。限幅器输入为已调频信号和噪声，限幅器是为了消除接收信号在幅度上可能出现的畸变；带通滤波器的作用是用来限制带外噪声，使调频信号顺利通过。

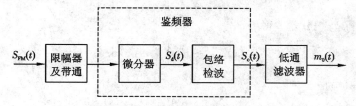

图 3-25　调频信号的非相干解调

鉴频器中的微分器把调频信号变成调幅调频波，然后由包络检波器检出包络，最后通过低通滤波器取出调制信号。

设输入调频信号为

$$S_i(t) = S_{FM}(t) = A\cos\left[\omega_c t + K_f \int_{-\infty}^{t} m(\tau)\,\mathrm{d}\tau\right]$$

微分器的作用是把调频信号变成调幅调频波。微分器输出为

$$S_d(t) = \frac{\mathrm{d}S_i(t)}{\mathrm{d}t} = \frac{\mathrm{d}S_{FM}(t)}{\mathrm{d}t}$$

$$= -A[\omega_c + K_f m(t)]\sin\left[\omega_c t + K_f \int_{-\infty}^{t} m(\tau)\,\mathrm{d}\tau\right] \tag{3.4.23}$$

包络检波的作用是从输出信号的幅度变化中检出调制信号。包络检波器输出为

$$S_o(t) = K_d[\omega_c + K_f m(t)] = K_d \omega_c + K_d K_f m(t) \tag{3.4.24}$$

式中，K_d 称为鉴频灵敏度，是已调信号单位频偏对应的调制信号的幅度，单位为伏/赫兹（V/Hz），经低通滤波器后加隔直流电容，隔去无用的直流，得

$$m_0(t) = K_d K_f m(t) \tag{3.4.25}$$

2）相干解调

由于窄带调频信号可分解成正交分量与同相分量之和，因而可以采用线性调制中的相干解调法来进行解调。其原理框图如图 3 - 26 所示。图中的带通滤波器用来限制信道所引入的噪声，但调频信号应能正常通过。

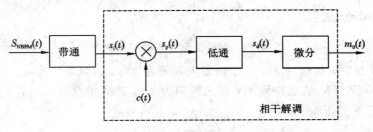

图 3 - 26　窄带调频信号的相干解调

设窄带调频信号为

$$S_{NBFM}(t) = A\cos\omega_c t - A\left[\int_{-\infty}^{t} K_f m(\tau)d\tau\right]\sin\omega_c t$$

相干载波为

$$c(t) = -\sin\omega_c t$$

则乘法器输出为

$$s_p(t) = -\frac{A}{2}\sin2\omega_c t + \left[\frac{A}{2}K_f\int_{-\infty}^{t} m(\tau)d\tau\right](1 - \cos2\omega_c t) \tag{3.4.26}$$

经低通滤波器滤除高频分量，得

$$s_d(t) = \frac{A}{2}K_f\int_{-\infty}^{t} m(\tau)d\tau \tag{3.4.27}$$

再经微分器，得输出信号为

$$m_0(t) = \frac{A}{2}K_f m(t) \tag{3.4.28}$$

从而完成正确解调。

需要注意的是，调频信号的相干解调同样要求本地载波与调制载波同步，否则将使调制信号失真。上述相干解调只适合窄带调频。

3.5　调频系统的抗噪声性能分析

3.5.1　调频系统抗噪声性能的分析模型

从前面的分析可知，调频信号的解调有相干解调和非相干解调两种。相干解调仅适用

于窄带调频信号，且需同步信号；而非相干解调适用于窄带和宽带调频信号，而且不需同步信号，因而是 FM 系统的主要解调方式，所以本节只讨论非相干解调系统的抗噪声性能，其分析模型如图 3-27 所示。

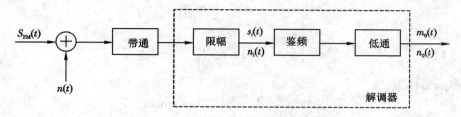

图 3-27　调频系统抗噪声性能的分析模型

图 3-27 中带通滤波器的作用是抑制信号带宽以外的噪声。$n(t)$ 是均值为零、单边功率谱密度为 n_0 的高斯白噪声，经过带通滤波器后变为窄带高斯噪声 $n_i(t)$。限幅器是为了消除接收信号在幅度上可能出现的畸变。

3.5.2　非相干解调的抗噪声性能

1. 解调器输入信噪比

设输入调频信号为

$$S_i(t) = S_{FM}(t) = A\cos\left[\omega_c t + K_f \int_{-\infty}^{t} m(\tau)\mathrm{d}\tau\right]$$

由式(3.4.22)知，输入调频信号功率为

$$S_i = \frac{A^2}{2} \tag{3.5.1}$$

理想带通滤波器的带宽与调频信号的带宽 B_{FM} 相同，所以输入噪声功率为

$$N_i = n_0 B_{FM}$$

因此，输入信噪比为

$$\frac{S_i}{N_i} = \frac{A^2}{2n_0 B_{FM}} \tag{3.5.2}$$

2. 解调器输出信噪比和信噪比增益

计算输出信噪比时，由于非相干解调不满足叠加性，无法分别计算信号与噪声功率，因此，也和 AM 信号的非相干解调一样，考虑两种极端情况，即大信噪比和小信噪比情况，使计算简化，以便得到一些有用的结论。

1）大信噪比情况

在大信噪比条件下，信号和噪声的相互作用可以忽略，这时可以把信号和噪声分开计算，这里可以直接给出解调器的输出信噪比

$$\frac{S_o}{N_o} = \frac{3A^2 K_f^2 \overline{m^2(t)}}{8\pi^2 n_0 f_m^3} \tag{3.5.3}$$

式中：A 为载波的振幅；K_f 为调频器灵敏度；f_m 为调制信号 $m(t)$ 的最高频率；n_0 为噪声单边功率谱密度。

由式(3.5.2)和式(3.5.3)可得宽带调频系统的调制制度增益为

$$G_{\text{FM}} = \frac{S_o/N_o}{S_i/N_i} = \frac{3K_f^2 B_{\text{FM}} \overline{m^2(t)}}{4\pi^2 f_m^3} \tag{3.5.4}$$

为使式(3.5.4)具有简明的结果，考虑 $m(t)$ 为单一频率余弦波时的情况，即

$$m(t) = A_m \cos\omega_m t$$

则

$$\overline{m^2(t)} = \frac{A_m^2}{2} \tag{3.5.5}$$

这时的调频信号为

$$S_{\text{FM}}(t) = A\cos[\omega_c t + m_f \sin\omega_c t]$$

式中：

$$m_f = \frac{K_f A_m}{\omega_m} = \frac{\Delta\omega_{\max}}{\omega_m} = \frac{\Delta f_{\max}}{f_m} \tag{3.5.6}$$

将式(3.5.5)和式(3.5.6)分别代入式(3.5.3)和式(3.5.4)，求得解调器输出信噪比为

$$\frac{S_o}{N_o} = \frac{3}{4} m_f^2 \frac{A^2}{n_0 f_m} \tag{3.5.7}$$

解调器的信噪比增益为

$$G_{\text{FM}} = \frac{S_o/N_o}{S_i/N_i} = \frac{3}{2} m_f^2 \frac{B_{\text{FM}}}{f_m} \tag{3.5.8}$$

由式(3.4.18)知宽带调频信号带宽为

$$B_{\text{FM}} = 2(m_f + 1)f_m = 2(\Delta f + f_m)$$

所以，式(3.5.8)还可以写成：

$$G_{\text{FM}} = 3m_f^2(m_f + 1) \tag{3.5.9}$$

式(3.5.9)表明，大信噪比时宽带调频系统的信噪比增益是很高的，它与调频指数的立方成正比。例如调频广播中常取 $m_f = 5$，则信噪比增益 $G_{\text{FM}} = 450$。可见，加大调频指数 m_f，可使调频系统的抗噪声性能迅速改善。

【例3.6】 设一宽带频率调制系统，载波振幅为 100 V，频率为 100 MHz，调制信号的频带限制在 5 kHz，$\overline{m^2(t)} = 5000$ W，$K_f = 500\pi$ Hz/V，最大频偏 $\Delta f = 75$ kHz，并设信道中噪声功率谱是均匀的，$P_n(f) = 10^{-3}$ W/Hz$H(\omega)$（单边谱），试求：

（1）接收机输入理想带通滤波器的传输特性 $H(\omega)$；

（2）解调器输入端的信噪功率比；

（3）解调器输出端的信噪功率比；

（4）若 $m(t)$ 以振幅调制方法传输，并以包络检波器检波，试比较在输出信噪比和所需带宽方面与频率调制系统有何不同。

解 （1）接收机输入端的带通滤波器应该能让已调信号完全通过，并最大限度地滤除带外噪声。根据题意可知调频信号带宽为

$$B = 2(\Delta f + f_m) = 2 \times (75 + 5) \times 10^3 = 160 \text{ (kHz)}$$

信号所处的频率范围为 $\left(100 \pm \dfrac{0.16}{2}\right)$ MHz。因此理想带通滤波器的传输特性应为

$$H(\omega) = \begin{cases} K, & 99.92 \text{ MHz} \leqslant |f| \leqslant 100.08 \text{ MHz} \\ 0, & \text{其他} \end{cases}$$

其中，K 为常数。

（2）设解调器输入端的信号为

$$S_{\mathrm{FM}}(t) = A\cos\left[\omega_c t + \int_{-\infty}^{t} K_f m(\tau)\mathrm{d}\tau\right]$$

该点的信号功率和噪声功率分别为

$$S_i = \frac{A^2}{2} = \frac{100^2}{2} = 5000$$

$$N_i = P_n(f)B = 10^{-3} \times 160 \times 10^3 = 160(\mathrm{W})$$

故有

$$\frac{S_i}{N_i} = \frac{5000}{160} = 31.2$$

（3）根据调频信号解调器输出信噪比公式：

$$\frac{S_o}{N_o} = \frac{3A^2 K_f^2 \overline{m^2(t)}}{8\pi^2 n_0 f_m^3} = \frac{3 \times 100^2 \times (500\pi)^2 \times 5000}{8\pi^2 \times 10^{-3} \times (5 \times 10^3)^3} = 37\ 500$$

（4）若以振幅调制方式传输 $m(t)$，则所需带宽为

$$B_{\mathrm{AM}} = 2f_m = 10\ \mathrm{kHz} \leqslant B_{\mathrm{FM}} = 160\ \mathrm{kHz}$$

同时，包络检波器输出信噪比为

$$\left(\frac{S_o}{N_o}\right)_{\mathrm{AM}} = \frac{\overline{m^2(t)}}{\overline{n_c^2(t)}} = \frac{m^2(t)}{N_i} = \frac{5000}{10^{-3} \times 10 \times 10^3} = 500 \leqslant \left(\frac{S_o}{N_o}\right)_{\mathrm{FM}}$$

由此可见，频率调制系统与振幅调制系统相比，是通过增加信号带宽提高了输出信噪比，这就意味着对于调频系统来说，增加传输带宽就可以改善抗噪声性能。调制方式的这种以带宽换取信噪比的特性十分有益。而在线性调制系统中，由于信号带宽是固定的，因而无法实现带宽与信噪比的互换，这也正是在抗噪声性能方面调频系统优于调幅系统的重要原因。

2）小信噪比情况与门限效应

以上分析都是在解调器输入信噪比足够大的条件下进行的，在此假设条件下的近似分析所得到的解调输出信号与噪声是相加的。实际上，在解调输入信号与噪声是相加的情况下，由于角调信号解调过程的非线性，使得解调输出的信号和噪声是以一复杂的非线性函数关系相混合，仅在大输入信噪比时，此非线性函数才近似为一相加形式。在小输入信噪比时，解调输出信号与噪声相混合，以致不能从噪声中分辨出信号来，此时的输出信噪比急剧恶化，这种情况与幅度调制包络检波时相似，也称为门限效应。出现门限效应时所对应的输入信噪比的值被称为门限值。

信噪比门限一般在 8～11 dB 范围内变化，通常认为门限值为 10 dB 左右。

门限效应是 FM 系统存在的一个实际问题，降低门限值是提高通信系统性能的措施之一。通常改善门限效应的解调方法是采用反馈解调器和锁相解调器。

3.6 各种模拟调制的比较

AM 调制的优点是接收设备简单。缺点是功率低，抗干扰能力差，在传输中如果载波受到信道的选择性衰落，则在包络检波器时会出现过调失真；信号带宽较宽，频带利用率不高。

因此，AM 调制方式用于通信质量不高的场合。目前主要用在中波和短波的调幅广播中。

DSB 调制的优点是功率利用率高，但带宽与 AM 相同，频带利用率不高，接收要求同步解调，设备较复杂，只用于点对点的专用通信及低带宽信号多路复用系统。

SSB 调制的优点是功率利用率和频带利用率都较高，抗干扰能力和抗选择性衰落能力均优于 AM，而带宽只有 AM 的一半；缺点是发送和接收设备都复杂。SSB 调制方式普遍用在频带比较拥挤的场合，如短波波段的无线电广播和频分多路复用系统中。

VSB 的调制性能与 SSB 相当，它在数据传输、商用电视广播等领域得到广泛使用。

FM 的幅度恒定不变，这使它对于非线性期间不甚敏感，给 FM 带来了抗衰落能力，利用自动增益控制和带通限幅还可以消除快衰落造成的幅度变化效应。这些特点使得窄带 FM 对微波中继系统颇具吸引力。宽带 FM 的抗干扰能力强，可以实现带宽与信噪比的互换，因而宽带 FM 广泛应用于长距离、高质量的通信系统中，如空间和卫星通信、调频立体声广播、超短波电台等。宽带 FM 的缺点是频带利用率低，存在门限效应，因此在接收信号弱、干扰大的情况下宜采用窄带 FM，这就是小型通信机常采用窄带调频的原因。另外，窄带 FM 采用相干解调时不存在门限效应。

3.7　模拟调制系统的应用

3.7.1　调幅广播

模拟幅度调制是无线电最早期的远距离传输技术。在幅度调制中，以声音信号控制高频率正弦信号的幅度，并将幅度变化的高频率正弦信号放大后通过天线发射出去，成为电磁波辐射。电磁波的频率（Hz）、波长（m）和传播速度（m/s）之间的关系为

$$\lambda = \frac{c}{f} \tag{3.7.1}$$

自由空间中电磁波的传播速度为 3×10^8 m/s。显然，电磁波的频率和波长呈反比关系。波动的电信号要能够有效地从天线发送出去，或者有效地从天线将信号接收回来，需要天线的等效长度至少达到波长的 1/4。声音转换为电信号后其波长约在 $15 \sim 15\ 000$ km 之间，实际中不可能制造出这样长度和范围的天线进行有效信号收发。因此需要将声音这样的低频信号从低频段搬移到高频段上去，以便通过较短的天线发射出去。例如，移动通信所使用的 900 MHz 频率段的电磁波信号波长约为 0.33 m，其收发天线的尺寸应为长波的 1/4，即为 8 cm 左右。而调幅广播采用的是常规调幅方式，使用的波段分为中波和短波两种。调幅广播中波频率范围为 $535 \sim 1605$ kHz，短波约为 $3.9 \sim 18$ MHz。短波传播是靠电离层反射而实现的，所以传播距离可达数千公里。在调幅广播中，调制信号的最高频率取到 4.5 kHz，电台之间的间隔 $\Delta B \geqslant 9$ kHz。

3.7.2　调频广播

调频广播的质量明显优于调幅广播。在普通单声道的调频广播中，取调制信号的最高频率 f_m 为 15 kHz，最大频偏 Δf_{max} 为 75 kHz，由卡森公式可算出调频信号的带宽为

$$B = 2(f_m + \Delta f_{max}) = 2(15 + 75) = 180 \text{ kHz}$$

规定各电台之间的频道间隔为 200 kHz。

双声道立体声调频广播与单声道调频广播是兼容的，左声道信号 L 和右声道信号 R 的最高频率也为 15 kHz。左声道和右声道相加形成和信号($L+R$)，相减形成差信号 ($L-R$)。差信号对 38 kHz 的副载波进行双边带调制，连同和信号形成一个频分复用信号，作为调频立体声广播的调制信号，其形成过程如图 3-28 所示，频谱如图 3-29 所示。0～15 kHz 用于传送($L+R$)信号，23～53 kHz 用于传送($L-R$)信号，59～75 kHz 则用于辅助信道。($L-R$)信号的载波频率为 38 kHz，在 19 kHz 处发送一个单频信号用作立体声指示，并作为接收端提取同频同相相干载波使用。在普通调频广播中只发送 0～15 kHz 的 ($L+R$)信号。

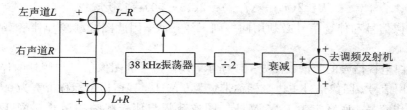

图 3-28 立体声广播信号的形成

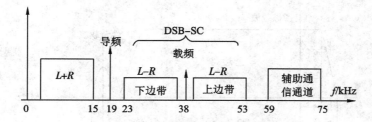

图 3-29 立体声广播信号的频谱

接收立体声广播后先进行鉴频，得到频分复用信号。对频分复用信号进行相应的分离，以恢复出左声道信号 L 和右声道信号 R，其原理如图 3-30 所示。

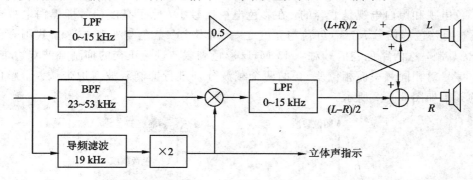

图 3-30 立体声广播信号的解调

调频广播使用的载频为 87～108 MHz，与地面电视的载频同处于甚高频(VHF)频段。在我国电视频道中第 5 频道和第 6 频道之间留有较宽的频率间隔，以提供调频广播使用。

3.7.3　地面广播电视

由电视塔发射的电视节目称为地面广播电视。电视信号是由不同种类的信号组合而成的，这些信号的特点不同，所以采用了不同的调制方式。图像信号是 $0 \sim 6$ MHz 宽带视频信号，为了节省已调信号的带宽，又因难以采用单边带调制，所以采用残留边带调制，并插入很强的载波。接收端可用包络检波的方法恢复图像信号，因而使接收机得到简化。伴音信号则采用宽带调频方式，不仅保证了伴音信号的音质，而且对图像信号的干扰也很小。伴音信号的最高频率 $f_m = 15$ kHz，最大频偏 $\Delta f_{max} = 50$ kHz，由卡森公式可计算出伴音调频信号的频带宽度为

$$B = 2(f_m + \Delta f_{max}) = 2(15 + 50) = 130 \text{ kHz}$$

又考虑到图像信号和伴音信号必须用同一副天线接收，因此图像载频和伴音载频不得相隔太远。

我国黑白电视信号的频谱如图 3-31 所示，残留边带的图像信号和调频的伴音信号形成一个频分复用信号。图像信号主边带标称带宽为 6 MHz，残留边带标称带宽为 0.75 MHz，为使滤波器制作容易，底宽定为 1.25 MHz。图像载频与伴音载频相距 6.5 MHz，伴音载频与邻近频道的间隔为 0.25 MHz，电视信号总频宽为 8 MHz。

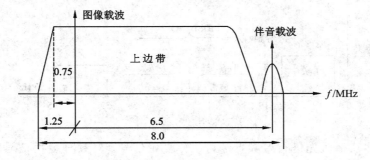

图 3-31　黑白电视信号的频谱

彩色电视和黑白电视是兼容的。在彩色电视信号中，除了亮度信号即黑白电视信号以外，还有两路色彩信号 $R-Y$（红色与亮度之差）和 $B-Y$（蓝色与亮度之差）。我国彩色电视使用 PAL 制，这两路色差信号对 4.43 MHz 彩色副载波进行正交的抑制载波双边带调制，即两路信号对相同频率而相位差 $90°$ 的两个载波分别进行抑制载波双边带调制。彩色电视信号的频谱如图 3-32 所示。

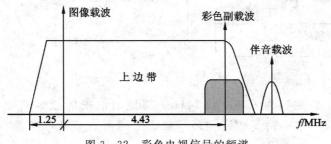

图 3-32　彩色电视信号的频谱

3.7.4　卫星直播电视

与地面广播电视不同，卫星直播电视是由卫星发送或转发电视信号，一般用户利用天线可以直接收看的电视广播技术。卫星直播电视系统示意图如图 3-33 所示。地面发射站以定向微波波束将电视节目信号经上行线路发往卫星，卫星上的星载转发器接收信号后，经变频和放大处理再以定向微波波束经下行线路向预定的地区发射。地面接收站收转或用简单的接收设备就可以收看发射站播放的电视节目。地面接收站有专业的和简易的，前者供转播使用，后者供个人或集体收看使用。

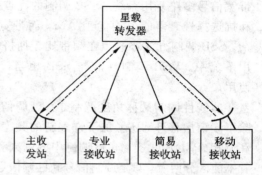

图 3-33　卫星直播电视系统示意图

利用置于室外直径小于 1 m 的抛物面天线及廉价的卫星电视接收机，就能达到满意的接收效果，是卫星直播电视的最终目标。为达到这样的目的，星载转发器的功率应有上千瓦或更大。但目前星载转发器的功率只有约 100 W，而且普通家用电视机不能直接接收卫星电视，因此，目前多数采用集体接收的方式，即用大天线接收卫星信号，经放大和转换，再经电缆电视提供给用户。

与地面广播电视相比，卫星直播电视的优点是十分明显的，它以较小的功率服务于广大地区。若要覆盖一个地域辽阔的国家，发射功率只需 1 kW 以上，而且接收质量较高。但地面广播电视的发射功率一般在 10 kW 以上，服务半径约 100 km。

在卫星直播电视中，图像传输采用调频方式，伴音信号的传输可以是单路伴音，也可以是多路伴音，而且调制方式不同。取图像信号的最高频率为 6 MHz，最大频偏为 7 MHz，再留有 1 MHz 的保护间隔，图像信号的总带宽为 27 MHz。

伴音信号分为单路伴音和多路伴音两种，多路伴音用于同时传送多种语言。在和图像基带信号合成之前，伴音信号首先要进行一次调制。单路伴音采用 FM 方式，信号的抗干扰能力强，但占用了较宽的频带。多路伴音采用数字化传输。多路伴音信号先形成时分复用的 PCM 信号，然后对副载波进行四相差分相移键控（4DPSK）的数字调制。经过一次调制后的伴音信号与图像信号相加成为频分复用的电视基带信号，送到调制器对 70 MHz 的中频载波进行调频，然后送到发射机，经变频、放大后形成发射信号。卫星直播电视使用的频段均有相应规定。

本 章 小 结

本章主要研究模拟调制系统的调制和解调原理以及抗噪性能分析。

所谓调制，是指使基带信号（调制信号）控制载波的某个（或几个）参数按照基带信号的规律而变化的过程。经过调制后的已调信号应该具有两个基本特征：一是仍然携带有信息；二是适合于信道传输。调制信号为模拟信号时的调制称为模拟调制，它分为两大类：线性调制和非线性调制。

线性调制是指输出已调信号的频谱和调制信号的频谱之间呈线性搬移关系。线性调制的已调信号种类有幅度调制（AM）、抑制载波双边带调幅（DSB）、单边带调幅（SSB）和残留边带调幅（VSB）等。AM 调制的优点是接收设备简单；缺点是功率利用率低，抗干扰能力差，信号带宽较宽，频带利用率不高。因此，AM 调制方式用于通信质量要求不高的场合，目前主要用在中波和短波的调幅广播中。DSB 调制的优点是功率利用率高，但带宽与 AM 相同，频带利用率不高，接收要求同步解调，设备较复杂。只用于点对点的专用通信及低带宽信号多路复用系统。SSB 调制的优点是功率利用率和频带利用率都较高，抗干扰能力和抗选择性衰落能力均优于 AM，而带宽只有 AM 的一半；缺点是发送和接收设备都复杂。SSB 调制方式普遍在频带比较拥挤的场合，如短波波段的无线电广播和频分多路复用系统中。VSB 调制性能与 SSB 相当，它在数据传输、商用电视广播等领域得到广泛使用。

　　非线性调制又称角度调制。其已调信号的频谱和调制信号的频谱结构有很大的不同，除了频谱搬移外，还增加了许多新的频率成分。角度调制的已调信号种类包括调频（FM）和调相（PM）两大类。角度调制中的调频和调相在实质上并没有区别，单从已调信号波形来看不能区分两者，只是调制信号和已调信号之间的关系不同而已。从传输频带的利用率来讲，非线性调制是不经济的，但它具有较好的抗噪声性能，在不增加信号发送功率的前提下，可以用增加带宽的方法来换取输出信噪比的提高，且传输带宽越宽，抗噪声性能越好。

思 考 题

1. 什么是调制？调制的目的是什么？
2. 什么是线性调制？常见的线性调制有哪些？
3. 非线性调制有哪几种？
4. VSB 滤波器的传输特性应满足什么条件？
5. 什么是信噪比增益？其物理意义是什么？
6. DSB 调制系统和 SSB 调制系统的抗噪声性能是否相同？为什么？
7. 什么是门限效应？AM 信号采用包络检波法解调时为什么会产生门限效应？
8. 什么是频率调制？什么是相位调制？两者关系如何？
9. FM 系统信噪比增益和信号带宽的关系如何？这一关系说明什么问题？
10. 简述非线性调制的主要优点。
11. 模拟通信系统的应用实例有哪些？

习 题

　　3.1　已知载波信号为 $C(t) = \cos\omega_c t$，某已调波的表达式如下：

（1）$\sin\Omega t \cos\omega_c t$；

（2）$(1 + 0.5\sin\Omega t)\cos\omega_c t$

式中，$\omega_c = 4\Omega$。试分别画出已调信号的波形图和频谱图。

　　3.2　已知一调制信号为 $m(t) = \cos\Omega_1 t + \cos\Omega_2 t$，载波为 $A\cos\omega_c t$，试写出当 $\Omega_2 = 2\Omega_1$，载波频率 $\omega_c = 5\Omega_1$ 时，下边带信号的表达式，并画出频谱图。

3.3　已知调制信号 $m(t)=\cos(10\pi\times10^3 t)$ V，对载波 $C(t)=10\cos(20\pi\times10^6 t)$ V 进行单边带调制，已调信号通过噪声双边带功率密度谱为 $n_0/2=0.5\times10^{-9}$ W/Hz 的信道传输，信道衰减为 1 dB/km。试求若要求接收机输出信噪比为 20 dB，发射机设在离接收机 100 km 处时，此发射机的发射功率应为多少？

3.4　现有幅度调制信号 $S_{AM}(t)=(1+A\cos2\pi f_m t)\cos2\pi f_c t$，其中调制信号的频率 $f_m=5$ kHz，载频 $f_c=100$ kHz。常数 $A=15$ V。

(1) 请问此幅度调制信号能否用包络检波器解调，说明其理由；

(2) 请画出它的解调框图。

3.5　采用包络检波的幅度调制系统中，若噪声双边功率谱密度为 5×10^{-2} W/Hz，单频正弦波调制时载波功率为 100 kW，边带功率为每边带 10 kW，带通滤波器带宽为 4 kHz。

(1) 求解调输出信噪比；

(2) 若采用抑制载波双边带调制系统，其性能优于 AM 系统多少分贝？

3.6　单边带调制系统中，若消息信号的功率谱密度为

$$P(f)=\begin{cases}a\dfrac{|f|}{B}, & |f|\leqslant B\\[2mm]0, & |f|>B\end{cases}$$

其中，a 和 B 都是大于零的常数。已调信号经过加性白色高斯信道，设单边噪声功率谱密度为 n_0，求相干解调后的输出信噪比。

3.7　某通信系统发送部分框图如题 3.7 图(a)所示，其中载频 $\omega_c\gg3\Omega$，$m_1(t)$ 和 $m_2(t)$ 是要传送的两个基带调制信号，它们的频谱如题 3.7 图(b)所示。

(1) 写出合成信号 $m(t)$ 的频谱表达式，并画出其频谱图；

(2) 写出已调波 $S(t)$ 的频域表达式，并画出其频谱图；

(3) 画出从 $S(t)$ 得到 $m_1(t)$ 和 $m_2(t)$ 的解调框图。

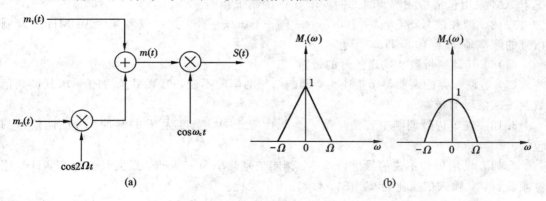

题 3.7 图

3.8　已知调制信号 $m(t)=\cos(2\pi\times10^4 t)$ V，现分别采用 DSB 及 SSB 传输，已知信道衰减为 30 dB，噪声双边功率谱 $n_0/2=5\times10^{-11}$ W/Hz。

(1) 试求各种调制方式时的已调波功率；

(2) 当均采用相干解调时，求各个系统的输出信噪比；

(3) 在输入信号功率 S_i 相同时（以 SSB 接收端的 S_i 为标准），再求各系统的输出信

噪比。

3.9 题 3.9 图是对 DSB 信号进行相干解调的框图。图中，$n(t)$ 是均值为 0、双边功率谱密度为 $n_0/2$ 的加性高斯白噪声，本地恢复的载波和发送载波有固定的相位差 θ。求该系统的输出信噪比。

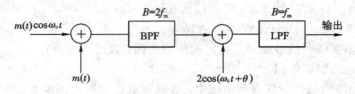

题 3.9 图

3.10 某调制方框图如题 3.10 图(b)所示。已知 $m(t)$ 的频谱如题 3.10 图(a)所示，载频 $\omega_1 \ll \omega_2$，理想低通滤波器的截止频率为 ω_1，且 $\omega_1 > \omega_H$，试求输出信号 $s(t)$，并说明 $s(t)$ 为何种已调制信号。

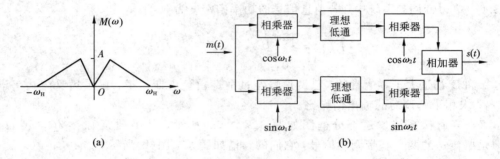

(a)   (b)

题 3.10 图

3.11 试证明：当 AM 信号采用同步检测法进行解调时，其制度增益 G 与大信噪比情况下 AM 采用包络检波解调时的制度增益 G 的结果相同。

3.12 调频信号 $S_{FM}(t) = 100\cos(2\pi f_c t + 4\sin 2\pi f_m t)$，其中载频 $f_c = 10$ MHz，调制信号的频率是 $f_m = 1000$ Hz。

(1) 求其调频指数及发送信号的带宽；

(2) 若调频器的调频灵敏度不变，调制信号的幅度不变，但频率 f_m 加倍，求其调频指数及发送信号的带宽。

3.13 在单边带调制中若消息信号为幅度等于 A、宽度为 T 的脉冲，求已调信号的包络。

3.14 设用单频正弦信号进行调频，调制信号频率为 15 kHz，最大频偏为 75 kHz，用鉴频器解调，输入信噪比为 20 dB，试求输出信噪比。

3.15 用 10 kHz 的正弦波形信号调制 100 MHz 的载波，试求产生 AM、SSB 及 FM 波的带宽各为多少？假定 FM 的最大频偏为 50 kHz。

3.16 某单音调制信号的频率为 15 kHz，首先进行单边带 SSM 调制，SSB 调制所用载波的频率为 38 kHz，然后取下边带信号作为 FM 调制器的调制信号，形成 SSB/FM 发送信号。设调频所用载波的频率为 f_c，调频后发送信号的幅度为 200 V，调频指数 $m_f = 3$，若接收机的输入信号在加至解调器(鉴频器)之前，先经过一理想带通滤波器，该理想带通滤波器的带宽为 200 kHz, 信道衰减为 60 dB, $n_0 = 4 \times 10^{-9}$ W/Hz。

（1）写出 FM 已调波信号的表达式；

（2）求 FM 已调波信号的带宽 B_{FM}；

（3）求鉴频器的输出信噪比。

第4章 数字基带传输系统

数字通信系统是以传输数字信号为基础的通信系统。数字通信系统分为数字基带传输系统和数字频带传输系统。

数字基带传输系统是将数字信源产生的数字基带信号经过相应变换以后直接发送到信道中进行传输的系统。数字频带传输系统是将数字信源产生的数字基带信号经过调制后形成数字频带信号后再发送到信道中进行传输的系统。

实际的数字通信系统大多以数字频带传输系统为主。数字基带传输系统没有数字频带系统应用广泛。但所有窄带信号的带通信号、线性带通系统以及带通系统对带通信号的响应都可等效成基带传输系统来分析其性能。故数字基带传输的基本理论不仅适用于基带传输还适用于频带传输。它在数字通信系统中具有普遍意义。

本章先分析数字基带传输系统的组成,在此基础上介绍数字基带信号的常用码型和频谱特性,接着围绕数字基带传输中的误码问题讨论数字基带传输系统中的码间干扰和噪声对系统的影响,以提高系统的可靠性为前提分析消除码间串扰的方法和数字基带传输系统的抗噪声性能,最后讨论有效抑制噪声和消除码间干扰的技术及最佳基带传输系统的分析方法。

4.1 数字基带传输系统的概念及组成

4.1.1 基带传输的概念

通信的目的是传输有效的信息。然而信源产生的信息属于低频信号,在系统的传输过程中容易受到干扰。为了提高信息的抗干扰性,通信系统中将信源产生的低频信号搬移到高频范围内传输,即调制。调制的实现原理是用低频信号去影响高频信号的不同变量来实现搬移过程。

通常将信源产生的低频信号称为基带信号(或调制信号)。将经过调制以后的信号称为频带信号(或已调信号)。如果在一个通信系统中传输的是基带信号,则称为基带传输。若在一个通信系统中传输的是频带信号,则称为频带传输。

4.1.2 数字基带传输系统的组成

数字基带传输系统是以传输数字基带信号为基础的通信系统。其系统的组成如图4-1所示。

由图4-1可知数字基带传输系统由脉冲形成器、发送滤波器、信道、接收滤波器、抽样判别器和码元再生组成。为了使得通信系统有条不紊地工作还要有同步系统和信令系统。

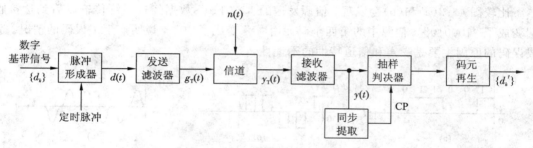

图 4 - 1　数字基带传输系统的组成

1. 脉冲形成器

数字基带传输系统的信源(电传机或计算机)产生的数字信息通常用"0"、"1"二进制脉冲序列表示，码型为单极性不归零码。其码元速率为 R_b、码元宽度为 T_s，用符号 $\{d_k\}$ 表示，如图 4 - 2(a)所示。

用来表示数字信源的这种单极性不归零码由于含有直流成分、低频成分以及不能够提取同步信息等原因不适合在数字基带传输系统的信道中传输。故脉冲形成器的功能就是把这种单极性不归零码转换成能够适合信道传输的码型。图 4 - 2(b)所示为将单极性不归零码转换成双极性归零码 $d(t)$。脉冲形成器也称为码型变换器。

2. 发送滤波器

由图 4 - 2(a)和(b)可知，用来表示信源的单极性不归零码和转换以后的双极性归零码都用矩形脉冲来表示。矩形脉冲含有的低频成分和高频成分比较大，而且占有的宽带比较宽，在信道中传输时容易被干扰产生失真。发送滤波器的功能就是将矩形脉冲变换成波形较平滑的波形，如余弦波形、高斯波形。图 4 - 2(c)所示为变换后的升余弦波形 $g_T(t)$。

3. 信道

数字基带系统的信道一般为有线信道(电缆或架空明线)。由于通信系统中存在噪声 $n(t)$ 的影响以及信道本身的不理想传输，使得信号经过信道传输以后的波形 $y_T(t)$ 和发送端信号波形 $g_T(t)$ 不同，如图 4 - 2(c)和(d)所示。

4. 接收滤波器

从接收端接收的波形 $y_T(t)$ 可以看出此信号不是平滑波形而含有毛刺，这些毛刺就是噪声在信号中的叠加，一般为高频信号。接收滤波器可以滤除这些高频信号并对信号的波形进行修正。经过接收滤波器以后的波形 $y(t)$ 如图 4 - 2(e)所示。可以看出此波形为一个平滑波形。

5. 抽样判别器

经过接收滤波器以后的波形 $y(t)$ 为连续信号，要想把它变成由"0"、"1"组成的二进制数据就要对波形 $y(t)$ 进行抽样判别。首先在接收波形 $y(t)$ 中提出 CP 信号，如图 4 - 2(f)所示。然后 CP 信号与波形 $y(t)$ 进行相乘得到抽样信号 $y(kT_s)$，如图 4 - 2(g)所示。最后对抽样信号 $y(kT_s)$ 按照一定的规则进行判别。在本例中信道传输应用的是双极性归零码，所以判别规则为 $y(kT_s) > 0$ 判为 1，$y(kT_s) < 0$ 判为 0。

6. 码元再生

码元再生是将经过判别以后的"0"、"1"还原成和信源表示一样的单极性不归零码的脉冲序列 $\{d_k'\}$，如图 4 - 2(h)所示。

比较图 4-2(a)和(h)会发现，信源发送的"100110"数据经过系统传输以后到达接收端变成了"100010"，信源中的第四个码元由"1"变成了"0"，说明产生了误码的情况。造成误码的原因主要是噪声和信道特性的不理性。

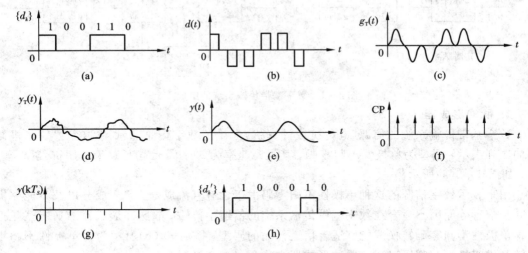

图 4-2　数字基带传输系统各点波形

4.2　数字基带信号常用码型及频谱

数字基带系统中信源产生的信息为数字信号，一般用二进制"0"、"1"表示。这些二进制一般用单极性不归零码来表示。单极性不归零码由于低频成分多、含有直流成分及不能提取同步信息等特点不能在信道中传输。要想在信道中传输就要转换成适合信道传输的码型和波形。本节主要以矩形脉冲为例介绍基带信号常见的码型和传输码型。

4.2.1　数字基带信号常用的码型

数字基带信号常用的码型很多，常见的有单极性不归零码、单极性归零码、双极性不归零码、双极性归零码、差分码等。用来表示各种码型的波形有矩形脉冲、三角波、高斯脉冲和升余弦脉冲等。下面以矩形脉冲为例介绍各种常见的码型。

1. 单极性不归零码(NRZ)

数字信源产生的信息"0"、"1"分别用零电平和高电平表示。一个高电平矩形脉冲表示一个码元"1"，一个零电平矩形脉冲表示一个码元"0"。且矩形脉冲的宽度(τ)和码元宽度(T_s)是相等的，如图 4-3 所示。

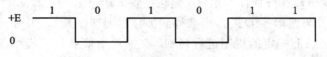

图 4-3　单极性不归零码的波形

单极性不归零码具有以下特点：

(1) 单极性不归零码具有直流分量。

(2) 接收端对单极性不归零码进行判别时取基准电平为 E/2，由于信道噪声影响使得基准电平时刻发生变化，造成抗噪声性能差。

（3）单极性不归零码不能提取同步信息。

（4）单极性不归零码传输要求一端接地，不适合两端不接地的线缆传输。

2．单极性归零码（RZ）

数字信源产生的信息"0"、"1"分别用零电平和高电平表示。一个高电平矩形脉冲表示一个码元"1"，且矩形脉冲的宽度（τ）和码元宽度（T_s）是不相等的，如图 4-4 所示。通过图 4-4 和图 4-3 对比可以看出在图 4-4 中矩形脉冲的宽度 τ 占了码元宽度 T_s 的一半，即 $\tau/T_s=0.5$，剩下的 $0.5T_s$ 归位到零。定义 τ/T_s 为占空比。

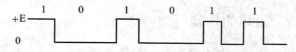

图 4-4　单极性归零码的波形

单极性归零码与单极性不归零码的特点相同，不同的是单极性归零码可以提取同步信息。

3．双极性不归零码

数字信源产生的信息"0"、"1"分别用低电平和高电平表示。一个高电平矩形脉冲表示一个码元"1"，一个低电平矩形脉冲表示一个码元"0"。且矩形脉冲的宽度（τ）和码元宽度（T_s）是相等的，如图 4-5 所示。

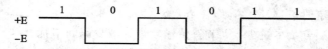

图 4-5　双极性不归零码的波形

双极性不归零码的特点如下：

（1）如果信源发送"0"和"1"的概率相等，从统计角度分析无直流分量。

（2）接收端判决的基准电平为 0，不随信道特性的变化而变化，故抗噪声性能较好。

（3）可以在无接地的线缆上传输。

双极性不归零码的抗干扰性能好，应用广泛。其缺点是不能在信息中提取同步信息且不等概的情况下仍有直流分量。

4．双极性归零码

数字信源产生的信息"0"、"1"分别用低电平和高电平表示。一个高电平矩形脉冲表示一个码元"1"，一个低电平矩形脉冲表示一个码元"0"。且矩形脉冲的宽度（τ）和码元宽度（T_s）是不相等的，如图 4-6 所示。通过图 4-5 和图 4-6 对比可看出占空比 $\tau/T_s=0.5$，剩下的 $0.5T_s$ 归位到零。

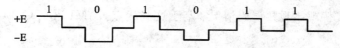

图 4-6　双极性归零码的波形

双极性归零码除了具有双极性不归零码的一些特点外，它还可以提取不同信息，故得到了广泛应用。

5. 差分码

差分码的"0"、"1"主要反映在相邻码元间的变化上。一般"0"表示相邻码元间没有变化，"1"表示相邻码元间有变化。差分码的优点是在接收端接收到完全相反的信息时也可以完整地恢复出原始信息。其波形如图 4-7 所示。

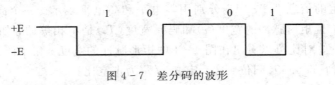

图 4-7　差分码的波形

4.2.2　数字基带信号常用的传输码型

在实际的基带传输系统中，并不是所有代码的电波形都能在信道中传输。例如，前面介绍的含有直流分量和较丰富低频分量的单极性基带波形就不适宜在低频传输特性差的信道中传输，因为它有可能造成信号严重畸变。又如，当消息代码中包含长串的连续"1"或"0"符号时，非归零波形呈现出连续的固定电平，因而无法获取定时信息。单极性归零码在传送连续的"0"时，存在同样的问题。

传输码（或称线路码）的结构将取决于实际信道特性和系统工作的条件。通常，传输码的结构应具有下列主要特性：

（1）传输码中无直流分量，且低频分量少。

（2）便于提取定时信息。

（3）信号中高频分量尽量少，以节省传输频带并减少码间串扰。

（4）不受信息源统计特性的影响，即能适应于信息源的变化。

（5）具有内在的检错纠错能力，传输码型应具有一定规律性，以便利用这一规律性进行宏观监测。

（6）编译码设备要尽可能简单，易于实现。

满足或部分满足以上特性的传输码型种类繁多，下介绍几种常见的传输码。

1. AMI 码

AMI 码是传号交替反转码。其编码规则是将二进制消息代码"1"（传号）交替地变换为传输码的"+1"和"−1"，而"0"（空号）保持不变。例如：

消息代码：　1　0　0　1　1　0　0　1

　AMI 码：　+1　0　0　−1　+1　0　0　−1

AMI 码的优点是，由于 +1 与 −1 交替，AMI 码的功率谱中不含直流成分，高、低频分量少，能量集中在频率为 1/2 码速处。位定时频率分量虽然为 0，但只要将基带信号经全波整流变为单极性归零波形，便可提取位定时信号。此外，AMI 码的编译码电路简单，便于利用传号极性交替规律观察误码情况。鉴于这些优点，AMI 码是 CCITT 建议采用的传输码型之一。

AMI 码的不足是，当原信码出现连"0"串时，信号的电平长时间不跳变，造成提取定时信号的困难。解决连"0"码问题的有效方法之一是采用 HDB$_3$ 码。

2. HDB$_3$ 码

HDB$_3$ 码的全称是 3 阶高密度双极性码，它是 AMI 码的一种改进型，其目的是为了保持 AMI 码的优点而克服其缺点，使连"0"个数不超过 3 个。其编码规则如下：

（1）当信码的连"0"个数不超过 3 时，仍按 AMI 码的规则编，即传号极性交替。

（2）当连"0"个数超过 3 时，则将第 4 个"0"改为非"0"脉冲，记为＋V 或－V，称为破坏脉冲。相邻 V 码的极性必须交替出现，以确保编好的码中无直流成分。

（3）为了便于识别，V 码的极性应与其前一个非"0"脉冲的极性相同，否则，将四连"0"的第一个"0"更改为与该破坏脉冲相同极性的脉冲，称为补信码，并记为＋B 或－B。

（4）加破坏脉冲之后要满足：① 信码和补信码 B 满足正负交替；② 破坏码 V 满足正负交替且和前面一个非零码元极性相等。若不满足则返回到步骤(3)继续。

例如：

消息代码：	1 0 0 0	0	1 0 0 0	0	1	1	0 0 0	0	1	1
AMI 码：	－1 0 0 0	0	＋1 0 0 0	0	－1	＋1	0 0 0	0	－1	＋1
调整后码：	－1 0 0 0	－V	＋1 0 0 0	＋V	－1	＋1	－B 0 0	－V	＋1	－1
HDB₃码：	－1 0 0 0	－1	＋1 0 0 0	＋1	－1	＋1	－1 0 0	－1	＋1	－1

虽然 HDB₃ 码的编码规则比较复杂，但译码却比较简单。从上述原理看出，每一个破坏符号 V 总是与前一非"0"符号同极性（包括 B 在内）。从收到的符号序列中很容易地找到破坏点 V，断定 V 符号及其前面的 3 个符号必是连 0 符号，从而恢复 4 个连 0 码，再将所有－1 变成＋1 后便得到原消息代码。

HDB₃ 码保持了 AMI 码的优点外，同时还将连"0"码限制在 3 个以内，故有利于位定时信号的提取。HDB₃ 码是应用最为广泛的码型，A 律 PCM 四次群以下的接口码型均为 HDB₃ 码。

3. 双相码

双相码又称曼彻斯特（Manchester）码。用一个周期的正负对称方波表示"0"，而用其反相波形表示"1"。编码规则之一是："0"码用"01"两位码表示，"1"码用"10"两位码表示。例如：

代码：	1	1	0	0	1	0	1
双相码：	10	10	01	01	10	01	10

双相码只有极性相反的两个电平。由于双相码在每个码元周期的中心点都存在电平跳变，所以富含位定时的信息。双相码的正、负电平各半，所以无直流分量，编码过程也简单。但带宽比原信码大 1 倍。双相码适用于数据终端设备在中速短距离上的传输，如以太网。

4. CMI 码

CMI 码是传号反转码的简称，与数字双相码类似，它也是一种双极性二电平码。编码规则是："1"码交替用"11"和"00"两位码表示；"0"码固定地用"01"表示。

CMI 码有较多的电平跃变，含有丰富的定时信息。由于 10 为禁用码组，不会出现 3 个以上的连码，可用来宏观检错。而且 CMI 码编译简单，易于实现。因此是 CCITT 推荐的 PCM 高次群采用的接口码型，在速率低于 8.448 Mb/s 的光纤传输系统中有时也用作线路传输码型。

图 4－8 所示的信息码为 11010010 的双相码和 CMI 码的波形图。

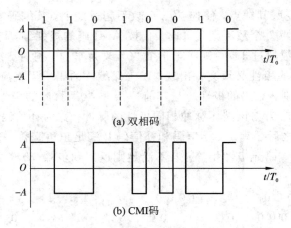

(a) 双相码

(b) CMI 码

图 4 - 8　双相码和 CMI 码的波形图

4.2.3　数字基带信号的频谱

研究基带信号的频谱特征是十分必要的，通过频谱分析可以得知信号的频带宽度、所包含的频谱分量、有无直流分量和有无定时分量等。根据信号谱的这些特征才能选择相匹配的信道及判断能否从中提取定时信号。

信源产生的信息是随机的，否则通信就失去了传输的意义。数字信源产生的基带信号是随机的脉冲序列，没有确定的频谱函数，只能用功率谱来描述它的频谱特性。

1. 数字基带信号的数学描述

设一个二进制的随机序列 $s(t)$，如图 4 - 9 所示。$g_1(t)$ 代表二进制符号的"0"，$g_2(t)$ 代表二进制符号的"1"，码元的间隔为 T_s。$g_1(t)$ 和 $g_2(t)$ 可以是任意的脉冲。$v(t)$（稳态项）和 $u(t)$（交变项）是 $s(t)$ 波形的分解。$s(t)$ 波形为 $v(t)$（稳态项）和 $u(t)$（交变项）波形之和。$v(t)$（稳态项）是二进制随机序列 $s(t)$ 的统计平均值。$u(t)$（交变项）是二进制随机序列 $s(t)$ 与 $v(t)$（稳态项）之差。

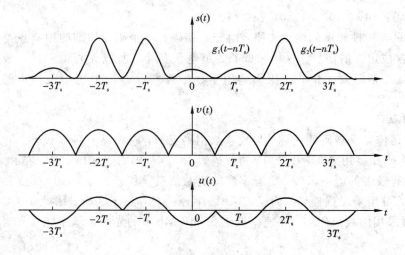

图 4 - 9　基带随机脉冲序列及分解图

假设随机脉冲序列在任一码元间隔 T_s 内 $g_1(t)$ 和 $g_2(t)$ 出现的概率分别为 P 和 $1-P$，且它们的出现是统计独立的，则数字基带信号 $s(t)$、稳态项 $v(t)$ 和交变项 $u(t)$ 可表示为式（4.2.1）、式（4.2.2）和式（4.2.3）。

$$s(t) = \sum_{n=-\infty}^{\infty} s_n(t) \tag{4.2.1}$$

式中：$s_n(t) = \begin{cases} g_1(t-nT_s)，概率为 P \\ g_2(t-nT_s)，概率为 1-P \end{cases}$。

$$v(t) = \sum_{n=-\infty}^{\infty} v_n(t) = \sum_{n=-\infty}^{\infty} \left[Pg_1(t-nT_s) + (1-P)g_2(t-nT_s) \right] \tag{4.2.2}$$

$$u(t) = s(t) - v(t) = \sum_{n=-\infty}^{\infty} u_n(t) \tag{4.2.3}$$

式中：$u_n(t) = \begin{cases} g_1(t-nT_s) - v_n(t)，概率为 P \\ g_2(t-nT_s) - v_n(t)，概率为 1-P \end{cases}$。

2. 数字基带信号的功率谱密度

根据 $s(t)$ 波形为 $v(t)$（稳态项）和 $u(t)$（交变项）波形之和，在求解数字基带信号 $s(t)$ 的功率谱密度时，先分别求出 $v(t)$（稳态项）和 $u(t)$（交变项）的功率谱密度，然后相加得到 $s(t)$ 的功率谱密度。

1）$v(t)$ 的功率谱 $p_v(f)$

$v(t)$ 是周期为 T_s 的周期函数，利用周期信号的功率谱计算方法得到其功率谱为

$$p_v(f) = \sum_{m=-\infty}^{+\infty} \left| f_s \left[pG_1(mf_s) + (1-p)G_2(mf_s) \right] \right|^2 \delta(f-mf_s) \tag{4.2.4}$$

式中：$G_1(mf_s) = \int_{-\infty}^{+\infty} g_1(t) e^{-j2\pi mf_s t} dt$，$G_2(mf_s) = \int_{-\infty}^{+\infty} g_2(t) e^{-j2\pi mf_s t} dt$。

由式（4.2.4）可以看出，稳态波的功率谱 $p_v(f)$ 是冲击强度取决于 $\left| f_s \left[pG_1(mf_s) + (1-p)G_2(mf_s) \right] \right|^2$ 的离散谱，根据离散谱可以确定随机序列是否包含直流分量（$m=0$）和定时分量（$m=1$）。

2）$u(t)$ 的功率谱 $p_u(f)$

$u(t)$ 是一个功率型的随机序列，采用截短函数和统计平均的方法求得其功率谱为

$$p_u(f) = f_s p(1-p) \left| G_1(f) - G_2(f) \right|^2 \tag{4.2.5}$$

由式（4.2.5）可以看出，交变波的功率谱是一个连续谱，通过此连续谱可以确定随机序列的带宽。

3）$s(t)$ 的功率谱 $p_s(f)$

根据 $s(t)$ 波形为 $v(t)$（稳态项）和 $u(t)$（交变项）波形之和，得到随机序列的功率谱为式（4.2.4）和式（4.2.5）相加，即

$$\begin{aligned} p_s(f) = & \sum_{m=-\infty}^{+\infty} \left| f_s \left[pG_1(mf_s) + (1-p)G_2(mf_s) \right] \right|^2 \delta(f-mf_s) \\ & + f_s p(1-p) \left| G_1(f) - G_2(f) \right|^2 \end{aligned} \tag{4.2.6}$$

式（4.2.6）为双边功率谱，若写成单边功率谱则为

$$p_s(f) = 2f_s^2 \sum_{m=1}^{+\infty} |[pG_1(mf_s) + (1-p)G_2(mf_s)]|^2 \delta(f - mf_s)$$

$$+ 2f_s p(1-p) |G_1(f) - G_2(f)|^2 + f_s^2 |pG_1(0_s) + (1-p)G_2(0_s)|^2 \delta(f_s) \quad f \geqslant 0 \tag{4.2.7}$$

式(4.2.6)和式(4.2.7)中：$f_s = 1/T_s$，为码元速率；$G_1(f)$ 和 $G_2(f)$ 分别为 $g_1(t)$ 和 $g_2(t)$ 的傅里叶变换。

由式(4.2.6)可以得出以下结论：

(1) 随机序列的功率谱可能由稳态波的离散谱(第一项)和交变波的连续谱(第二项)组成。

(2) 交变波的连续谱总是存在，因为表示数据信息的波形 $g_1(t) \neq g_2(t)$ 即 $G_1(f) \neq G_2(f)$。谱的形状取决于 $g_1(t)$ 和 $g_2(t)$ 的波形和出现的概率。

(3) 稳态波的离散谱是否存在取决于 $g_1(t)$ 和 $g_2(t)$ 的波形和出现的概率 p。若 $g_1(t) = -g_2(t)$ 且概率 $p = 1/2$ 时，没有离散谱。否则这一项总是存在。通过离散谱可以确定随机序列是否包含直流分量和定时分量。

【例 4.1】 设数据新源发送"1"和"0"的概率相等($p = 1/2$)，求单极性不归零码和单极性归零码的功率谱。

解 对于单极性码 $g_1(t) = 0 (G_1(f) = 0)$，$g_2(t)$ 为高度为 1、宽度为 τ 的矩形脉冲。由式(4.2.6)可得单极性码的双边功率谱为

$$p_s(f) = \frac{1}{4} f_s^2 \sum_{m=-\infty}^{+\infty} |G_2(mf_s)|^2 \delta(f - mf_s) + \frac{1}{4} f_s |G_2(f)|^2 \tag{4.2.8}$$

(1) 对于单极性不归零码，矩形脉冲的宽度 τ 和码元宽度 T_s 相等，可得

$$G_2(f) = T_s \left(\frac{\sin \pi f T_s}{\pi f T_s} \right);$$

$$G_2(mf) = T_s \left(\frac{\sin m\pi f T_s}{m\pi f T_s} \right) = \begin{cases} T_s, & m = 0 \\ 0, & m \neq 0 \end{cases} \tag{4.2.9}$$

将式(4.2.9)代入式(4.2.8)可得单极性不归零码的功率谱为

$$p_s(f) = \frac{1}{4} f_s T_s^2 \left(\frac{\sin m\pi f T_s}{m\pi f T_s} \right)^2 + \frac{1}{4} \delta(f)$$

$$= \frac{1}{4} T_s \text{Sa}^2(\pi f T_s) + \frac{1}{4} \delta(f) \tag{4.2.10}$$

(2) 对于单极性不归零码，矩形脉冲的宽度 τ 和码元宽度 T_s 不相等，可得

$$G_2(f) = \tau \left(\frac{\sin \pi f \tau}{\pi f \tau} \right);$$

$$G_2(mf) = T_s \left(\frac{\sin m\pi f \tau}{m\pi f \tau} \right) \tag{4.2.11}$$

将式(4.2.11)代入式(4.2.8)可得单极性不归零码的功率谱为

$$p_s(f) = \frac{1}{4} f_s^2 \tau^2 \sum_{m=-\infty}^{\infty} \text{Sa}^2(\pi mf_s \tau) \delta(f - mf_s) + \frac{1}{4} f_s \tau^2 \text{Sa}^2(\pi f \tau) \tag{4.2.12}$$

根据式(4.2.10)和式(4.2.12)可以画出单极性不归零码和单极性归零码的功率谱，分

别如图 4 - 10(a)、(b)所示。

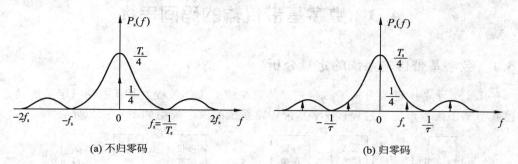

(a) 不归零码　　　　　　　　　　　　　　**(b) 归零码**

图 4 - 10　单极性码的功率谱

由图 4 - 10(a)可以看出,单极性不归零码的功率谱由直流分量和连续谱组成,不含有可提取同步信息的 f_s 分量。通过连续谱可确定单极性不归零码的近似带宽为 f_s。由图 4 - 10(b)可以看出,单极性归零码的功率谱由连续谱和离散谱组成,并且含有可提取同步信息的 f_s 分量。同时可得单极性归零码的近似带宽为 $1/\tau$。

【例 4.2】　设数据新源发送“1”和“0”的概率相等($p=1/2$),求双极性不归零码和双极性归零码的功率谱。

解　对于双极性码 $g_1(t)=-g_2(t)$,$g_2(t)$ 为高度为 1、宽度为 τ 的矩形脉冲。则由式(4.2.6)可得等概发送双极性码的功率谱为

$$p_s(f) = f_s |G_2(f)|^2 \qquad (4.2.13)$$

(1) 对于双极性不归零码,矩形脉冲的宽度 τ 和码元宽度 T_s 相等,可得

$$p_s(f) = T_s \mathrm{Sa}^2(\pi f T_s) \qquad (4.2.14)$$

(2) 对于双极性不归零码,矩形脉冲的宽度 τ 和码元宽度 T_s 不相等,可得

$$p_s(f) = f_s \tau^2 \mathrm{Sa}^2(\pi f \tau) \qquad (4.2.15)$$

根据式(4.2.14)和式(4.2.15)可画出双极性不归零码和双极性归零码的功率谱,分别如图 4 - 11(a)、(b)所示。

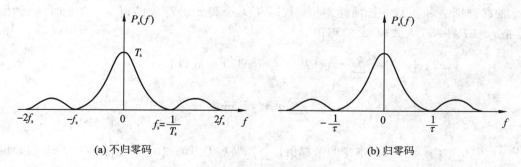

(a) 不归零码　　　　　　　　　　　　　　**(b) 归零码**

图 4 - 11　双极性码的功率谱

由图 4 - 11(a)、(b)可以看出,双极性不归零码和双极性归零码的功率谱都只由连续谱组成,都没有直流分量,不含有提取同步信息的 f_s 分量,但对于双极性归零码可以通过整流获取同步信息。通过连续谱可确定双极性不归零码的近似带宽为 f_s,双极性归零码的近似带宽为 $1/\tau$。

4.3　数字基带传输的码间串扰

4.3.1　数字基带传输系统的定量分析

在 4.1.2 小节中已经分析了数字基带传输系统的工作过程，本节主要用定量的关系式描述数字基带信号传输的过程。数字基带传输系统的数学模型如图 4-12 所示。

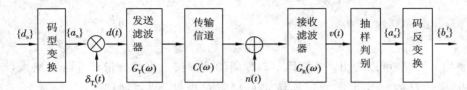

图 4-12　数字基带传输系统的数学模型

由图 4-12 可得，数字信源产生的数字信息 $\{d_n\}$ 用单极性不归零码来表示。单极性不归零码不适合信道传输，经过码型变换后变换成适合信道传输的码型。一般用双极性码 $\{a_n\}$ 来表示。然后对 $\{a_n\}$ 进行理想采样得到 $d(t)$，其表达式为

$$d(t) = \sum_{n=-\infty}^{\infty} a_n \delta(t - nT_s) \tag{4.3.1}$$

假设将发送滤波器、信道和接收滤波器看做是一个整体的系统。则由图 4-12 可得这个整体的系统函数 $H(\omega)$ 及单位冲击响应 $h(t)$ 为

$$H(\omega) = G_T(\omega)C(\omega)G_R(\omega) \, ; \, h(t) = \frac{1}{2\pi}\int_{-\infty}^{+\infty} H(\omega)\mathrm{e}^{j\omega t}\,\mathrm{d}\omega \tag{4.3.2}$$

信号 $d(t)$ 经过系统的传输后，在接收滤波器输出端得到信号 $y(t)$：

$$y(t) = d(t) * h(t) + n_R(t) = \sum_{n=-\infty}^{\infty} a_n h(t - nT_s) + n_R(t) \tag{4.3.3}$$

式中，$n_R(t)$ 为加性高斯白噪声 $n(t)$ 经过接收滤波器以后的窄带噪声。

抽样判别是对 $y(t)$ 进行抽样判别。设对第 k 个码元进行采样判别，且此时的延时为 t_0。把 $t = kT_s + t_0$ 代入式(4.3.3)可得

$$y(kT_s + t_0) = \sum_{n=-\infty}^{\infty} a_n h(kT_s + t_0 - nT_s) + n_R(kT_s + t_0)$$

$$\tag{4.3.4}$$

$$= a_k h(t_0) + \sum_{\substack{n=-\infty \\ n \neq k}}^{\infty} a_n h(kT_s + t_0 - nT_s) + n_R(kT_s + t_0)$$

式中：$a_k h(t_0)$ 为第 k 个码元本身的抽样值；$\displaystyle\sum_{\substack{n=-\infty \\ n \neq k}}^{\infty} a_n h(kT_s + t_0 - nT_s)$ 为除第 k 个码元以外的其他码元的抽样值之和。此项对第 k 个码元的抽样判别是个干扰信号，称为码间串扰；$n_R(kT_s + t_0)$ 为噪声在抽样时刻的瞬间值，它是一个随机变量，同样对第 k 个码元的抽样判别是个干扰信号。

经过对第 k 个码元在 $t = kT_s + t_0$ 时刻的抽样值 $y(kT_s + t_0)$ 按照一定的规则进行判别得到信号 $\{a'_n\}$。最后对 $\{a'_n\}$ 进行码反变换，变换成和信源相同类型的数据 $\{b'_n\}$。在没有差错

的情况下接收端接收到的数据 $\{b_n'\}$ 和发送端发送的数据 $\{b_n\}$ 是相同的。否则会出现数据信息的误码。造成误码的原因有两个：一个为码间串扰；另一个为随机噪声。

4.3.2　码间串扰

从 4.3.1 小节的分析中可见，数字基带信号经过数字基带系统时，由于系统总特性（包含发送滤波器、信道和接收滤波器）的不理想，使得接收端脉冲展宽延伸到邻近码元中，造成对邻近码元的干扰。这种现象称为码间串扰，如图 4-13 所示。

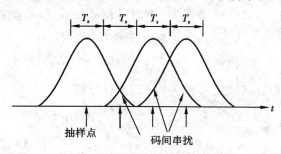

图 4-13　码间串扰示意图

码间串扰和信道中随机噪声是造成数字基带信号在抽样判别时误判的两个主要因素。故消除码间串扰和分析随机噪声对信号的影响是有必要的。

4.4　无码间串扰的基带传输特性

4.4.1　消除码间串扰的思想

通过对数字基带信号抽样时刻的值（式（4.3.4））分析得知，要想消除码间串扰就要使得其他码元在第 k 个码元的抽样值之和为 0，即

$$\sum_{\substack{n=-\infty \\ n \neq k}}^{\infty} a_n h(kT_s + t_0 - nT_s) = 0 \tag{4.4.1}$$

对于式（4.4.1）而言，a_n 是随机的，要想其他码元在第 k 个码元的抽样值相互抵消为 0 是不可能，只有对系统的单位冲击响应波形 $h(t)$ 提出要求。若相邻码元的前一个码元的波形到达后一个码元抽样判决时刻时已衰减到 0，则能满足要求，如图 4-14(a) 所示。现实中这样的波形不易实现，因为实际中的 $h(t)$ 波形有很长的"拖尾"，也正是由于每个码元的"拖尾"造成对相邻码元的串扰。如果能让它在 $t_0 + T_s$、$t_0 + 2T_s$ 等后面码元抽样判决时刻上正好为 0，就能消除码间串扰，如图 4-14(b) 所示。这就是消除码间串扰的基本思想。

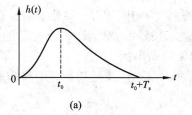

(a)

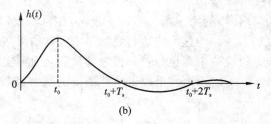

(b)

图 4-14　消除码间串扰的原理

4.4.2　无码间串扰的条件

由 4.4.1 节分析可知，要想消除码间串扰应使数字基带传输系统的单位冲击响应波形 $h(t)$ 在本码元的抽样时刻为最大值，其他抽样时刻均为 0。假设信道和接收滤波器造成的延时 $t_0=0$，则 $h(t)$ 在 kT_s 抽样时刻满足下式

$$h(kT_s) = \begin{cases} 1, & k=0 \\ 0, & k \text{ 为其他整数} \end{cases} \tag{4.4.2}$$

式(4.4.2)是无码间串扰的时域条件。下面寻找满足式(4.4.2)的系统函数 $H(\omega)$。根据 $h(t)$ 与 $H(\omega)$ 之间的关系可得

$$h(kT_s) = \frac{1}{2\pi} \int_{-\infty}^{\infty} H(\omega) e^{j\omega kT_s} d\omega \tag{4.4.3}$$

将式(4.4.3)中的积分区域用角频率 $2\pi/T_s$ 进行分割，得

$$h(kT_s) = \frac{1}{2\pi} \sum_i \int_{(2i-1)\pi/T_s}^{(2i+1)\pi/T_s} H(\omega) e^{j\omega kT_s} d\omega \tag{4.4.4}$$

令 $\omega' = \omega - \dfrac{2i\pi}{T_s}$，则有 $d\omega' = d\omega$，$\omega = \omega' + \dfrac{2i\pi}{T_s}$。且当 $\omega = \dfrac{(2i+1)\pi}{T_s}$ 时，$\omega' = \pm\dfrac{\pi}{T_s}$。于是

$$\begin{aligned} h(kT_s) &= \frac{1}{2\pi} \sum_i \int_{-\pi/T_s}^{\pi/T_s} H\left(\omega' + \frac{2\pi i}{T_s}\right) e^{j\omega' kT_s} e^{j2\pi ik} d\omega' \\ &= \frac{1}{2\pi} \sum_i \int_{-\pi/T_s}^{\pi/T_s} H\left(\omega' + \frac{2\pi i}{T_s}\right) e^{j\omega' kT_s} d\omega' \end{aligned} \tag{4.4.5}$$

当式(4.4.5)一致收敛时积分和求和可以相互交换，将 ω' 用 ω 替换得到

$$h(kT_s) = \frac{1}{2\pi} \int_{-\pi/T_s}^{\pi/T_s} \sum_i H\left(\omega + \frac{2\pi i}{T_s}\right) e^{j\omega kT_s} d\omega \tag{4.4.6}$$

将 $\displaystyle\sum_i H\left(\omega + \frac{2\pi i}{T_s}\right)\left(|\omega| \leqslant \frac{\pi}{T_s}\right)$ 记为 $H_q(\omega)$，可得 $h(kT_s)$ 与 $H_q(\omega)$ 为一对傅里叶变换对的关系。$H_q(\omega)$ 是 $H(\omega)$ 在频域范围内按照周期 2π 进行分割，然后平移到 $(-\pi/T_s, \pi/T_s)$ 的区间内叠加求和。根据式(4.4.2)和式(4.4.6)可得无码间串扰的基带传输特性在频域内的条件为

$$H_q(\omega) = \begin{cases} \displaystyle\sum_i H\left(\omega + \frac{2\pi i}{T_s}\right) = T_s \text{（或常数）}, & |\omega| \leqslant \dfrac{\pi}{T_s} \\ \displaystyle\sum_i H\left(\omega + \frac{2\pi i}{T_s}\right) = 0, & |\omega| > \dfrac{\pi}{T_s} \end{cases} \tag{4.4.7}$$

该条件称为奈奎斯特第一准则。它提供了检验一个给定传输系统特性 $H(\omega)$ 是否产生码间串扰的方法。

式(4.4.7)的物理意义是：将 $H(\omega)$ 在 ω 轴上以 $2\pi/T_s$ 为间隔切开，将分段沿 ω 轴平移到 $(-\pi/T_s, \pi/T_s)$ 区间内进行叠加求和，其结果应当为 T_s 或一常数。即一个实际的 $H(\omega)$ 特性能等效成一个理想（矩形）低通滤波器，则可实现无码间串扰。

图 4-15 所示为一个成奇对称的低通滤波器特性的 $H(\omega)$，经过切割、平移和叠加后可得

$$H_q(\omega) = \sum_i H\left(\omega + \frac{2\pi i}{T_s}\right) = \sum_{i=-1}^{i=1} H\left(\omega + \frac{2\pi i}{T_s}\right) = T_s, \quad |\omega| \leqslant \frac{\pi}{T_s}$$

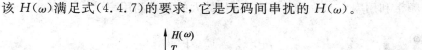

该 $H(\omega)$ 满足式(4.4.7)的要求，它是无码间串扰的 $H(\omega)$。

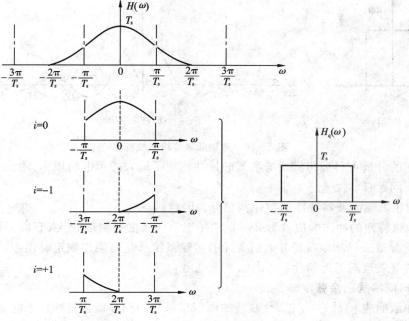

图 4 - 15　$H(\omega)$ 性质的校验

满足奈奎斯特第一准则的 $H(\omega)$ 并不是唯一的要求。下面讨论如何设计或选择满足式(4.4.7)的 $H(\omega)$ 的问题。

4.4.3　无码间串扰的传输特性的设计

1. 无码间串扰的理想低通滤波器

满足奈奎斯特第一准则的一种最简单的传输特性就是式(4.4.7)中只有 $i=0$ 项，此时 $H(\omega)$ 为理想低通滤波器，即

$$H(\omega) = \begin{cases} T_s(\text{或常数}), & |\omega| \leqslant \dfrac{\pi}{T_s} \\ 0, & |\omega| > \dfrac{\pi}{T_s} \end{cases} \tag{4.4.8}$$

其对应的单位冲激响应为

$$h(t) = \frac{\sin \dfrac{\pi}{T_s}t}{\dfrac{\pi}{T_s}t} = \text{Sa}\!\left(\frac{\pi t}{T_s}\right) \tag{4.4.9}$$

理想低通传输系统特性如图 4 - 16 所示。由图可见，$h(t)$ 在 $t = \pm kT_s$($k \neq 0$)时有周期性的零点。当发送序列的时间间隔为 T_s 时正好巧妙地利用了这些零点(见图 4 - 16(b)中的虚线)实现无码间串扰。

图 4 - 16 所示的理想基带传输系统中，称截止频率 $B_N = 1/2T_s$ 为奈奎斯特带宽，称系统无码间串扰的最小码元间隔 $T_s = 1/2B_N$ 为奈奎斯特间隔，称 $R_B = 1/T_s = 2B_N$ 为奈奎斯特速率，它是最大的码元传输速率。若以高于 $1/T_s$ 的速率进行传输时将存在码间串扰。理想

低通传输函数的频带利用率 $\eta = R_B/B = 2$ B/Hz 是最大的频带利用率。

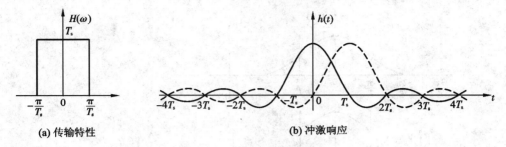

(a) 传输特性　　　　　　　　　　　(b) 冲激响应

图 4-16　理想低通传输系统特性

从上面的分析可得理想低通滤波器的特性达到了最大的频带利用率。但是在实际应用中存在以下问题：

（1）理想低通滤波器特性的物理实现极为困难。

（2）理想特性的冲击响应波形 $h(t)$ 的"尾巴"衰减振荡幅度较大（衰减很慢），若定时稍有偏差就会造成码间串扰。考虑到实际的传输系统总是可能出现定时误差，下面讨论物理可实现的等效理想低通特性。

2. 无码间串扰的余弦滚降系统

理想冲激响应 $h(t)$ 的"尾巴"衰减慢的原因是系统的频率截止特性过于陡峭，可以使理想低通滤波器特性的边沿缓慢下降，这种设计通常被称为"滚降"。如图 4-17 所示，只要 $Y(f)$ 满足具有对 B_N 呈奇对称的幅度特性，则 $H(f)$ 就能满足无码间串扰的要求。滚降系数

$$\alpha = \frac{B_2}{B_N}$$

式中：B_N 为无滚降时的截止频率；B_2 为滚降部分的截至频率。显然 $0 \leqslant \alpha \leqslant 1$。

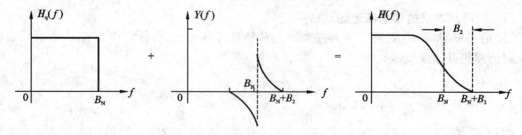

图 4-17　滚降特性

最常用的滚降特性是余弦滚降特性，如图 4-18 所示。由图可得具有滚降系数 α 的余弦滚降特性 $H(\omega)$ 和冲击响应 $h(t)$ 分别为

$$H(\omega) = \begin{cases} T_s, & 0 \leqslant |\omega| \leqslant \dfrac{(1-\alpha)\pi}{T_s} \\[2mm] \dfrac{T_s}{2}\left[1 + \sin\dfrac{T_s}{2\alpha}\left(\dfrac{\pi}{T_s} - \omega\right)\right], & \dfrac{(1-\alpha)\pi}{T_s} \leqslant |\omega| \leqslant \dfrac{(1+\alpha)\pi}{T_s} \\[2mm] 0, & |\omega| \geqslant \dfrac{(1+\alpha)\pi}{T_s} \end{cases} \quad (4.4.10)$$

$$h(t) = \frac{\sin(\pi t/T_s)}{\pi t/T_s} \frac{\cos(\alpha \pi t/T_s)}{1 - (2\alpha t/T_s)^2} \quad (4.4.11)$$

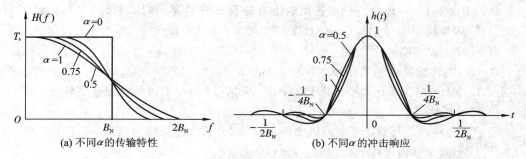

图 4-18　余弦滚降系统

由图 4-18 可知，$\alpha=0$ 时的图形正好是理想低通滤波器，α 越大，采样函数的拖尾振荡起伏越小，衰减越快。$\alpha=1$ 时是实际中常采用的升余弦频谱特性。其 $H(\omega)$ 和冲击响应 $h(t)$ 分别为

$$H(\omega) = \begin{cases} \dfrac{T_s}{2}\left(1+\cos\dfrac{\omega T_s}{2}\right), & |\omega| \leqslant \dfrac{2\pi}{T_s} \\ 0, & |\omega| > \dfrac{2\pi}{T_s} \end{cases} \quad (4.4.12)$$

$$h(t) = \frac{\sin(\pi t/T_s)}{\pi t/T_s} \frac{\cos(\pi t/T_s)}{1-(2t/T_s)^2} \quad (4.4.13)$$

由式 (4.4.13) 可知，$\alpha=1$ 的升余弦滚降特性的 $h(t)$ 满足抽样值无串扰的条件下在各抽样值之间又增加了一个零点，它的尾部衰减较快（与 t^3 成反比），有利于减小码间串扰和位定时误差的影响。但该系统占有的频带最宽（是理想低通系统的 2 倍），频带利用率是基带系统最高利用率的一半，即 1 B/Hz。

引入滚降系数 α 后，最高传输速率不变，系统带宽扩展为 $(1+\alpha)B_N$，系统的频带利用率为 $\eta=R_B/B=2/1+\alpha$。升余弦滚降系统的实现比理想低通容易得多，但频带利用率较低。故其应用在频带利用率不高、但定时系统和传输特性有较大偏差的场合。

【例 4.3】　为了传输 $R_B=10^3$B 的数字基带信号，试分析图 4-19 中哪种系统性能好？并说明理由。

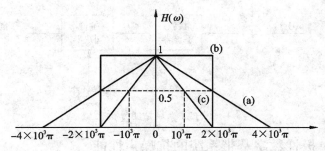

图 4-19　系统传输特性

解　（1）码间串扰性能。

（a）系统等效矩形带宽 $B_N=10^3$ Hz，故 $R_{Bmax}=2\times10^3$ B，$R_{Bmax}=2R_B$，无码间串扰。

（b）系统 $R_{Bmax}=2\times10^3$ B，无码间串扰。

（c）系统等效矩形带宽 $B_N=500$ Hz，故 $R_{Bmax}=10^3$ B，$R_{Bmax}=R_B$，无码间串扰。

（2）频带利用率。

（a）、（b）、（c）三种传输特性所占用的信道带宽 B 分别为 2×10^3 Hz、10^3 Hz 和 10^3 Hz，所以它们的频带利用率分别为 0.5 B/Hz、1 B/Hz 和 1 B/Hz。

（3）时域收敛速度。

（a）、（c）的传输特性为三角形，其冲击响应为 $Sa^2(x)$ 型，与 t^2 成反比；（b）的传输特性为矩形，其冲击响应为 $Sa(x)$ 型，与 t 成反比。可见（a）、（c）的时域收敛速度较快。

（4）可实现性。

（b）的传输特性为理想矩形，难以实现。（a）、（c）的传输特性为三角形，容易实现。

综合以上四个方面可得选择传输系统（c）较好。

【例 4.4】 已知某信道的截至频率为 2 kHz，信道中传输 16 电平数字基带信号，若传输函数采用滚降因子 $\alpha=0.3$ 的升余弦滤波器，试求其最高信息速率。

解　由题可知 $B=2\times10^3$ Hz，由 $\eta=R_B/B=2/1+\alpha$ 可得系统的码元传输速率为

$$R_B=\frac{2}{1+\alpha}B\approx3\times10^3 \text{ B}$$

$$R_b=R_B\log_2(M)=4R_B=12\times10^3 \text{ B}$$

4.5　基带传输系统的抗噪声性能

4.5.1　基带传输系统的抗噪声性能分析模型

4.4 节在不考虑噪声的情况下讨论了码间串扰。本节在不考虑码间串扰的前提下分析噪声对基带传输系统的影响。基带传输系统中，信道噪声一般认为只对接收端产生影响，在此基础上可建立抗噪声性能分析模型，如图 4-20 所示。图中，设二进制接收波形为 $s(t)$，信道噪声是均值为零、方差为 σ_n^2、双边功率谱密度为 $n_0/2$ 的加性高斯白噪声，经过接收滤波器后变为加性高斯带限噪声 $n_R(t)$，则接收滤波器的输出是信号加噪声的合成波形，记为 $x(t)$，即 $x(t)=s(t)+n_R(t)$。

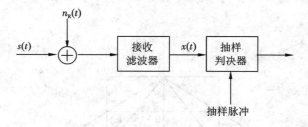

图 4-20　抗噪声性能分析模型

4.5.2　二进制单极性数字基带系统的抗噪声性能

对于二进制单极性数字基带系统，信源产生的数字信源用单极性码来表示。假设在进行抽样判别时的电平值为 $+A$（数字基带信号"1"）和 0（数字基带信号"0"）。这样单极性基带信号可近似表示为

$$s(t)=\begin{cases} A，发送"1"时 \\ 0，发送"0"时 \end{cases} \tag{4.5.1}$$

数字基带系统中均值为零、方差为 σ_n^2、双边功率谱密度为 $n_0/2$ 的加性高斯带限噪声 $n_R(t)$ 的一维概率密度函数为

$$f(x) = \frac{1}{\sqrt{2\pi}\sigma_n}\exp\left[-\frac{x^2}{2\sigma_n^2}\right] \tag{4.5.2}$$

由 4.5.1 小节可知，单极性基带系统中接收滤波器的输出信号 $x(t)$ 为

$$x(t) = \begin{cases} A + n_R(t)，发送 "1" 时 \\ n_R(t)，\qquad 发送"0"时 \end{cases} \tag{4.5.3}$$

$x(t)$ 在抽样时刻 kT_s 的抽样取值为

$$x(kT_s) = \begin{cases} A + n_R(kT_s)，发送 "1" 时 \\ n_R(kT_s)，\qquad 发送"0"时 \end{cases} \tag{4.5.4}$$

根据式（4.5.2）可知发送 "1" 和 "0" 时，取样值的一维概率密度函数服从高斯分布，其分别为

$$f_1(x) = \frac{1}{\sqrt{2\pi}\sigma_n}\exp\left[-\frac{(x-A)^2}{2\sigma_n^2}\right] \tag{4.5.5}$$

$$f_0(x) = \frac{1}{\sqrt{2\pi}\sigma_n}\exp\left[-\frac{x^2}{2\sigma_n^2}\right] \tag{4.5.6}$$

发送 "1" 和 "0" 的概率分布曲线如图 4-21 所示。

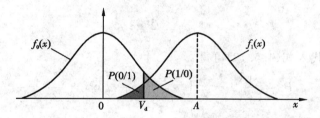

图 4-21　$x(t)$ 的概率密度分布曲线

在单极性数字基带系统的电平值 $+A$ 和 0 之间选择一个判决门限 V_d，则判别规则为

$$\begin{cases} x(kT_s) > V_d，收端判为 "1" \\ x(kT_s) < V_d，收端判为 "0" \end{cases} \tag{4.5.7}$$

根据判决规则出现的各种情况如下：

$$对于 "1" 码 \begin{cases} x(kT_s) > V_d，判为 "1"（正确） \\ x(kT_s) < V_d，判为 "0"（错误） \end{cases}$$

$$对于 "0" 码 \begin{cases} x(kT_s) < V_d，判为 "0"（正确） \\ x(kT_s) > V_d，判为 "1"（错误） \end{cases} \tag{4.5.8}$$

由式（4.5.8）和图 4-21 可知，在二进制基带信号传输过程中，噪声引起的误码有两种差错形式：发送 "1" 码被判为 "0" 码和发送 "0" 码被判为 "1" 码。下面分别计算这两种差错概率。

1. 发送 "1" 码被判为 "0" 码

由图 4-21 可知，发送 "1" 码被判为 "0" 码的概率 $P(0/1)$ 位于图 4-21 中左半部分的阴影面积，即

$$P(0/1) = P(x < V_d)$$

$$= \int_{-\infty}^{V_d} f_1(x) \, dx = \int_{-\infty}^{V_d} \frac{1}{\sqrt{2\pi}\sigma_n} \exp\left[-\frac{(x-A)^2}{2\sigma_n^2}\right] dx \tag{4.5.9}$$

2. 发送"0"码被判为"1"码

由图 4 - 21 可知，发送"0"码被判为"1"码的概率 $P(1/0)$ 位于图 4 - 21 中右半部分的阴影面积，即

$$P(1/0) = P(x > V_d) = \int_{V_d}^{\infty} f_0(x) \, dx = \int_{V_d}^{\infty} \frac{1}{\sqrt{2\pi}\sigma_n} \exp\left[-\frac{x^2}{2\sigma_n^2}\right] dx \tag{4.5.10}$$

3. 传输系统总的误码率 P_e

数字基带传输系统总的误码率 P_e 为

$$P_e = P(0)P(1/0) + P(1)P(0/1) \tag{4.5.11}$$

由式 (4.5.9)、式 (4.5.10) 和式 4.5.11 可以得出，基带传输系统总的误码率与判决门限电平 V_d 有关。通过分析可知，当概率 $P(0) = P(1) = 1/2$ 时得到最佳判决门限电平为 $V_d^* = A/2$。在此基础上其总的误码率 P_e 为

$$P_e = \frac{1}{2}\left[1 - \mathrm{erf}\left(\frac{A}{2\sqrt{2}\sigma_n}\right)\right] = \frac{1}{2}\mathrm{erfc}\left(\frac{A}{2\sqrt{2}\sigma_n}\right) \tag{4.5.12}$$

对于单极性基带信号，以矩形脉冲为基础计算其平均功率可得 $s(t) = A^2/2$，噪声功率为 σ_n^2，信噪比为

$$r_{\text{单}} = \frac{A^2/2}{\sigma_n^2} \tag{4.5.13}$$

将式 (4.5.13) 代入式 (4.5.12) 可得

$$P_e = \frac{1}{2}\left[1 - \mathrm{erf}\left(\frac{A}{2\sqrt{2}\sigma_n}\right)\right] = \frac{1}{2}\mathrm{erfc}\left(\frac{\sqrt{r_{\text{单}}}}{2}\right) \tag{4.5.14}$$

4.5.3　二进制双极性数字基带系统的抗噪声性能

对于二进制双极性数字基带系统，数字基带信号用双极性码来表示。假设在进行抽样判别时的电平值为 $+A$（数字基带信号"1"）和 $-A$（数字基带信号"0"），则单极性基带信号可近似表示为

$$s(t) = \begin{cases} A, & \text{发送 "1" 时} \\ -A, & \text{发送 "0" 时} \end{cases} \tag{4.5.15}$$

由式 (4.5.15) 可知，单极性基带系统中接收滤波器的输出信号 $x(t)$ 为

$$x(t) = \begin{cases} A + n_R(t), & \text{发送 "1" 时} \\ -A + n_R(t), & \text{发送 "0" 时} \end{cases} \tag{4.5.16}$$

$x(t)$ 在抽样时刻 kT_s 的抽样取值为

$$x(kT_s) = \begin{cases} A + n_R(kT_s), & \text{发送 "1" 时} \\ -A + n_R(kT_s), & \text{发送 "0" 时} \end{cases} \tag{4.5.17}$$

根据式 (4.5.2) 可知，发送"1"和"0"时，取样值的一维概率密度函数服从高斯分布，其分别为

$$f_1(x) = \frac{1}{\sqrt{2\pi}\sigma_n} \exp\left[-\frac{(x-A)^2}{2\sigma_n^2}\right] \tag{4.5.18}$$

$$f_0(x) = \frac{1}{\sqrt{2\pi}\sigma_n} \exp\left[-\frac{(x+A)^2}{2\sigma_n{}^2}\right] \tag{4.5.19}$$

发送"1"和"0"的概率分布曲线如图 4-22 所示。

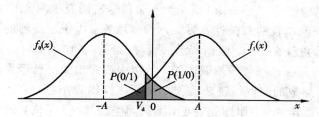

图 4-22　$x(t)$ 的概率密度分布曲线

对于双极性数字基带系统总的误码率 P_e 的求解方法和单极性数字基带系统相同。可以得出当概率 $P(0)=P(1)=1/2$ 时得到最佳判决门限电平为 $V_d^* = 0$。在此基础上其总的误码率 P_e 为

$$P_e = \frac{1}{2}\left[1 - \mathrm{erf}\left(\frac{A}{\sqrt{2}\sigma_n}\right)\right] = \frac{1}{2}\mathrm{erfc}\left(\frac{A}{\sqrt{2}\sigma_n}\right) \tag{4.5.20}$$

对于双极性基带信号,以矩形脉冲为基础计算其平均功率可得 $s(t)=A^2$,噪声功率为 σ_n^2,信噪比为

$$r_{双} = \frac{A^2}{\sigma_n^2} = 2r_{单} \tag{4.5.21}$$

将式(4.5.21)代入式(4.5.20)可得

$$P_e = \frac{1}{2}\mathrm{erfc}\left(\frac{A}{\sqrt{2}\sigma_n}\right) = \frac{1}{2}\mathrm{erfc}\left(\sqrt{\frac{r_{双}}{2}}\right) = \frac{1}{2}\mathrm{erfc}(\sqrt{r_{单}}) \tag{4.5.22}$$

通过比较式(4.5.14)和式(4.5.22)可知,数字基带传输系统的误码率与信噪比 $r=r_{单}$ 有关。信噪比越大,误码率越小;相同信噪比的情况下,单极性信号的误码率比双极性的误码率要高;在等概条件下,单极性信号的最佳判别电平为 $A/2$,双极性信号的最佳判别电平为 0,当信道特性发生变化时,单极性信号的最佳判别电平 $A/2$ 发生变化而导致误码率增大。双极性信号的最佳判别电平 0 不发生变化,故对信道的变化不敏感。因此双极性基带系统比单极性基带系统应用广泛。

4.6　眼图与时域均衡技术

4.6.1　眼图

理论上在信道特性确知的条件下,通过设计系统传输特性可以达到消除码间串扰的目的。但实际上,由于难免存在滤波器的设计误差和信道特性的变化而无法实现理想的传输特性,导致抽样时刻存在码间串扰,系统性能下降。计算这些因素引起的误码率比较困难,得不到一种定量的分析方法。实际应用中通常用一种有效的、简便的实验方法——眼图来定性分析码间串扰和噪声对系统性能的影响。

所谓眼图,是指通过示波器观察接收端的基带信号波形,从而估计和调整系统性能的

一种方法。具体方法是：用一个示波器跨接在抽样判别器的输入端，然后调节示波器水平扫描周期使其与接收码元的周期同步。基带传输系统传输二进制信号时，在示波器上会显示像人眼睛一样的图形，故称为"眼图"。

在不考虑噪声的情况下，图4-23所示为基带信号波形及眼图。图4-23(a)所示为接收滤波器输出的无码间串扰的双极性基带波形及其眼图。由于示波器的余辉作用，扫描所得的每一个码元波形重叠在一起，眼图所示的线迹为细而清晰的大"眼睛"。图4-23(b)所示为有码间串扰的双极性基带波形及眼图。从图中可看出波形已经失真，示波器上的扫描迹线不完全重合，形成的眼图线迹杂乱。"眼睛"张开得较小且眼图不端正。由图4-23可得眼图的"眼睛"张开越大，眼图越端正，则码间串扰越小，反之，码间串扰越大。

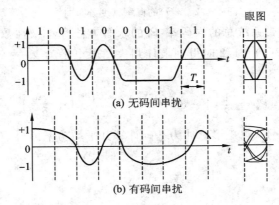

图4-23　基带信号波形及眼图

在考虑噪声时，眼图的线迹变成了比较模糊的带状线，噪声越大，线条越粗，越模糊，"眼睛"张开得越小。不过，从图形上并不能观察到随机噪声的全部形态。比如出现机会少的大幅度噪声在示波器上一晃而过，用人眼是观察不到的。故在示波器上只能大致估计噪声的强弱。为了进一步说明眼图和系统性能之间的关系，通常把眼图简化为一个模型，如图4-24所示。

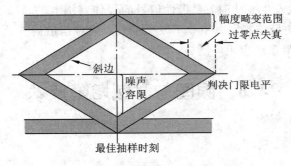

图4-24　眼图模型

由图4-24所示的眼图模型可得：

(1) 最佳抽样时刻是"眼睛"张开最大的时刻。

(2) 眼图斜边的斜率表示抽样定时误差的灵敏度。斜率越大，定时误差越灵敏。

(3) 眼图中央的横轴位置对应为判决门限电平。

(4) 眼图的阴影区的垂直高度表示抽样时刻上信号受噪声干扰的畸变程度。

（5）过零点失真为横轴上的阴影长度，对利用信号零交点的平均位置来提取定时信息的接收系统有很大影响。过零点失真越大，对定时标准的提取越不利。

（6）抽样时刻上、下两阴影区的间隔距离之半为噪声容限，噪声瞬时值超过它就可能发生错误判决。

以上分析的眼图是信号为二进制脉冲时所得到的。若基带信号为 M 进制双极性波形，则可在一个码元周期内观察到纵向显示的 $M-1$ 只眼睛。当接收的是经过码型变换后的 AMI 码或 HDB$_3$ 码时，在眼图中间会出现一根代表连"0"的水平线；若扫描周期为 nT_s，则可以看到并排的 n 只眼睛。

4.6.2 时域均衡

本章 4.4 节中从理论上找到消除码间串扰的方法。但实际实现时，由于难免存在滤波器的设计误差和信道特性的变化，无法实现理想的传输特性，在抽样时刻总会存在一定的码间串扰导致系统性能下降。理论和实践证明，在接收端抽样判决器之前插入一种可调滤波器，能减少码间串扰的影响，甚至使实际系统的性能十分接近最佳系统性能。这种对系统进行校正的过程称为均衡。实现均衡的滤波器称为均衡器。

均衡的种类很多，通常分为频域均衡和时域均衡。频域均衡是指利用可调滤波器的频率特性去补偿基带系统的频率特性，使包括均衡器在内的整个系统的总传输函数满足无失真传输条件。时域均衡则是利用均衡器产生的响应波形去补偿已畸变的波形，使包括均衡器在内的整个系统的冲激响应满足无码间串扰条件。

频域均衡在信道特性不变且传输低速率数据时是适用的。时域均衡可根据信道的变化进行调整，并能够有效地减少码间串扰，故在高速数字传输系统中应用广泛。本节只介绍时域均衡的原理。

在图 4-12 的基带传输系统中得知其总的传输特性为

$$H(\omega)=G_T(\omega)C(\omega)G_R(\omega)$$

在 $H(\omega)$ 不满足无码间串扰条件时就会形成码间串扰。故在接收滤波器 $G_R(\omega)$ 之后插入一个称为横向滤波器的可调滤波器 $T(\omega)$，可得总的传输函数为

$$H'(\omega) = G_T(\omega)C(\omega)G_R(\omega)T(\omega) = H(\omega)T(\omega) \tag{4.6.1}$$

只要设计 $T(\omega)$，使总传输特性 $H'(\omega)$ 满足式(4.4.7)就可以消除码间串扰，即

$$\sum_i H'\left(\omega+\frac{2\pi i}{T_s}\right)= T_s \quad |\omega| \leqslant \frac{\pi}{T_s} \tag{4.6.2}$$

将式(4.6.1)代入式(4.6.2)可得

$$\sum_i H'\left(\omega+\frac{2\pi i}{T_s}\right) = \sum_i H\left(\omega+\frac{2\pi i}{T_s}\right)T\left(\omega+\frac{2\pi i}{T_s}\right)= T_s \quad |\omega| \leqslant \frac{\pi}{T_s} \tag{4.6.3}$$

设 $\sum_i T\left(\omega+\frac{2\pi i}{T_s}\right)= T_s$ 是以 $\frac{2\pi}{T_s}$ 为周期的周期函数，则有

$$T(\omega) = \frac{T_s}{\sum_i H\left(\omega+\frac{2\pi i}{T_s}\right)} = \quad |\omega| \leqslant \frac{\pi}{T_s} \tag{4.6.4}$$

周期为 $2\pi/T_s$ 的周期信号 $T(\omega)$ 表示成傅里叶级数形式为

$$T(\omega) = \sum_{n=-\infty}^{\infty} C_n e^{jnT_s\omega} \tag{4.6.5}$$

式中：

$$C_n = \frac{T_s}{2\pi} \int_{-\pi/T_s}^{+\pi/T_s} T(\omega) e^{jn\omega T_s} d\omega = \frac{T_s}{2\pi} \int_{-\pi/T_s}^{+\pi/T_s} \frac{T_s}{\sum_i H\left(\omega + \frac{2\pi i}{T_s}\right)} e^{jn\omega T_s} d\omega \tag{4.6.6}$$

由式（4.6.6）可知，$T(\omega)$ 的傅里叶系数 C_n 完全由 $H(\omega)$ 决定。将式（4.6.5）进行傅里叶反变换可求出其冲击响应为

$$h_T(t) = \sum_{n=-\infty}^{\infty} C_n \delta(t - nT_s) \tag{4.6.7}$$

根据式（4.6.7）可知 $h_T(t)$ 为图 4-25 所示的单位冲击响应。该图是由无限多的按横向排列的延迟单元 T_s 和抽头加权系数 C_n 组成的，因此称为横向滤波器。它的功能是利用它产生的无限多个响应波形之和，将接收滤波器输出端抽样时刻上有码间串扰的响应波形变换成抽样时刻上无码间串扰的响应波形。

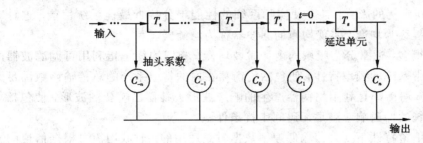

图 4-25　横向滤波器

上述分析表明，借助横向滤波器实现均衡是可能的，且只要用无限长的横向滤波器，就能做到消除码间串扰。然而，使横向滤波器的抽头无限多是不现实的，且不必要的。因为实际信道往往仅是一个码元脉冲波形对邻近的少数几个码元产生串扰，故实际上只要用一二十个抽头的滤波器就可以实现。抽头数太多会给制造和使用都带来困难。实际应用时，是利用示波器观察均衡滤波器输出信号的眼图，通过反复调整各个增益放大器的增益，使眼图的"眼睛"张开到最大为止。

4.7　部分响应系统

4.7.1　部分响应系统的原理

根据奈奎斯特第一准则，满足无码间串扰的基带传输系统有理想低通特性和升余弦滚降特性。理想低通传输特性的频带利用率达到理论的极限值 2 B/Hz，但不能物理实现，且响应波形 $\sin x/x$ 的"尾巴"振荡幅度大，收敛慢，对定时要求严格。升余弦滚降传输特性解决了理想低通特性的问题，但以增加所需频带为代价，频带利用率下降，不利于高速传输。

根据奈奎斯特第二准则，能够找到一种频带利用率既高、"尾巴"衰减又大、收敛又快的传输波形。由该准则得出：人为地、有规律地在码元的抽样时刻引入码间串扰，并在接

收端判决前加以消除，就可达到改善频谱特性，压缩传输带宽，使频带利用率提高到理论最大值，加速传输波形尾巴的衰减和降低对定时精度要求的目的。这种波形通常称为部分响应波形。利用这种波形进行传送的基带传输系统称为部分响应系统。

下面将两个时间上相隔 T_s 的 $\sin x/x$ 波形相加。其图形如图 4 - 26 所示，相加后的波形为

$$g(t) = \frac{\sin\left[\dfrac{\pi}{T_s}\left(t + \dfrac{T_s}{2}\right)\right]}{\dfrac{\pi}{T_s}\left(t + \dfrac{T_s}{2}\right)} + \frac{\sin\left[\dfrac{\pi}{T_s}\left(t - \dfrac{T_s}{2}\right)\right]}{\dfrac{\pi}{T_s}\left(t - \dfrac{T_s}{2}\right)}$$

经简化后为

$$g(t) = \frac{4}{\pi}\left[\frac{\cos(\pi t/T_s)}{1 - (4t^2/T_s{}^2)}\right] \tag{4.7.1}$$

对式(4.7.1)进行傅里叶变换可得 $g(t)$ 信号的频谱函数为

$$G(\omega) = \begin{cases} 2T_s\cos\dfrac{\omega T_s}{2}, & |\omega| \leqslant \dfrac{\pi}{T_s} \\[2mm] 0, & |\omega| > \dfrac{\pi}{T_s} \end{cases} \tag{4.7.2}$$

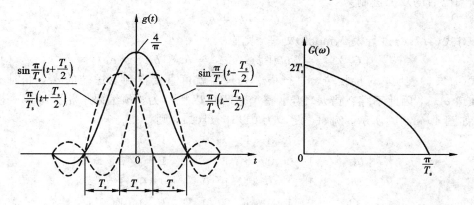

图 4 - 26　$g(t)$ 及其频谱

通过图 4 - 26 可以看出，$g(t)$ 信号的频谱在 $(-\pi/T_s, \pi/T_s)$ 区间内呈余弦滤波特性，其带宽为 $\dfrac{1}{2}T_s$ Hz，频带利用率为 2 B/Hz，达到了理论极限值。$g(t)$ 波形的拖尾按照 t^2 衰减，比 $\sin x/x$ 快了一个数量级。若用 $g(t)$ 作为传输波形（发送间隔为 T_s），在抽样时刻上仅发生前后码元对本码元抽样值的干扰，与其他码元无关。由于这种"串扰"是确定的、可控的，在接收端可以消除。故能够实现按 $1/T_s$ 的传输速率传输数字信号，且不存在码间串扰。

4.7.2　部分响应系统的实现

1. 第 I 类部分响应系统

第 I 类部分响应系统的原理组成框图和实际组成框图分别如图 4 - 27(a)、(b)所示。此实际系统在没有考虑噪声的情况下，主要由预编码器、相关编码器、发送滤波器、信道和接收滤波器共同产生部分响应信号。

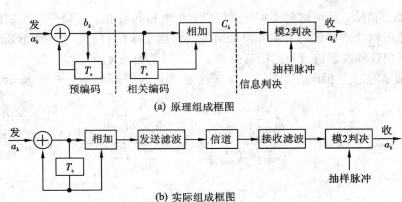

(a) 原理组成框图

(b) 实际组成框图

图 4 - 27　第 Ⅰ 类部分响应系统

为了避免"差错传播"现象，实际应用中在相关编码之前先进行预编码。其主要功能是产生差分码。具体规则为

$$b_k = a_k \oplus b_{k-1} \text{ 或 } a_k = b_k \oplus b_{k-1} \tag{4.7.3}$$

式中，$\oplus$ 表示模 2 加。

预编码后的双二进制为

$$C_k = b_k + b_{k-1} \tag{4.7.4}$$

显然，对式(4.7.4)进行模 2(mod2)处理，则有

$$[C_k]_{\mathrm{mod2}} = [b_k + b_{k-1}]_{\mathrm{mod2}} = b_k \oplus b_{k-1} = a_k \tag{4.7.5}$$

式(4.7.5)表明，对接收端 c_k 进行模 2 处理后就可直接得到发送端的 a_k，此时不需要预先知道 a_{k-1}，因此不存在错误现象。整个过程可以概括为"预编码—相关编码—模 2 判决"，如图 4 - 27(b)所示。例如，设 a_k 为 01110011011，则

a_k	0	1	1	1	0	0	1	1	0	1	1
b_{k-1}	1	0	1	0	1	0	0	1	0	0	1
b_k	1	1	0	1	1	0	1	0	0	1	0
C_k	2	1	1	1	2	0	1	1	0	1	1
$[C_k]_{\mathrm{mod2}}$	0	1	1	1	0	0	1	1	0	1	1

2. 一般部分响应系统

部分响应系统的一般形式可以是 N 个相继间隔 T_s 的 $\sin x/x$ 波形之和，其表达式为

$$g(t) = R_1 \frac{\sin \dfrac{\pi}{T_s} t}{\dfrac{\pi}{T_s} t} + R_2 \frac{\sin \dfrac{\pi}{T_s}(t - T_s)}{\dfrac{\pi}{T_s}(t - T_s)} + \cdots + R_N \frac{\sin \dfrac{\pi}{T_s}[t - (N-1)T_s]}{\dfrac{\pi}{T_s}[t - (N-1)T_s]} \tag{4.7.6}$$

式中，$R_1, R_2, \cdots, R_N$ 是加权系数，其取值为正数、负数和零。当 $R_1 = 1, R_2 = 1$，其余系数为 0 时，就是第 Ⅰ 类部分响应系统。式(4.7.6)所示部分响应波形的频谱函数为

$$G(\omega) = \begin{cases} T_s \displaystyle\sum_{m=1}^{\infty} R_m \mathrm{e}^{-\mathrm{j}\omega(m-1)T_s}, & |\omega| \leqslant \dfrac{\pi}{T_s} \\ 0, & |\omega| > \dfrac{\pi}{T_s} \end{cases} \tag{4.7.7}$$

式(4.7.7)显示 $G(\omega)$ 仅在 $(-\pi/T_s, \pi/T_s)$ 范围内存在。R_m 不同时将有不同类别的部分响应信号，相应地有不同的相关编码方式。相关编码是为了得到预期的部分响应信号频谱所必需的。若设输入数据序列为 a_k，相应的相关编码为 C_k，则有

$$C_k = R_1 a_k + R_2 a_{k-1} + \cdots + R_N a_{k-(N-1)} \tag{4.7.8}$$

表 4-1 列出了常用的五类不同频谱结构的部分响应波形。

表 4-1　常见的部分响应波形

类别	R_1	R_2	R_3	R_4	R_5	$g(t)$	$\lvert G(\omega)\rvert,\ \lvert\omega\rvert\leqslant\dfrac{\pi}{T_s}$	二进制输入时 C_R 的电平数
0	1							2
I	1	1					$2T_s\cos\dfrac{\omega T_s}{2}$	3
II	1	2	1				$4T_s\cos^2\dfrac{\omega T_s}{2}$	5
III	2	1	-1				$2T_s\cos\dfrac{\omega T_s}{2}\sqrt{5-4\cos\omega T_s}$	5
IV	1	0	-1				$2T_s\sin\omega T_s$	3
V	-1	0	2	0	-1		$4T_s\sin^2\omega T_s$	5

从表 4-1 中看出，各类部分响应波形的频谱均不超过理想低通的频带宽度，但它们的频谱结构和对临近码元抽样时刻的串扰不同。目前应用较多的是第 I 类和第 IV 类。第 I 类频谱主要集中在低频段，适于信道频带高频严重受限的场合。第 IV 类无直流分量，且低频分量小，便于边带滤波，实现单边带调制，因而在实际应用中，第 IV 类部分响应用得最为广泛。

此外，以上两类的抽样值电平数比其他类别的少，也是它们得以广泛应用的原因之

一，当输入为 L 进制信号时，经部分响应传输系统得到的第 Ⅰ、Ⅳ 类部分响应信号的电平数为 $(2L-1)$。

4.8　最佳基带传输系统

数字通信系统中存在"最佳接收"问题。最佳接收理论是以接收问题为研究对象，研究从噪声中如何准确地提取有用信号。对于数字通信系统，其传输质量的主要性能指标是差错率。故在数字通信系统中最佳的含义是符合通信误码率最小的准则。在二进制数字通信系统中，最佳接收准则有：似然比准则、最大似然比准则、最大后验概率准则、最小均方误差准则和最大输出信噪比准则。在最大信噪比准则下获得的最佳线性滤波器叫做匹配滤波器(MF)。本节主要讨论匹配滤波器及利用匹配滤波器形成的最佳基带传输系统。

4.8.1　匹配滤波器

最大输出信噪比准则是在接收机输入信噪比相同的情况下，若设计的接收机输出的信噪比最大，则能够有效地判断所传信号，达到最小的误码率。因此，可以在接收端采用一种线性滤波器，使得信号和噪声的叠加信号通过时，有用信号加强而噪声衰减。采样时刻的瞬时功率达到最大。这种线性滤波器就是匹配滤波器。下面介绍匹配滤波器的原理。

设接收滤波器的传输函数为 $H(\omega)$，则滤波器输入信号的合成波为

$$r(t) = s(t) + n(t) \tag{4.8.1}$$

式中：$s(t)$ 为输入数字基带信号，其频谱为 $S(\omega)$；$n(t)$ 为高斯白噪声，其双边功率谱为 $n_0/2$。由于此滤波器为线性，故其输出为

$$y(t) = s_0(t) + n_0(t) \tag{4.8.2}$$

式中，$s_0(t)$ 和 $n_0(t)$ 分别为线性滤波器的输出。

$$s_0(t) = \frac{1}{2\pi}\int_{-\infty}^{\infty} S_0(\omega) e^{j\omega t} \, d\omega = \frac{1}{2\pi}\int_{-\infty}^{\infty} S(\omega) H(\omega) e^{j\omega t} \, d\omega \tag{4.8.3}$$

滤波器输出噪声的功率为

$$N_0 = \frac{1}{2\pi}\int_{-\infty}^{\infty} P_{n_0}(\omega) \, d\omega = \frac{1}{2\pi}\int_{-\infty}^{\infty} P_{n_i}(\omega) \, |H(\omega)|^2 \, d\omega$$

$$= \frac{1}{2\pi}\int_{-\infty}^{\infty} \frac{n_0}{2} |H(\omega)|^2 \, d\omega = \frac{n_0}{4\pi}\int_{-\infty}^{\infty} |H(\omega)|^2 \, d\omega \tag{4.8.4}$$

故在采样时刻 t_0，线性滤波器输出的瞬时信噪比为

$$r_0 = \frac{|s_0(t_0)|^2}{N_0} = \frac{\left| \dfrac{1}{2\pi}\displaystyle\int_{-\infty}^{\infty} S(\omega) H(\omega) e^{j\omega t_0} \, d\omega \right|^2}{\dfrac{n_0}{4\pi}\displaystyle\int_{-\infty}^{\infty} |H(\omega)|^2 \, d\omega} \tag{4.8.5}$$

显然，寻求最大 r_0 的线性滤波器，在数学上归结为求式(4.8.5)中 r_0 最大值的 $H(\omega)$。应用数学上的许瓦尔兹不等式来求解。该不等式为

$$\left| \frac{1}{2\pi}\int_{-\infty}^{\infty} X(\omega) Y(\omega) \, d\omega \right|^2 \leqslant \frac{1}{2\pi}\int_{-\infty}^{\infty} |X(\omega)|^2 \, d\omega \, \frac{1}{2\pi}\int_{-\infty}^{\infty} |Y(\omega)|^2 \, d\omega \tag{4.8.6}$$

当且仅当 $X(\omega) = KY^*(\omega)$。

将式(4.8.6)应用于式(4.8.5)并令 $X(\omega) = H(\omega)$，$Y(\omega) = S(\omega) e^{j\omega t}$ 可得

$$r_0 \leqslant \frac{\frac{1}{2\pi}\int_{-\infty}^{\infty}|H(\omega)|^2\mathrm{d}\omega\,\frac{1}{2\pi}\int_{-\infty}^{\infty}|S(\omega)|^2\mathrm{d}\omega}{\frac{n_0}{4\pi}\int_{-\infty}^{\infty}|H(\omega)|^2\mathrm{d}\omega} = \frac{\frac{1}{2\pi}\int_{-\infty}^{\infty}|S(\omega)|^2\mathrm{d}\omega}{\frac{n_0}{2}} = \frac{2E}{n_0} \quad (4.8.7)$$

式中，E 为 $s(t)$ 的总能量。式(4.8.7)说明线性滤波器所能给出的最大信噪比为

$$r_{0\max} = \frac{2E}{n_0} \quad (4.8.8)$$

这时有

$$H(\omega) = KS^*(\omega)\mathrm{e}^{-\mathrm{j}\omega t} \quad (4.8.9)$$

式中，$H(\omega)$ 为最佳线性滤波器的传输函数。此滤波器为最佳滤波器。同时可求得其冲激响应函数 $h(t)$ 为

$$\begin{aligned}
h(t) &= \frac{1}{2\pi}\int_{-\infty}^{\infty}H(\omega)\mathrm{e}^{\mathrm{j}\omega t}\mathrm{d}\omega = \frac{1}{2\pi}\int_{-\infty}^{\infty}KS^*(\omega)\mathrm{e}^{\mathrm{j}\omega t}\mathrm{d}\omega \\
&= \frac{K}{2\pi}\int_{-\infty}^{\infty}\int_{-\infty}^{\infty}s(\tau)\mathrm{e}^{-\mathrm{j}\omega\tau}\mathrm{d}\tau^*\,\mathrm{e}^{-\mathrm{j}\omega(t_0-t)}\mathrm{d}\omega \\
&= K\int_{-\infty}^{\infty}\left[\left(\frac{1}{2\pi}\right)\int_{-\infty}^{\infty}\mathrm{e}^{\mathrm{j}\omega(\tau-t_0+t)}\mathrm{d}\omega\right]s(\tau)\mathrm{d}\tau \\
&= K\int_{-\infty}^{\infty}s(\tau)\delta(\tau-t_0+t)\mathrm{d}\tau \\
&= Ks(t_0-t) \quad (4.8.10)
\end{aligned}$$

由式(4.8.10)可见，匹配滤波器的冲激响应 $h(t)$ 是信号 $s(t)$ 的镜像 $s(-t)$ 在时间轴上再向右移 t_0。要想使滤波器可以物理实现，就必需满足 $h(t)=0$，$t<0$，即 $s(t-t_0)=0$，$t<0$ 或 $s(t)=0$，$t>t_0$。说明物理可实现的匹配滤波器的输入信号 $s(t)$ 在采样时刻之后必须消失为零。一般总是希望 t_0 尽量小些，通常选择 $t_0=T$，故匹配滤波器的冲激响应可以表示为

$$h(t) = Ks(T-t) \quad (4.8.11)$$

这时匹配滤波器的输出信号波形为

$$\begin{aligned}
s_0(t) &= K\int_{-\infty}^{\infty}s(t-\tau)h(\tau)\mathrm{d}\tau \\
&= \int_{-\infty}^{\infty}s(t-\tau)Ks(T-\tau)\mathrm{d}\tau \\
&= K\int_{-\infty}^{\infty}s(-\tau')s(t-T-\tau')\mathrm{d}\tau \\
&= KR(t-T) \quad (4.8.12)
\end{aligned}$$

式(4.8.12)表明，匹配滤波器输出信号波形是输入信号的自相关函数的 K 倍。故常把匹配滤波器看做一个相关器。对于常数 K，实际中可以任意选取。在分析问题时可令 $K=1$，并取 $t=T$，可得输出信号的最大值为

$$s_0(t) = R(0) = \int_{-\infty}^{\infty}s(t)^2\mathrm{d}t = E \quad (4.8.13)$$

由式(4.8.13)可得匹配滤波器输出信号分量的最大值仅与输入信号的能量有关，而与信号的波形无关。信噪比 r_0 也是在 $t_0=T$ 时刻最大。

【例 4.5】　设接收信号码元 $s(t)$ 的表达式为

$$s(t) = \begin{cases} 1, & 0 \leqslant t \leqslant T \\ 0, & \text{其他} \end{cases}$$

试求其匹配滤波器的特性和输出信号码元的波形。

解 接收信号码元为一个矩形脉冲，如图 4-28(a) 所示。其频谱为

$$S(\omega) = \int_{-\infty}^{\infty} s(t) e^{-j\omega t} dt = \frac{1}{j\omega}(1 - e^{-j\omega T})$$

令 $K=1$ 可得匹配滤波器的传输函数和冲激函数为

$$H(\omega) = KS^*(\omega) e^{-j\omega t_0} = \frac{1}{j\omega}(e^{j\omega T} - 1) e^{-j\omega t_0}$$

$$h(t) = s(t_0 - t)$$

当取 $t_0 = T$ 可得匹配滤波器的传输函数和冲激函数为

$$H(\omega) = \frac{1}{j\omega}(1 - e^{-j\omega T})$$

$$h(t) = s(T - t)$$

$h(t)$ 和输出信号 $s_0(t)$ 的波形图如图 4-28(b)、(c) 所示，从图中可以看出，当 $t = T$ 时，匹配滤波器输出幅值最大，在此刻进行抽样判决可得到最大的输出信噪比。

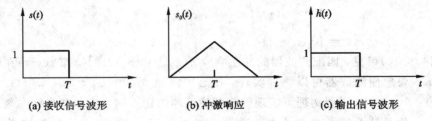

(a) 接收信号波形　　　　　(b) 冲激响应　　　　　(c) 输出信号波形

图 4-28　匹配滤波器波形

4.8.2　二元系统最佳接收系统的性能

匹配滤波器可针对输入信号波形而设计。对于二元数字通信系统，在每个码元周期内有两个不同的波形，分别为 $s_1(t)$ 和 $s_2(t)$。图 4-29 所示为二元系统匹配滤波器接收机框图。

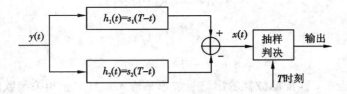

图 4-29　二元系统匹配滤波器接收机

对于高斯白噪声信道，接收机的输入 $y(t)$ 为

$$y(t) = s(t) + n(t) = \begin{cases} s_1(t) + n(t) \\ s_2(t) + n(t) \end{cases}, 0 < t < T \tag{4.8.14}$$

对于输入信号 $s(t)$ 的匹配滤波器在 T 时刻的输出 $s_0(T)$ 为

$$s_0(t) = \begin{cases} s_{01}(T) = \displaystyle\int_0^T s_1(t)[s_1(t) - s_2(t)]\mathrm{d}t = E_1 - \rho_{12}\sqrt{E_1 E_2} \\ s_{02}(T) = \displaystyle\int_0^T s_2(t)[s_1(t) - s_2(t)]\mathrm{d}t = \rho_{12}\sqrt{E_1 E_2} - E_2 \end{cases} \tag{4.8.15}$$

式中：E_1 为 $s_1(t)$ 的能量；E_2 为 $s_2(t)$ 的能量；$\rho_{12} = \dfrac{\displaystyle\int_0^T s_1(t)s_2(t)\mathrm{d}t}{\sqrt{E_1 E_2}} = \dfrac{E_{12}}{\sqrt{E_1 E_2}}$，为波形 $s_1(t)$ 和 $s_2(t)$ 的相关系数。$|\rho_{12}| \leqslant 1$ 可称为归一化能量。

若令 $E_1 = E_2 = E$，则有

$$s_0(t) = \begin{cases} s_{01}(T) = E_1 - \rho_{12}\sqrt{E_1 E_2} = (1 - \rho_{12})E \\ s_{02}(T) = \rho_{12}\sqrt{E_1 E_2} - E_2 = (\rho_{12} - 1)E \end{cases} \tag{4.8.16}$$

输入高斯白噪声 $n(t)$（均值为 0，双边功率谱密度为 $n_0/2$），减法器输出端的输出噪声为

$$n_0(t) = \int_0^T n(t)[s_1(t) - s_2(t)]\mathrm{d}t \tag{4.8.17}$$

平均噪声功率为

$$\begin{aligned} \sigma_0{}^2 &= E[n_0(T)] \\ &= E\left\{\int_0^T n(t)[s_1(t) - s_2(t)]\mathrm{d}t \int_0^T n(u)[s_1(u) - s_2(u)]\mathrm{d}u\right\} \\ &= \frac{n_0}{2}(E_1 + E_2 - 2\rho_{12}\sqrt{E_1 E_2}) = n_0 E(1 - \rho_{12}) \end{aligned} \tag{4.8.18}$$

在抽样判决器处，$x(T)$ 的值和相应的分布情况为

$$x(T) = \begin{cases} s_{01}(T) + n_0(T)，分布为 N(E(1 - \rho_{12}), \sigma_0{}^2) \\ s_{02}(T) + n_0(T)，分布为 N(E(\rho_{12} - 1), \sigma_0{}^2) \end{cases} \tag{4.8.19}$$

在 $P(s_1) = P(s_2)$ 时得到最佳判决门限为 $E_1 - E_2/2$ 或 0。根据基带系统的分析思路可得误码率为

$$P_e = \frac{1}{2}\mathrm{erfc}\left(\sqrt{\frac{E_1 + E_2 - 2\rho_{12}\sqrt{E_1 E_2}}{4n_0}}\right) = \frac{1}{2}\mathrm{erfc}\left(\sqrt{\frac{E(1 - \rho_{12})}{2n_0}}\right) \tag{4.8.20}$$

最佳接收系统的性能由 n_0、ρ_{12} 和信号的能量 E 决定。

若数字基带传输系统中采用单极性不归零码，则 $s_1(t) = A \times \mathrm{rect}[(t - 0.5T)/T]$、$s_2(t) = 0$、$E_1 = A^2 T$、$E_2 = 0$、$\rho_{12} = 0$，两个不同的波形等概时最佳判决门限为 $E_1/2$，代入式 (4.8.20) 得

$$P_e = \frac{1}{2}\mathrm{erfc}\left(\sqrt{\frac{E_1}{4n_0}}\right) \tag{4.8.21}$$

若数字基带传输系统中采用双极性不归零码，则 $s_1(t) = A \times \mathrm{rect}[(t - 0.5T)/T]$、$s_1(t) = -s_2(t)$、$E_1 = A^2 T$、$E_2 = -E_1 = E$、$\rho_{12} = -1$，两个不同的波形等概时最佳判决门限为 0，代入式 (4.8.20) 得

$$P_e = \frac{1}{2}\mathrm{erfc}\left(\sqrt{\frac{E}{n_0}}\right) \tag{4.8.22}$$

若数字基带传输系统中采用一般的正交码，则 $s_1(t) = A \times \mathrm{rect}[(t - 0.25T)/0.5T]$，

$s_2(t) = A \times \text{rect}[(t-0.75T)/0.5T]$，$s_1(t)$ 和 $s_2(t)$ 正交，$E_1 = E_2 = E$，$\rho_{12} = 0$。两个不同的波形等概时最佳判决门限为 0，代入式(4.8.20)得

$$P_e = \frac{1}{2}\text{erfc}\left(\sqrt{\frac{E}{2n_0}}\right) \tag{4.8.23}$$

由此可知最佳接收的性能由信道性能和样本能量决定。在功率受限信道传输时，延长码的持续时间(降低码速或改进多进制方案)是提高系统性能的有效途径。

4.9 眼图的 MATLAB 仿真

在码间干扰和噪声同时存在的情况下，系统性能的定量分析得到一个近似的结果是非常繁杂的。实际应用中需要用简便的实验手段来评价系统的性能，较常用的一种方法就是眼图。它是通过用示波器观察接收端的基带信号波形，从而估计和调整系统性能的一种方法。因为在传输二进制信号波形时，示波器显示的图形像人的眼睛，故称为"眼图"。下面分析用 MATLAB 软件对眼图的仿真。

假如基带传输系统是系统响应为 $\alpha = 1$ 的升余弦滚降系统，利用 MATLAB 画出其接收端的基带数字信号波形及基带信号眼图程序的流程图，如图 4-30 所示。

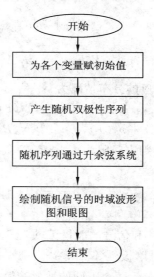

图 4-30 升余弦滚降系统眼图程序流程图

源程序如下：

```
fd=1;
fs=5;
alpha=1;
N=1000;
delay=3;
b=sign(randn(1, N));
y=rcosflt(b, fd, fs, 'fir', alpha, delay);
subplot(211); stem(b, '.'); axis([0 50 -1.5 1.5]); grid on; title('随机双极性信号');
subplot(212); plot(y); axis([0 250 -1.5 1.5]); grid on; title('升余弦信号时域波形图');
```

eyediagram(y, 30, 3)；grid on；

运行程序可得到如图 4 - 31 所示的图形。

图 4 - 31 所示的接收端接收到的数字信号的眼图为无噪的情况。若加入高斯白噪声，信噪比为 15。其流程如图 4 - 32 所示。

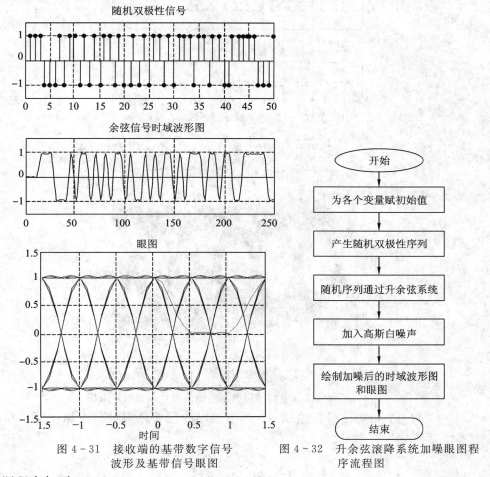

图 4 - 31　接收端的基带数字信号　　　图 4 - 32　升余弦滚降系统加噪眼图程
　　　　　　波形及基带信号眼图　　　　　　　　　序流程图

源程序如下：

```
fd＝1；%输入采样频率
fs＝5；%输出的采样频率
alpha＝1；%滚降系数
snr＝15；%信噪比
delay＝2；
b＝sign(randn(1, 1000))；
y＝rcosflt(b, fd, fs, 'fir', alpha, delay)；%随机序列经过升余弦系统
y1＝awgn(y, snr)；%在信号 y 中加入高斯噪声
subplot(211)；plot(y)；axis([0 250 -2 2])；grid on；title('升余弦信号')；
subplot(212)；plot(y1)；axis([0 250 -2 2])；grid on；title('混入噪声的升余弦信号')；
eyediagram(y1, 30, 4)；grid on；
```

运行程序可得到如图 4 - 33 所示的图形。

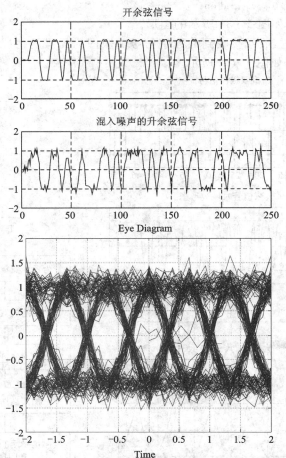

图 4 - 33　加噪后接收端的基带数字信号波形及基带信号眼图

由图 4 - 33 可见，影响信号传输质量、产生误码的主要原因是信道加性噪声和码间串扰。

本 章 小 结

本章主要讨论数字基带传输系统。针对数字基带传输系统中的两个重要问题——码型和波形，介绍了常见的传输码型，分析了数字基带信号波形的选择及其功率谱密度。针对码间串扰问题介绍了奈奎斯特第一准则及改善码间串扰的方法。最后介绍了最佳接收技术和二元系统的最佳接收系统的性能。

数字基带传输系统中的数字基带信号要在信道中传输，必须满足：① 数字基带信号的码型必须适合传输；② 表示数字基带信号的波形适合信道传输。故数字信号在发送前要经过一些变换，使信号与信道之间相匹配。

数字基带信号的码型很多，如单极性不归零码、单极性归零码、双极性不归零码、双极性归零码、差分码等。但适合信号的码型不多。在实际中要根据具体情况进行选择。常见的传输码型有 AMI 码、HDB$_3$ 码、双相码、CMI 码等。适合信道传输的波形一般为变化比较平滑的脉冲波形(如升余弦波形)。

　　研究数字基带信号功率谱的意义在于，通过功率谱可以确定信号的带宽，还可以明确是否能够提取抽样判别时用到的定时脉冲及如何提取的问题。

　　在数字基带传输系统中造成误判的主要原因是码间串扰和噪声。故如何消除码间串扰和减少信道噪声对误码率的影响是数字基带传输系统中重要的问题。奈奎斯特第一准则为消除码间串扰提供了理论依据。理想的低通滤波器可以达到频带利用率最高的无码间串扰，但不能实现。故实际中用余弦滚降特性来实现。其响应波形的尾巴衰减快，有利于减少码间串扰和定位误差造成的影响，但占用带宽最大，导致频带利用率下降。

　　衡量数字通信系统的可靠性指标是误码率。在无码间串扰的情况下，通过分析单极性码和双极性码的误码率，得出误码率和信噪比有关。信噪比大，误码率小，反之，误码率大。要想减少误码率就必须提高信噪比。在接收机输入信噪比相同的情况下，设计使得接收机输出信噪比最大是最大信噪比输出准则。在这一准则下得到的线性滤波器为匹配滤波器。

　　现实的数字基带传输系统其性能不是理想的。为了分析噪声和码间串扰对系统的影响，通常将示波器加在接收端观察信号的波形，这是眼图分析法。同时为了改进数字基带传输系统的性能，通常使用部分响应系统和均衡技术。部分响应系统通过有控制地引入码间串扰，可以提高频带利用率，使波形尾巴振荡衰减加快。均衡技术的原理是直接校正接收波形达到减少码间串扰的目的。实用的滤波器是通过横向滤波器实现的。

思　考　题

1. 什么是基带传输？什么是频带传输？两者之间的区别是什么？
2. 数字基带传输系统的结构及各部分的功能有哪些？
3. 数字基带信号的传输码型有哪些？它们各具有什么特点？
4. 数字基带信号的功率谱由几部分组成？信号的带宽和判别时的抽样脉冲是通过什么来确定的？
5. 什么是码间串扰？其产生的原因是什么？对数字基带系统有什么影响？
6. 消除码间串扰的理论依据是什么？奈奎斯特速率和奈奎斯特频带利用率是多少？
7. 为了改善码间串扰对系统的影响，实际中有哪些技术？
8. 数字基带传输系统中单极性码和双极性码传输时的误码率怎样确定？
9. 什么是眼图分析法？通过眼图可以分析什么？
10. 什么是部分响应系统？什么是均衡技术？
11. 什么是匹配滤波器？其系统函数在时域和频域满足怎样的关系？
12. 什么是最佳传输系统？

习　　题

　　4.1　设二进制符号序列为 110010001110，试以矩形脉冲为例，分别画出相应的单极性码波形、双极性码波形、单极性归零码波形、双极性归零码波形、二进制差分码波形。

4.2 已知信息代码为 100000000011，求相应的 AMI 码、HDB$_3$ 码和双相码。

4.3 已知消息代码为 1010000011000011，试确定相应的 AMI 码及 HDB$_3$ 码，并分别画出它们的波形图。

4.4 设随机二进制序列中的 0 和 1 分别由 $g(t)$ 和 $-g(t)$ 组成，其出现概率分别为 P 和 $1-P$。

(1) 求其功率谱密度及功率；

(2) 若 $g(t)$ 为题 4.4 图(a)所示的波形，T_s 为码元宽度，则该序列是否存在离散分量 $f=1/T_s$？

(3) 若 $g(t)$ 为题 4.4 图(b)所示的波形，则该序列是否存在离散分量 $f=1/T_s$？

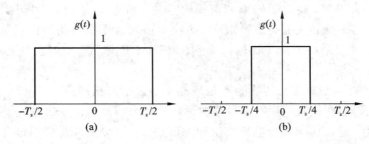

题 4.4 图

4.5 设基带传输系统的发送滤波器、信道及接收滤波器组成的总特性为 $H(\omega)$，若要求以 $2/T_s$ 波特的滤波进行数据传输，试检验题 4.5 图中各种 $H(\omega)$ 是否满足消除抽样点码间干扰的条件？

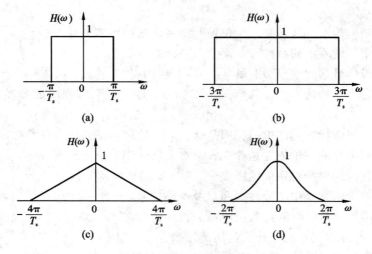

题 4.5 图

4.6 设基带系统的频率特性是截至频率为 200 kHz 的理想低通滤波器。

(1) 用奈奎斯特准则分析当码元速率为 600 kB 时，此系统是否有码间串扰？

(2) 当信息速率为 800 kbit/s 时，此系统是否能实现码间串扰？

4.7 已知码元速率为 64 kBaud，若采用 $\alpha=0.4$ 的升余弦滚降频谱信号。

(1) 试求信号的时域表达式；

(2) 画出频谱图；

（3）求传输带宽；

（4）求频带利用率。

4.8 设某个基带传输的传输特性 $H(\omega)$ 如题 4.8 图所示，其中 α 为某个常数（$0 \leqslant \alpha \leqslant 1$）。

（1）试检验该系统能否实现无码间干扰的传输？

（2）试求该系统的最大码元传输速率为多少？这时的系统频带利用率为多大？

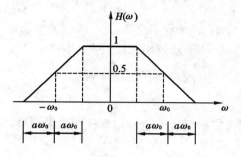

题 4.8 图

4.9 某基带传输系统接收滤波器输出信号的基带脉冲为题 4.9 图所示的三角形脉冲。

（1）求该基带传输系统的传输函数 $H(\omega)$；

（2）假设信道的传输函数 $C(\omega)=1$，发送滤波器和接收滤波器具有相同的传输函数，即 $G_T(\omega)=G_R(\omega)$，求 $G_T(\omega)$ 和 $G_R(\omega)$ 的表达式。

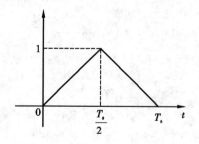

题 4.9 图

4.10 设一相关编码系统如题 4.10 图所示。图中，理想低通滤波器的截至频率为 $1/2\,T_s$，通带增益为 T_s。试求该系统的单位冲激响应和频率特性。

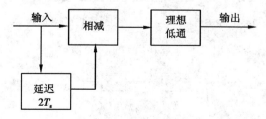

题 4.10 图

4.11 设二进制基带系统的分析模型如图 4 - 12 所示，现已知

$$H(\omega)=\begin{cases} \tau_0(1+\cos\omega\tau_0), & |\omega| \leqslant \dfrac{\pi}{\tau_0} \\ 0, & \text{其他 } \omega \end{cases}$$

试确定该系统最高的码元传输速率 R_B 及相应码元间隔 T_s。

4.12　若二进制基带系统如图 4 − 12 所示，并设 $C(\omega)=1$，$G_T(\omega)=G_R(\omega)=\sqrt{H(\omega)}$。现已知

$$H(\omega)=\begin{cases} \tau_0(1+\cos\omega\tau_0), & |\omega|\leqslant\dfrac{\pi}{\tau_0} \\ 0, & \text{其他}\ \omega \end{cases}$$

(1) 若 $n(t)$ 的双边功率谱密度为 $n_0/2$（W/Hz），试确定 $G_R(\omega)$ 的输出噪声功率；

(2) 若在取样时刻 KT_s（K 为任意正整数）上，接收滤波器的输出信号以相同概率取 0、A 电平，而输出噪声取值 V 服从下述概率密度分布的随机变量：

$$f(V)=\frac{1}{2\lambda}\mathrm{e}^{-\frac{|V|}{\lambda}},\ \lambda>0$$

试求系统最小误码率 P_e。

4.13　某二进制数字基带系统所传送的是单极性基带信号，且数字信息"0"和"1"的出现概率相等。

(1) 若数字信息为"1"时，接收滤波器输出信号在抽样判决时刻的值为 $A=1$（V），且接收滤波器输出噪声是均值为 0、均方根值为 0.2（V）的高斯噪声，试求这时的误码率 P_e；

(2) 若要求误码率 P_e 不大于 10^{-5}，试确定 A 至少应该是多少？

4.14　某随机二进制序列，符号"1"对应的基带波形为升余弦波形，持续时间为 T_s，符号"0"对应的基带波形恰好与"1"的波形的极性相反。当示波器扫描周期分别为 T_s 和 $2T_s$ 时，试画出眼图，并分别标出最佳判决时刻、判决门限电平及噪声容限值。

4.15　设 $\{a_k\}=(101110011110100001)$，进行预编码—相关电平编码。请给出 $b_k=a_k\oplus b_{k-1}$ 的序列和 $c_k=b_k\oplus b_{k-1}$ 的序列 $\{c_k\}$。

4.16　在双边功率谱密度为 $n_0/2$（W/Hz）的加性高斯白噪声干扰下，有以下信号：

$$s(t)=\begin{cases} t/T, & 0\leqslant t\leqslant T \\ 0, & \text{其他} \end{cases}$$

(1) 写出匹配滤波器的冲击响应 $h(t)$，并绘制图形。

(2) 求 $s(t)$ 经过匹配滤波器的输出信号 $y(t)$，并绘制图形。

(3) 求最大输出信噪比。

4.17　设有一个三抽头的时域均衡器，如题 4.17 所示。$x(t)$ 在各抽样点的值依次为 $x_{-2}=\dfrac{1}{8}$，$x_{-1}=\dfrac{1}{3}$，$x_0=1$，$x_{+1}=\dfrac{1}{4}$，$x_{+2}=\dfrac{1}{16}$（在其他抽样点均为零）。试求输入波形 $x(t)$ 峰值的畸变值及时域均衡器输出波形 $y(t)$ 峰值的畸变值。

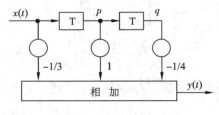

题 4.17 图

第5章 数字频带传输系统

第4章详细介绍了数字信号的基带传输系统。实际中大多数的信道不具有低通特性（带通特性），不能直接用来传输数字基带信号。一般将数字基带信号经过调制搬移到高频范围与信道的特性相匹配后再进行传输。既可以提高系统的传输容量又可以起到抗干扰的作用。所以数字通信系统都倾向于用频带传输。

数字调制和模拟调制的基本原理相同。数字调制是用数字信号去影响高频载波的一些参量来实现的。由于数字信号的离散性，使得高频载波的参量也具有离散的状态。在接收端只需要对高频载波的这些离散状态进行检测就可恢复出原始的数字基带信号。数字调制可通过开关键控制载波，这种方法称为键控法。根据已调信号参数改变类型的不同，数字键控分为幅移键控（ASK）、频移键控（FSK）和相移键控（PSK）。

数字基带信号有二进制和多进制之分。因此数字调制又可分为二进制调制和多进制调制两种。在二进制系统中信号的取值只有两种可能，多进制系统中信号的取值有多种可能。本章主要介绍二进制数字调制系统的原理及其抗噪声性能，简要介绍多进制调制原理及现代改进的一些调制技术。

5.1 二进制数字调制

调制信号为二进制数字信号的调制方式称为二进制数字调制。在二进制数字调制中，载波的幅度、频率和相位的变化只有两种可能的状态。二进制调制有二进制幅移键控（2ASK）、二进制频移键控（2FSK）和二进制相移键控（2PSK 和 2DPSK）。

5.1.1 二进制幅移键控

1. 2ASK 的基本原理

2ASK 是用二进制数字基带信号"0"和"1"去控制载波的幅度，其载波的频率和相位保持不变。即用数字基带信号控制载波的通断，故称为通-断键控（On-Off Keying，OOK）。设载波为 $C(t) = \cos\omega_c t$，发送端发送的二进制数据为单极性不归零码。发送数字信号"0"和"1"的概率分别为 P 和 $1-P$，且相互独立，则此二进制可表示为

$$s(t) = \sum_n a_n g(t - nT_s)$$

$$a_n = \begin{cases} 0, & \text{出现概率为 } P \\ 1, & \text{出现概率为 } 1-P \end{cases} \tag{5.1.1}$$

式中：T_s 为二进制码元的时间间隔；$g(t)$ 为调制信号的脉冲表达式，这里用宽度为 T_s、幅值为 1 的矩形脉冲表示，即

$$g(t) = \begin{cases} 1, & 0 \leqslant t \leqslant T_s \\ 0, & \text{其他} \end{cases} \tag{5.1.2}$$

由定义可得 2ASK 的调制信号表达式为

$$S_{2ASK}(t) = s(t)\cos\omega_c t = \left[\sum_n a_n g(t - nT_s)\right]\cos\omega_c t$$

$$= \begin{cases} 0, & \text{出现概率为 } P \\ \cos\omega_c t, & \text{出现概率为 } 1 - P \end{cases} \tag{5.1.3}$$

图 5-1 所示为一个数字基带信号 1011001 的 2ASK 调制波形图，其中载波频率为 $f_c = 2000$ Hz，码元速率为 $R_B = 1000$ B。

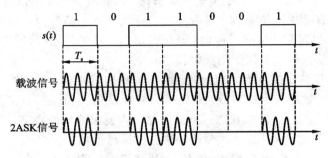

图 5-1 2ASK 信号调制波形图

2. 2ASK 的产生及解调

2ASK 信号的产生有两种方法，一种是二进制数字序列直接与载波相乘的模拟调制法（如图 5-2(a)所示）；另一种是键控法（如图 5-2(b)所示）。

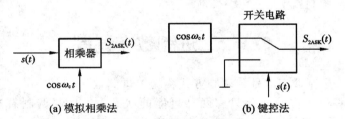

(a) 模拟相乘法　　　　　　　　　　**(b) 键控法**

图 5-2 2ASK 信号的产生方法

2ASK 信号的解调分为相干解调和非相干解调两种。其实现原理图如图 5-3 所示。

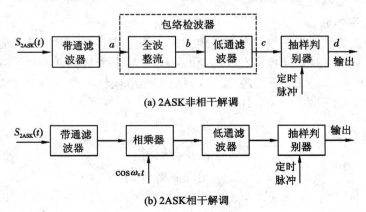

(a) 2ASK非相干解调

(b) 2ASK相干解调

图 5-3 2ASK 解调的实现原理图

图 5-3 中，数字信号为单极性，抽样判别器的最佳判别门限为 $a/2$，当抽样值大于门限值

时判为"1"，抽样值小于门限值时判为"0"。2ASK 非相干解调中各点的波形图如图 5-4 所示。

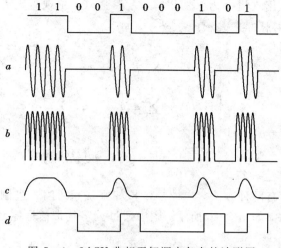

图 5-4　2ASK 非相干解调中各点的波形图

5.1.2　二进制频移键控

1. 2FSK 信号的基本原理

2FSK 是用二进制数字基带信号"0"和"1"去控制载波的频率，其载波的幅值和相位保持不变。二进制数字基带信号"0"和"1"分别对应载波的频率"f_1"和"f_2"，而且频率"f_1"和"f_2"之间的变化是瞬间完成的。通过分析可以看出，2FSK 调制可以看成两个 2ASK 调制信号的叠加。2FSK 信号的时间波形图如图 5-5 所示。其时域表达式为

$$S_{2FSK}(t) = \left[\sum_n a_n g(t - nT_s) \right] \cos\omega_1 t + \left[\sum_n \overline{a_n} g(t - nT_s) \right] \cos\omega_2 t \qquad (5.1.4)$$

式中：$\overline{a_n}$ 是 a_n 的反码，且有

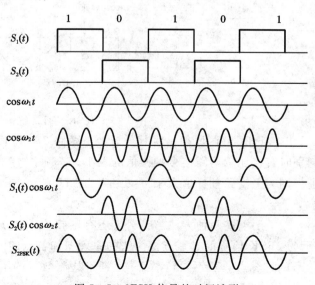

图 5-5　2FSK 信号的时间波形

$$a_n = \begin{cases} 0, \text{出现概率为} P \\ 1, \text{出现概率为} 1-P \end{cases} ; \quad \overline{a_n} = \begin{cases} 1, \text{出现概率为} P \\ 0, \text{出现概率为} 1-P \end{cases} \quad (5.1.5)$$

$g(t)$ 用宽度为 T_s 的矩形脉冲来表示。

设

$$\begin{cases} S_1(t) = \sum_n a_n g(t-nT_s) \\ S_2(t) = \sum_n \overline{a_n} g(t-nT_s) \end{cases} \quad (5.1.6)$$

则 2FSK 信号又可表示为

$$S_{2FSK}(t) = s_1(t)\cos\omega_1 t + s_2(t)\cos\omega_2 t \quad (5.1.7)$$

2. 2FSK 信号的产生与解调

2FSK 信号的产生有两种方法，一种是模拟相乘法，利用二进制基带信号对载波进行调频，另一种是键控法，如图 5-6 所示。图中通过数字基带信号控制开关的倒向来达到调制的目的。

2FSK 信号的解调分为相干解调和非相干解调，如图 5-7 所示。

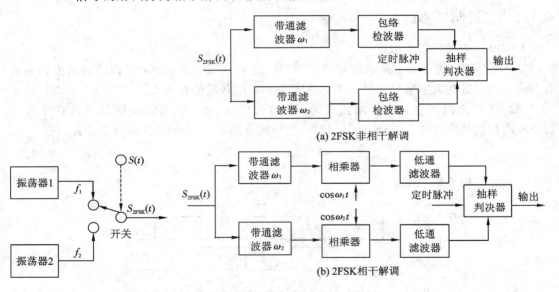

(a) 2FSK非相干解调

(b) 2FSK相干解调

图 5-6　2FSK 信号的产生　　　　　图 5-7　2FSK 信号的解调

由图 5-7 可以看出，2FSK 解调原理是将其分成上下两路 2ASK 信号分别解调，然后进行判决。在抽样判别时直接比较两路信号抽样值的大小。若频率"f_1"和"f_2"分别表示"0"和"1"，则判别规则为上支路抽样值大于下支路判为"1"，反之则判为"0"，且要求"f_1"和"f_2"满足 $|f_1 - f_2| > 2f_s$。

对于 2FSK 信号，除了用上述两种方法解调外，还有鉴频法、差分检测法和过零点检测法等。图 5-8 所示为 2FSK 信号的过零点检测法的原理图和各点的波形图。过零点检测的原理基于 2FSK 信号的过零点数随不同频率而异，通过检测数目的不同从而区分两个不同频率的数据码元。在图 5-8(a)中，2FSK 信号经过限幅、微分、整流后形成与频率变化相对应的尖脉冲序列，这些尖脉冲的密集程度反映了信号的频率高低，然后经过低通滤波器滤除高次谐波，便能恢复出原数字信号对应的数字基带信号。

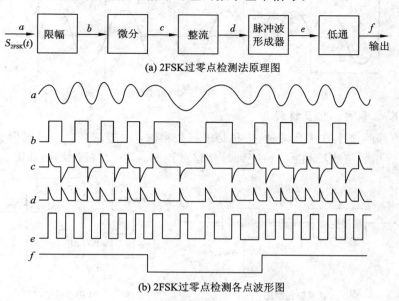

(a) 2FSK过零点检测法原理图

(b) 2FSK过零点检测各点波形图

图 5-8 2FSK 过零点检测法原理图及各点波形图

5.1.3 二进制相移键控

相移键控是利用载波相位的变化来传输数字信息的，通常分为绝对相移键控（2PSK）和相对相移键控（2DPSK）两种方式。

1. 二进制绝对相移键控（2PSK）

1）2PSK 信号的基本原理

2PSK 是用二进制数字基带信号"0"和"1"去控制载波的相位，其载波的幅值和频率保持不变。二进制数字基带信号"0"和"1"分别对应载波的 0 相和 π 相。2PSK 信号时域表达式为

$$S_{2PSK}(t) = s(t)\cos\omega_c t = \Big[\sum_n a_n g(t-nT_s)\Big]\cos\omega_c t$$

$$= \begin{cases} \cos(\omega_c t + 0)，\quad 出现概率为 P \\ \cos(\omega_c t + \pi)，\quad 出现概率为 1-P \end{cases}$$

$$= \begin{cases} \cos\omega_c t，\qquad 出现概率为 P \\ -\cos\omega_c t，\quad 出现概率为 1-P \end{cases} \tag{5.1.8}$$

由式（5.1.8）可知，$s(t)$ 与 a_n 对应的是双极性矩形脉冲序列，即

$$s(t) = \sum_n a_n g(t-nT_s)$$

$$a_n = \begin{cases} 1，\quad 出现概率为 P \\ -1，出现概率为 1-P \end{cases} \tag{5.1.9}$$

2PSK 信号的调制波形如图 5-9 所示。图中数字基带信号"1"对应载波信号的 0 相，所有数字基带信号的"0"对应载波信号的 π 相。且载波的频率和基带信号的频率相等。

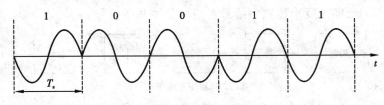

图 5 - 9   2PSK 信号的波形

2）2PSK 信号的产生及解调

2PSK 信号的产生方法有两种：一种是模拟相乘法，二进制数据经过码型变换变换成双极性不归零码然后与载波相乘；另一种是相移键控法。其产生的原理图如图 5 - 10 所示。

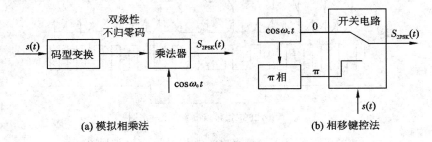

(a) 模拟相乘法   (b) 相移键控法

图 5 - 10   2PSK 信号产生的原理图

2PSK 信号的解调通常采用相干解调法。其相干解调的原理图及各点的波形如图5 - 11 所示。信源信息发送等概情况下，最佳的判决电平为 0，抽样值大于 0 为 1，反之为 0。

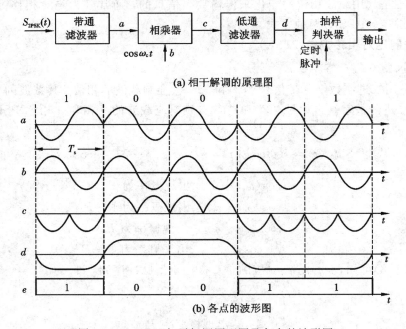

(a) 相干解调的原理图

(b) 各点的波形图

图 5 - 11   2PSK 相干解调原理图及各点的波形图

在 2PSK 信号的相干解调中，相干载波的基准相位与 2PSK 信号的调制载波的基准相位一致。若相乘的载波由 0 相变为 π 相（或由 π 相变为 0 相），则恢复出来的数据信息和原始数据恰恰相反。故在 2PSK 信号的载波恢复过程中存在着 180°的相位模糊（phase ambiguity），称为"倒 π"现象。在实际应用中很少使用 2PSK 调制方式。为了解决上述问题，引入了差分相移键控（DPSK）调制体制。

2. 二进制相对相移键控（2DPSK）

1）2DPSK 信号的基本原理

2DPSK 是为了克服 2PSK 中的相位模糊而提出的。它是利用前后相邻码元的载波相位变化来传递数字信息的，故称为相对相移键控。设 $\Delta\varphi$ 为当前码元与前一码元的载波相位差，可定义为

$$\Delta\varphi = \begin{cases} 0, & \text{表示数字信息 "0"} \\ \pi, & \text{表示数字信息 "1"} \end{cases} \tag{5.1.10}$$

可以将一组二进制数字信息与其对应的 2DPSK 信号的载波相位关系表示如下：

二进制数字信息：　　　1　0　0　1　1　0　1　1　1

2DPSK 信号相位：（0）π　π　π　0　0　π　0　π　0

　　或　　　　　　（π）0　0　0　π　0　0　π　0　π

数字信息与 $\Delta\varphi$ 之间的关系也可以定义为

$$\Delta\varphi = \begin{cases} 0, \text{表示数字信息"1"} \\ \pi, \text{表示数字信息"0"} \end{cases} \tag{5.1.11}$$

从此例可以看出，对于相同的基带数字信息序列，其初始码元的参考相位不同，2DPSK 信号的相位可以不同。其 2DPSK 相位并不直接表示数字基带信号，只有前后码元相对相位的差才唯一决定信息符号。2DPSK 信号的典型波形图如图 5-12 所示。

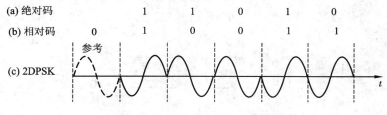

图 5-12　2DPSK 调制波形图

2）2DPSK 信号的产生及解调

2DPSK 信号的产生方法有模拟相乘法和相移键控法两种，如图 5-13 所示。

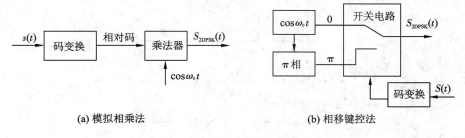

(a) 模拟相乘法　　　　　　　　　　(b) 相移键控法

图 5-13　2DPSK 信号的调制

2DPSK 信号的解调有两种。一种是和 2PSK 信号解调方式一样的相干解调。不同的是在接收端加一个码反变换器，把判别出的相对码变换成绝对码。其相干解调的原理图和各点的波形图如图 5-14 所示。

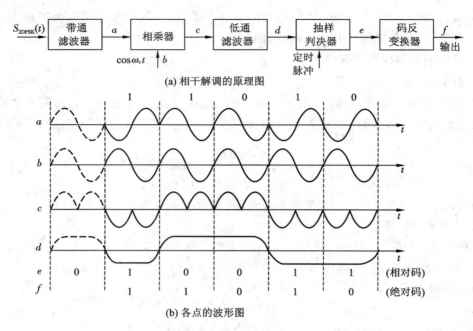

(a) 相干解调的原理图

(b) 各点的波形图

图 5-14 2DPSK 相干解调的原理图及各点的波形图

另一种解调方式为差分相干解调(相位比较法),这种解调不需要相干载波,由收到的 2DPSK 信号延时一个码元间隔 T_s 后与 2DPSK 信号本身相乘。经过低通滤波器后进行判决。判决规则为抽样值大于 0,判为"0",反之判为"1"。由于解码时完成了码反变换作用,故判决出来的是数字基带信息。2DPSK 信号的差分相干解调的原理图及各点的波形图如图 5-15 所示。

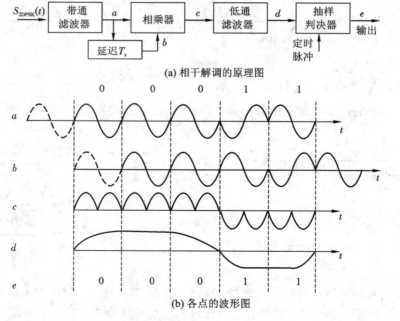

(a) 相干解调的原理图

(b) 各点的波形图

图 5-15 2DPSK 差分相干解调的原理图及各点的波形图

5.1.4　二进制调制的功率谱

1. 2ASK 信号的功率谱

数字信源产生的数字信号是随机的且是单极性不归零码(波形用矩形脉冲表示),设该随机信号具有宽平稳的性质。由式(5.1.3)可知,2ASK 信号是数字基带信号和载波的相乘,相当于平稳随机过程经过乘法器。由第 2 章平稳随机过程经过乘法器的知识可得2ASK 信号的功率谱为

$$P_{2ASK}(f) = \frac{1}{4}[P_s(f+f_c) + P_s(f-f_c)] \tag{5.1.12}$$

式中,$P_s(f)$ 为单极性不归零码的功率谱。码元间隔为 T_s、数字信息"0"和"1"等概出现的单极性不归零码的功率谱为

$$P_s(f) = \frac{1}{4}[T_s Sa^2(\pi f T_s) + \delta(f)] \tag{5.1.13}$$

将式(5.1.13)代入到式(5.1.12)可得 2ASK 信号的功率谱为

$$P_{2ASK}(f) = \frac{T_s}{16}\{Sa^2[\pi(f+f_c)T_s] + Sa^2[\pi(f-f_c)T_s]\}$$
$$+ \frac{1}{16}[\delta(f+f_c)] + \delta(f-f_c)] \tag{5.1.14}$$

根据式(5.1.14)可画出 2ASK 信号的功率谱,如图 5-16 所示。

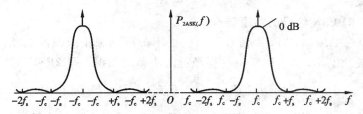

图 5-16　2ASK 信号的功率谱

由图 5-16 可知,2ASK 信号的功率谱由连续谱和离散谱组成。连续谱是数字基带信号经过线性调制后的双边谱,离散谱为载波分量。在只估计主瓣(能量集中的部分)的情况下,可得到 2ASK 信号的带宽是基带信号带宽的两倍,即

$$B_{2ASK} = 2f_s \tag{5.1.15}$$

2. 2FSK 信号的功率谱

由式(5.1.12)可知,2FSK 信号可以看成两个 2ASK 信号的叠加,则 2FSK 信号的功率谱为

$$P_{2FSK}(f) = \frac{1}{4}[P_{s1}(f-f_1) + P_{s1}(f+f_1) + P_{s2}(f-f_2) + P_{s2}(f+f_2)] \tag{5.1.16}$$

式中,$P_{s1}(f)$、$P_{s2}(f)$ 分别为 $s_1(t)$ 和 $s_2(t)$ 的功率谱,且为不同单极性不归零码的功率谱。当概率 P 为 $\frac{1}{2}$ 时,可以得到 2FSK 信号的功率谱表达式为

$$P_{2\text{FSK}}(f) = \frac{T_s}{16}\{\text{Sa}^2[\pi(f+f_1)T_s] + \text{Sa}^2[\pi(f-f_1)T_s]$$

$$+ \text{Sa}^2[\pi(f+f_2)T_s] + \text{Sa}^2[\pi(f-f_2)T_s]\}$$

$$+ \frac{1}{16}[\delta(f+f_1)] + \delta(f-f_1) + \delta(f+f_2)] + \delta(f-f_2)] \tag{5.1.17}$$

由式(5.1.17)可得，2FSK 信号的功率谱由离散谱和连续谱组成，如图 5-17 所示。离散谱位于两个载频 f_1 和 f_2 处；连续谱由两个中心位于 f_1 和 f_2 处的双边谱叠加形成；若两个载波频差小于 f_s，则连续谱在 f_c 处出现单峰；若载频差大于 f_s，则连续谱出现双峰。

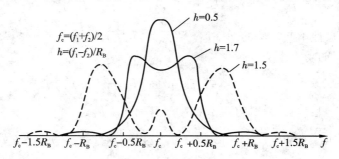

图 5-17　2FSK 信号的功率谱

若用 2FSK 信号功率谱在第一个零点之间的频率间隔计算其带宽，可得

$$B_{2\text{FSK}} = |f_1 - f_2| + 2f_s \tag{5.1.18}$$

3. 2PSK 和 2DPSK 信号的功率谱

由公式(5.1.18)可知，2PSK 信号是双极性不归零码和正弦载波的相乘，相当于双极性码经过乘法器。由第 2 章平稳随机过程经过乘法器的知识可得 2PSK 信号的功率谱为

$$P_{2\text{PSK}}(f) = \frac{1}{4}[P_{双极性码}(f+f_c) + P_{双极性码}(f-f_c)] \tag{5.1.19}$$

在占空比为 1、数字信息发送等概的情况下，双极性码为双极性不归零码，则 2PSK 信号的功率谱为

$$P_{2\text{PSK}}(f) = \frac{T_s}{4}[\text{Sa}^2[\pi(f+f_c)T_s] + \text{Sa}^2[\pi(f-f_c)T_s]] \tag{5.1.20}$$

由式(5.1.20)可得 2PSK 信号的功率谱，如图 5-18 所示。

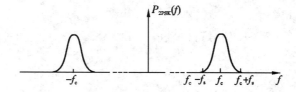

图 5-18　2PSK 信号的功率谱

由 2DPSK 信号的调制过程可知，2DPSK 信号的表达式和 2PSK 信号的表达式相同。不同的是 2PSK 信号中对应的是绝对码；2DPSK 信号中对应的是相对码。因此 2DPSK 信号的功率谱和 2PSK 信号的功率谱完全一样。由图 5-18 可知其带宽为

$$B_{2\text{PSK}} = B_{2\text{DPSK}} = 2f_s \tag{5.1.21}$$

其带宽与 2ASK 信号相同，也是码元速率的两倍。

5.2　二进制数字调制的抗噪声性能

上节主要讨论了二进制数字调制系统的原理。本节主要讨论 2ASK、2FSK、2PSK、2DPSK 系统的抗噪声性能。通信系统中的抗噪声性能是指系统克服加性噪声影响的能力。数字通信系统中的抗噪声性能用误码率来衡量。因此，本节主要分析二进制数字调制系统在信道中存在加性高斯白噪声干扰下的误码性能。在本节的分析中，假设信道为恒参信道，在信号的频域范围内具有理想矩形的传输特性；信道噪声是均值为零、双边功率谱为 $n_0/2$ 的加性高斯白噪声，且噪声只对信号的接收端造成影响。

5.2.1　二进制幅移键控的抗噪声性能

由图 5-3 可知，2ASK 信号的解调有包络检波法(非相干解调)和同步检波法(相干解调)。以下分别讨论这两种解调方法的误码率。

1. 相干解调的性能

2ASK 相干解调系统的性能分析模型如图 5-19 所示。

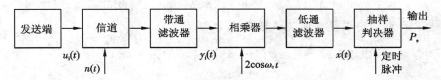

图 5-19　2ASK 相干解调系统的性能分析模型

根据 2ASK 调制原理，设在一个码元 T_s 内，发送端发送的信号载波为 $A\cos\omega_c t$，经过信道传输后的波形 $u_i(t)$ 可表示为

$$u_i(t) = \begin{cases} a\cos\omega_c t, & 0 < t < T_s \\ 0, & \text{其他} \end{cases} \tag{5.2.1}$$

式中，a 认为信号经过信道传输后只受到固定衰减，未产生失真，令 $a = AK$。

在一个码元 T_s 内，接收端的输入信号波形经过带通滤波器后的波形 $y_i(t)$ 表示为

$$y_i(t) = \begin{cases} u_i(t) + n_i(t), & \text{发送"1"时} \\ n_i(t), & \text{发送"0"时} \end{cases} \tag{5.2.2}$$

式中，$n_i(t)$ 是高斯白噪声 $n(t)$ 经过带通滤波器的输出噪声，是均值为 0、方差为 σ_n^2 的窄带高斯白噪声。于是

$$y_i(t) = \begin{cases} a\cos\omega_c t + n_c(t)\cos\omega_c t - n_s(t)\sin\omega_c t, & \text{发送"1"时} \\ n_c(t)\cos\omega_c t - n_s(t)\sin\omega_c t & \text{发送"0"时} \end{cases}$$

$$= \begin{cases} (a + n_c(t))\cos\omega_c t - n_s(t)\sin\omega_c t, & \text{发送"1"时} \\ n_c(t)\cos\omega_c t - n_s(t)\sin\omega_c t, & \text{发送"0"时} \end{cases} \tag{5.2.3}$$

$y_i(t)$ 与相干载波 $2\cos\omega_c t$ 相乘，然后经过低通滤波器滤除高频分量，抽样判别器的输入信号 $x(t)$ 为

$$x(t) = \begin{cases} a + n_c(t), & \text{发送"1"时} \\ n_c(t), & \text{发送"0"时} \end{cases} \tag{5.2.4}$$

式中，$n_c(t)$ 为窄带高斯白噪声的同相分量，是均值为 0、方差为 σ_n^2 的高斯噪声。故 $x(t)$ 也为高斯随机过程，其均值分别为 a（发送"1"）和 0（发送"0"），方差等于 σ_n^2。可以得到发送"1"和发送"0"的一维概率密度函数为

$$f_1(x) = \frac{1}{\sqrt{2\pi}\sigma_n}\exp\left[-\frac{(x-a)^2}{2\sigma_n^2}\right] \tag{5.2.5}$$

$$f_0(x) = \frac{1}{\sqrt{2\pi}\sigma_n}\exp\left[-\frac{x^2}{2\sigma_n^2}\right] \tag{5.2.6}$$

设抽样判别时的判决门限为 b，判别规则为：对于 $x(t)$ 的抽样值 $>b$，判为"1"；对于 $x(t)$ 的抽样值 $<b$，判为"0"，则发生错误的概率如图 5-20 所示。

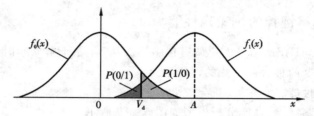

图 5-20　2ASK 相干解调误码率的几何表示

当发送"1"时，错误接收为"0"的概率为

$$P(0/1) = P(x \leqslant b) = \int_{-\infty}^{b} f_1(x)\,\mathrm{d}x = \int_{-\infty}^{b} \frac{1}{\sqrt{2\pi}\sigma_n}\exp\left[-\frac{(x-A)^2}{2\sigma_n^2}\right]\mathrm{d}x$$

$$= 1 - \frac{1}{2}\mathrm{erfc}\left(\frac{b-a}{\sqrt{2\pi}\sigma_n}\right) \tag{5.2.7}$$

当发送"0"时，错误接收为"1"的概率为

$$P(1/0) = P(x > b) = \int_{b}^{\infty} f_0(x)\,\mathrm{d}x = \int_{b}^{\infty} \frac{1}{\sqrt{2\pi}\sigma_n}\exp\left[-\frac{x^2}{2\sigma_n^2}\right]\mathrm{d}x$$

$$= \frac{1}{2}\mathrm{erfc}\left(\frac{b}{\sqrt{2\pi}\sigma_n}\right) \tag{5.2.8}$$

设发送"0"和发送"1"的概率分别为 $P(0)$ 和 $P(1)$，则系统总的误码率 P_e 为

$$P_e = P(0)P(1/0) + P(1)P(0/1) \tag{5.2.9}$$

在发送概率 $P(0)$ 和 $P(1)$ 等概的情况下，可得最佳判决门限为 $b^* = a/2$，此时的误码率 P_e 为

$$P_e = \frac{1}{2}\mathrm{erfc}\left(\sqrt{\frac{r}{4}}\right) \quad \left(r = \frac{a^2}{2\sigma_n^2}\right) \tag{5.2.10}$$

当 $r \gg 1$ 时，在大信噪比的情况下，式(5.2.10)可近似为

$$P_e \approx \frac{1}{\sqrt{\pi r}}\mathrm{e}^{-r/4} \tag{5.2.11}$$

2. 非相干解调的性能

采用非相干解调时的分析模型是将图 5-19 中的相干解调器（相乘器和低通滤波器）替换为包络检波器（整流和低通滤波器）。带通滤波器的输出波形 $y_i(t)$ 与相干解调时相同（同式(5.2.3)）。

由式(5.2.3)可知，当发送"1"时，包络检波器的输出波形 $V(t)$ 为

$$V(t) = \sqrt{[a + n_c(t)]^2 + n_s^2(t)} \tag{5.2.12}$$

当发送"0"时，包络检波器的输出波形 $V(t)$ 为

$$V(t) = \sqrt{n_c(t)^2 + n_s^2(t)} \tag{5.2.13}$$

由第 3 章的知识可知，当发送"1"时的抽样值服从广义瑞利分布；当发送"0"时的抽样值服从瑞利分布。它们的一维概率密度函数分别为

$$f_1(V) = \frac{V}{\sigma_n^2} I_0\left(\frac{aV}{\sigma_n^2}\right) e^{-(V^2 + a^2)/2\sigma_n^2} \tag{5.2.14}$$

$$f_0(V) = \frac{V}{\sigma_n^2} e^{-V^2/2\sigma_n^2} \tag{5.2.15}$$

式中，σ_n^2 为窄带高斯噪声的方差。设抽样判别时的判决门限为 b，判别规则为：抽样值 $V > b$，判为"1"；抽样值 $V < b$，判为"0"，则发送"1"时错判为"0"的概率为

$$P(0/1) = P(V \leqslant b) = \int_0^b f_1(V)\, \mathrm{d}V = 1 - \int_b^\infty \frac{V}{\sigma_n^2} I_0\left(\frac{aV}{\sigma_n^2}\right) e^{-(V^2 + a^2)/2\sigma_n^2}\, \mathrm{d}V$$

$$= 1 - Q(\sqrt{2r}, b_0) \tag{5.2.16}$$

式中：$Q[\cdot]$ 函数定义为 $Q[\alpha, \beta] = \int_\beta^\infty t I_0(\alpha t)\, e^{-(t^2 + a^2)/2}\, \mathrm{d}t$，$\alpha = \frac{a}{\sigma_n}$，$\beta = \frac{b}{\sigma_n}$，$t = \frac{V}{\sigma_n}$；$r = \frac{a^2}{2\sigma_n^2}$ 为信号噪声功率比；$b_0 = b/\sigma_n$ 为归一化门限值。同理发送"0"时错判为"1"的概率为

$$P(1/0) = P(V > b) = \int_b^\infty f_0(V)\, \mathrm{d}V = \int_b^\infty \frac{V}{\sigma_n^2} e^{-V^2/2\sigma_n^2}\, \mathrm{d}V = e^{-b_0^2/2} \tag{5.2.17}$$

在发送概率 $P(0)$ 和 $P(1)$ 等概的情况下，系统总的误码率 P_e 为

$$P_e = P(0)P(1/0) + P(1)P(0/1)$$

$$= \frac{1}{2}\left[1 - Q(\sqrt{2r}, b_0)\right] + \frac{1}{2} e^{-b_0^2/2} \tag{5.2.18}$$

在大信噪比的情况下，可以求得系统的最佳门限值为

$$b^* = V^* = \frac{a}{2} \tag{5.2.19}$$

从而在等概的情况下可得 2ASK 非相干解调的误码率为

$$P_e = \frac{1}{2} e^{-r/4} \tag{5.2.20}$$

式中，$r = \frac{a^2}{2\sigma_n^2} = \frac{a^2}{2n_0 B_{2ASK}}$。

将式(5.2.20)与同步检测法的误码率公式比较可以看出：在相同信噪比的条件下，同步检测法的抗噪声性能优于包络检波法，但在大信噪比时，两者性能相差不大。然而，包络检波法不需要相干载波，设备比较简单。另外，包络检波法存在门限效应，同步检测法无门限效应。

【例 5.1】　有一 2ASK 信号传输系统，其码元速率为 $R_B = 10$ MB，信道输出端高斯白噪声的双边功率谱为 $n_0/2 = 0.669 \times 10^{-5}$ W/Hz。接收端接收到的 2ASK 信号幅度 $a = 4.24$ V，求：

(1) 采用相干解调时系统的总误码率；

（2）采用非相干解调时系统的总误码率；

解　（1）$R_B = 10$ MB，则

$$B_{2ASK} = \frac{2}{T_s} = 2 \times 10^4 \text{ Hz},$$

带通滤波输出噪声平均功率为

$$\sigma_n^2 = n_0 B_{2ASK} = 1.338 \times 10^{-5} \times 2 \times 10^4 = 0.2676 \text{（W）}$$

信噪比为

$$r = \frac{a^2}{2\sigma_n^2} = \frac{4.24^2}{2 \times 0.2676} = 33.64 \gg 1$$

根据式(5.2.11)可得相干解调的总误码率为

$$P_e = \frac{1}{\sqrt{\pi r}} e^{-r/4} = \frac{1}{\sqrt{3.1416 \times 33.64}} e^{-8.41} = 2.16 \times 10^{-5}$$

（2）采用非相干解调时系统的总误码率为

$$P_e = \frac{1}{2} e^{-r/4} = 1.1 \times 10^{-4}$$

5.2.2　二进制频移键控的抗噪声性能

2FSK 信号的解调同样可以采用相干解调和非相干解调。不同的解调方式下误码率不同。下面分别对其进行分析。

1. 相干解调的性能

在分析 2FSK 信号的抗噪声性能时，可以认为有两路不同频率的 2ASK 信号通过相干解调的系统后再进行抽样判别。判决器根据上下两个支路解调输出抽样值的大小判断解调出的数字基带信号。

设在接收端的两个带通滤波器的中心频率分别为 f_1 和 f_2，由式(5.2.3)可以得出在一个码元持续时间内，2FSK 信号经过两个带通滤波器后的波形为

$$y_1(t) = \begin{cases} (a + n_{1c}(t))\cos\omega_1 t - n_{1s}(t)\sin\omega_1 t, & \text{发送 "1" 时} \\ n_{1c}(t)\cos\omega_1 t - n_{1s}(t)\sin\omega_1 t, & \text{发送 "0" 时} \end{cases} \tag{5.2.21}$$

$$y_2(t) = \begin{cases} (a + n_{2c}(t))\cos\omega_2 t - n_{2s}(t)\sin\omega_2 t, & \text{发送 "0" 时} \\ n_{2c}(t)\cos\omega_2 t - n_{2s}(t)\sin\omega_2 t, & \text{发送 "1" 时} \end{cases} \tag{5.2.22}$$

在相干解调中，带通滤波器的输出波形经过乘法器和低通滤波器后的波形为

$$x_1(t) = \begin{cases} a + n_{1c}(t), & \text{发送 "1" 时} \\ n_{1c}(t), & \text{发送 "0" 时} \end{cases} \tag{5.2.23}$$

$$x_2(t) = \begin{cases} a + n_{2c}(t), & \text{发送 "0" 时} \\ n_{2c}(t), & \text{发送 "1" 时} \end{cases} \tag{5.2.24}$$

当发送为 "1" 和 "0" 时，上下支路的信号分别为

$$\begin{cases} x_1(t) = a + n_{1c}(t) \\ x_2(t) = n_{2c}(t) \end{cases} \text{发送 "1" 时}$$

$$\begin{cases} x_1(t) = n_{1c}(t) \\ x_2(t) = a + n_{2c}(t) \end{cases} \text{发送 "0" 时} \tag{5.2.25}$$

式中，$n_{1c}(t)$、$n_{2c}(t)$ 为窄带高斯白噪声的同相分量，是均值为 0、方差为 σ_n^2 的高斯噪声。当发送 "1" 时，$x_1(t)$、$x_2(t)$ 也为高斯随机过程，其均值分别为 a 和 0，方差等于 σ_n^2。当发送 "0" 时，$x_1(t)$、$x_2(t)$ 也为高斯随机过程，其均值分别为 0 和 a，方差等于 σ_n^2。

当发送 "1" 码时，判别规则为 $x_1 > x_2$，则判为数字基带信号 "1"，若 $x_1 < x_2$，则判为数字基带信号 "0"。此时的误码率为

$$P(0/1) = P(x_1 < x_2) = P((a + n_{1c}(t)) < n_{2c}(t))$$
$$= P(a + n_{1c}(t) - n_{2c}(t) < 0) \tag{5.2.26}$$

令 $a + n_{1c}(t) - n_{2c}(t) = z$，则 z 也是一个高斯随机过程，其均值为 a，方差为 $2\sigma_n^2$。记 z 的一维概率密度函数为 $f(z)$，有

$$P(0/1) = P(x_1 < x_2) = \int_{-\infty}^{0} f(z) \, dz = \frac{1}{2}\left(1 - \mathrm{erf}\left(\sqrt{\frac{r}{2}}\right)\right) \tag{5.2.27}$$

同理可以求得发送 "0" 时的误码率为

$$P(1/0) = P(x_1 \geqslant x_2) = \int_{-\infty}^{0} f(z) \, dz = \frac{1}{2}\left(1 - \mathrm{erf}\left(\sqrt{\frac{r}{2}}\right)\right) \tag{5.2.28}$$

因此可得总的误码率为

$$P_e = P(0)P(1/0) + P(1)P(0/1)$$
$$= \frac{1}{2}\left[1 - \mathrm{erf}\left(\sqrt{\frac{r}{2}}\right)\right] = \frac{1}{2}\mathrm{erfc}\left(\sqrt{\frac{r}{2}}\right) \tag{5.2.29}$$

当 $r \gg 1$ 时，在大信噪比的情况下，系统总的误码率为

$$P_e \approx \frac{1}{\sqrt{2\pi r}}e^{-r/2} \tag{5.2.30}$$

式中，$r = \dfrac{a^2}{2\sigma_n^2}$。

2. 非相干解调的性能

2FSK 的非相干解调是指将相关解调中的乘法器和低通滤波器换成包络检波器（整流和低通滤波器），此时经过包络检波器后得到的是上下支路的包络，发送 "1" 时为

$$\begin{cases} V_1(t) = \sqrt{[a + n_{1c}(t)]^2 + n_{1s}^2(t)} \\ V_2(t) = \sqrt{n_{2c}(t)^2 + n_{2s}^2(t)} \end{cases} \tag{5.2.31}$$

此时，$V_1(t)$ 的一维概率密度函数服从广义瑞利分布；$V_2(t)$ 的一维概率密度函数服从瑞利分布。当 $V_1(t) > V_2(t)$ 时判为 "1"，当 $V_1(t) < V_2(t)$ 时判为 "0"。此时的误码率为

$$P(0/1) = P(V_1 < V_2) = \int_0^{\infty} f_1(V_1)\left[\int_{V_2 = V_1}^{\infty} f_2(V_2) \, dV_2\right]dV_1$$
$$= \int_0^{\infty} \frac{V_1}{\sigma_n^2} I_0\left(\frac{aV_1}{\sigma_n^2}\right)e^{(-2V_1^2 - a^2)/2\sigma_n^2} dV_1 \tag{5.2.32}$$
$$= \frac{1}{2}e^{-r/2}$$

同理可以得出发送 "0" 码时的误码率为

$$P(1/0) = P(V_1 \geqslant V_2) = \frac{1}{2}e^{-r/2} \tag{5.2.33}$$

因此可以得出非相干解调时 2FSK 信号总的误码率为

$$P_e = P(0)P(1/0) + P(1)P(0/1) = \frac{1}{2}e^{-r/2} \tag{5.2.34}$$

式中, $r = \dfrac{a^2}{2\sigma_n^2}$。

将式(5.2.34)与 2FSK 同步检波时系统的误码率公式比较可见, 在大信噪比条件下, 2FSK 信号包络检波时的系统性能与同步检测时的性能相差不大, 但同步检测法的设备却复杂得多。因此, 在满足信噪比要求的场合, 多采用包络检波法。

【例 5.2】 采用 2FSK 方式在等效带宽为 2400 Hz 的传输信道上传输二进制数字。2FSK 信号的频率分别为 $f_1 = 980$ Hz, $f_2 = 1580$ Hz, 码元速率 $R_B = 300$ B。接收端输入(即信道输出端)的信噪比为 6 dB。试求:

(1) 2FSK 信号的带宽;

(2) 包络检波法解调时系统的误码率;

(3) 同步检测法解调时系统的误码率。

解 (1) 根据式(5.1.18)可得 2FSK 信号的带宽为

$$B_{2FSK} = |f_2 - f_1| + 2f_s = 1580 - 980 + 2 \times 300 = 1200 \text{ Hz}$$

(2) 2FSK 接收系统上、下支路的带通滤波器的带宽为

$$B = 2f_s = 2R_B = 600 \text{ Hz}$$

它仅是信道等效带宽(2400 Hz)的 1/4, 故噪声功率也减小了 1/4, 因而带通滤波器输出端的信噪比比输入信噪比提高了 4 倍。又由于接收端输入信噪比为 6 dB, 即 4 倍, 故带通滤波器输出端的信噪比应为 $r = 4 \times 4 = 16$。将此信噪比值代入误码率公式, 可得包络检波法解调时系统的误码率为

$$P_e = \frac{1}{2}e^{-\frac{r}{2}} = \frac{1}{2}e^{-8} = 1.7 \times 10^{-4}$$

(3) 同理可得同步检测法解调时系统的误码率为

$$P_e \approx \frac{1}{\sqrt{2\pi r}}e^{-\frac{r}{2}} = \frac{1}{\sqrt{32\pi}}e^{-8} = 3.39 \times 10^{-5}$$

【例 5.3】 若采用 2FSK 方式传送二进制数字信息。已知发送端发出的信号幅度为 5 V, 输入接收端解调器的高斯噪声功率 $\sigma_n^2 = 3 \times 10^{-12}$ W, 若要求误码率 $P_e = 10^{-4}$, 试求:

(1) 非相干接收时, 由发送端到解调器输入端的衰减应为多少?

(2) 相干接收时, 由发送端到解调器输入端的衰减应为多少?

解 (1) 非相干解调时, 2FSK 的误码率为

$$P_e = \frac{1}{2}e^{-r/2} = 10^{-4}$$

由此可得

$$r = \frac{a^2}{2\sigma_n^2} = -2\ln(2P_e) = 17$$

$$a = \sqrt{r \cdot 2\sigma_n^2} = \sqrt{17 \times 2 \times 3 \times 10^{-12}} = 1.01 \times 10^{-5} \text{ (V)}$$

故发送端到解调器输入端的衰减分贝数为

$$k = 20 \lg \frac{A}{a} = 20 \lg \frac{5}{1.01 \times 10^{-5}} = 113.9 \text{(dB)}$$

(2) 相干解调时，2FSK 的误码率为

$$P_e = \frac{1}{2} \text{erfc}\left(\sqrt{\frac{r}{2}}\right) = 10^{-4}$$

可得

$$r = \frac{a^2}{2\sigma_n^2} = 13.8$$

$$a = \sqrt{r \times 2\sigma_n^2} = \sqrt{13.8 \times 2 \times 3 \times 10^{-12}} = 9.1 \times 10^{-6}(\text{V})$$

故发送端到解调器输入端的衰减分贝数为

$$k = 20 \lg \frac{A}{a} = 20 \lg \frac{5}{9.1 \times 10^{-6}} = 114.8(\text{dB})$$

5.2.3 二进制相移键控和二进制相对相移键控的抗噪声性能

1. 2PSK 的相干解调性能

2PSK 信号相干解调的模型与图 5-11 相同。在一个码元持续时间内，低通滤波器的输出波形可表示为

$$x(t) = \begin{cases} a + n_c(t), & \text{发送 "1" 时} \\ -a + n_c(t), & \text{发送 "0" 时} \end{cases} \tag{5.2.35}$$

式中，$n_c(t)$ 为窄带高斯白噪声的同相分量，是均值为 0、方差为 σ_n^2 的高斯噪声。故 $x(t)$ 也为高斯随机过程，其均值分别为 a（发送 "1" 时）和 $-a$（发送 "0" 时），方差等于 σ_n^2。$x(t)$ 经过抽样后判别规则为：$x(t)$ 抽样值 > 0，判为 "1" 码；$x(t)$ 抽样值 < 0，判为 "0" 码。当发送 "1" 码和 "0" 码时，在等概的情况下可以得出 2PSK 系统的总误码率为

$$P_e = P(0)P(1/0) + P(1)P(0/1) = \frac{1}{2}\text{erfc}(\sqrt{r}) \tag{5.2.36}$$

当 $r \gg 1$ 时，大信噪比的情况下，系统总的误码率为

$$P_e \approx \frac{1}{2\sqrt{\pi r}} e^{-r} \tag{5.2.37}$$

式中，$r = \dfrac{a^2}{2\sigma_n^2} = \dfrac{a^2}{2n_0 B_{2\text{PSK}}}$。

2. 2DPSK 的相干解调性能

2DPSK 的相干解调和 2PSK 的相干解调不同的是在接收端加入了一个码反变换器。将信道中传输的相对码转换为绝对码。在转换的过程中引入了误码。故 2DPSK 的相干解调总的误码率要比 2PSK 的相干解调总的误码率要高。理论分析证明，接入码反变换器后使得误码率增加 1～2 倍。

3. 2DPSK 信号的差分相干解调性能

2DPSK 的差分相干解调的分析模型如图 5-15 所示。由图 5-15 可见，解调过程中需要对间隔为 T_s 的前后两个码元进行比较。设前后两个码元之间都含有噪声。令当前码元和前一个码元均发送 "1"，则送入相乘器的两个信号 $y_1(t)$ 和 $y_2(t)$ 分别为

$$\begin{cases} y_1(t) = (a + n_{1c}(t))\cos\omega_c t - n_{1s}(t)\sin\omega_c t \\ y_2(t) = (a + n_{2c}(t))\cos\omega_c t - n_{2s}(t)\sin\omega_c t \end{cases} \tag{5.2.38}$$

两路信号经过乘法器和低通滤波器以后的输出信号为

$$x(t) = \frac{1}{2}\{[a + n_{1c}(t)][a + n_{2c}(t)] + n_{1s}(t)n_{2s}(t)\} \quad (5.2.39)$$

经过判决器时的判别规则为：$x(t)$抽样值>0，判为"0"码；$x(t)$抽样值<0，判为"1"码。经过推导分析可以求得发送"1"码错判为"0"码的误码率和发送"0"码错判为"1"码的误码率相等，都为

$$P(1/0) = P(0/1) = \frac{1}{2}e^{-r/2} \quad (5.2.40)$$

因此可以得出 2DPSK 差分相干解调总的误码率为

$$P_e = P(0)P(1/0) + P(1)P(0/1) = \frac{1}{2}e^{-r} \quad (5.2.41)$$

式中，$r = \dfrac{a^2}{2\sigma_n^2} = \dfrac{a^2}{2n_o B_{2DPSK}}$。

5.3 二进制数字调制系统的性能比较

在第 1 章中指出，衡量一个数字通信系统的性能指标有很多，最主要的是有效性和可靠性。下面针对二进制数字调制系统的误码率、频带利用率和对信道的适应能力三方面的性能进行比较。这些指标可以为在不同的场合选择什么样的调制解调方式提供一定的依据。

1. 误码率

二进制数字调制方式有 2ASK、2FSK、2PSK 及 2DPSK，每种数字调制方式又有不同的解调方式。在信道高斯白噪声的干扰下，各种二进制数字调制系统的误码率取决于解调器输入信噪比。而误码率的表达形式取决于解调方式。表 5-1 列出了各种二进制数字调制系统的误码率 P_e 与输入信噪比 r 的数学关系。

表 5-1 二进制数字调制系统的误码率公式一览表

二进制数字调制方式	相干解调	非相干解调
2ASK	$\dfrac{1}{2}\mathrm{erfc}\left(\sqrt{\dfrac{r}{4}}\right)$	$\dfrac{1}{2}e^{-r/4}$
2FSK	$\dfrac{1}{2}\mathrm{erfc}\left(\sqrt{\dfrac{r}{2}}\right)$	$\dfrac{1}{2}e^{-r/2}$
2PSK	$\dfrac{1}{2}\mathrm{erfc}(\sqrt{r})$	—
2DPSK	$\mathrm{erfc}(\sqrt{r})$	$\dfrac{1}{2}e^{-r}$

从表 5-1 可以看出，对于同一种调制方式。相干解调的误码率要比非相干解调的误码率低；若采用相同的解调方式（如相干解调），在信噪比 r 一定的情况下可以得出 $P_{e2ASK} > P_{e2FSK} > P_{e2PSK}$；若采用相同的解调方式（如相干解调），在误码率 P_e 一定的情况下可以得出 $r_{2ASK} = 2r_{2FSK} = 4r_{2PSK}$，即所需的信噪比 2ASK 比 2FSK 高 3 dB，2FSK 比 2PSK 高 3 dB，2ASK 比 2PSK 高 6 dB。这表明在抗加性高斯白噪声方面相干 2PSK 性能最好，2FSK 次之，2ASK 最差，如图 5-21 所示。

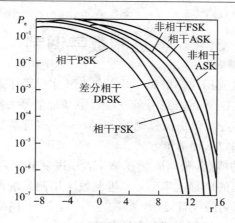

图 5-21　三种数字调制系统的误码率与信噪比的关系

2. 频带宽度

由前面的分析可知，当信号码元宽度为 T_s 时，2ASK 系统和 2PSK（2DPSK）系统的频带近似为 $2/T_s$，即

$$B_{2ASK} = B_{2PSK} = 2f_s \tag{5.3.1}$$

2FSK 的频带宽度为

$$B_{2FSK} = |f_1 - f_2| + 2f_s \tag{5.3.2}$$

可见，2FSK 的频带宽度大于 2ASK 和 2PSK。因此，2FSK 的频带利用率最低。

3. 对信道特性变化的敏感性

在分析二进制数字调制系统抗噪声性能时，假定信道是恒参信道，但在实际的通信系统中，信道都是随参信道，即信道参数随时间变化。故在选择调制方式时还应考虑最佳判决门限对信道特性变化是否敏感。2FSK 系统中，判决器根据上、下两个支路输出样值的大小来判决，不需要人为设置判决门限，因而对信道的变化不敏感。2PSK 系统中，发送符号概率相等时，判决器的最佳判决门限为零，与接收机输入信号的幅度无关。故判决门限不随信道特性的变化而变化，接收机总能保持工作在最佳判决门限状态。对于 2ASK 系统，判决器的最佳判决门限为 $a/2$（当 $P(1) = P(0)$ 时），与接收机输入信号的幅度有关。当信道特性发生变化时，接收机输入信号的幅度将随之发生变化，从而导致最佳判决门限也随之而变。这时，接收机不容易保持在最佳判决门限状态，因此，2ASK 对信道特性变化敏感，性能最差。

通过对二进制数字调制系统进行比较可以看出，对调制和解调方式的选择需要考虑众多因素。在恒参信道传输中，若要求较高的功率利用率，则应选择相干 2PSK 和 2DPSK，2ASK 最不可取；若要求较高的频带利用率，应选择相干 2PSK 和 2DPSK，2FSK 最不可取。若传输信道是随参信道，2FSK 具有更好的适应能力。

4. 设备复杂度

从设备的复杂度方面考虑，非相干解调方式比相干解调方式更适宜。因为相干解调需要提取载波，故设备相对复杂，成本也略高。目前相干 2DPSK 主要用于高速数据传输，非相干 2FSK 用于低、中速数据传输。

5.4　多进制数字调制

现代通信系统为了有效利用通信资源，提高信息效率，往往采用多进制数字调制。与二进制调制类似，多进制数字调制是利用多进制数字基带信号去控制载波的幅度、频率或相位。多进制数字调制有多进制数字幅移键控（MASK）、多进制数字频移键控（MFSK）和多进制数字相移键控（MPSK）三种基本方式。

多进制调制方式具有的特点：相同码元速率下，多进制数字调制系统的信息传输速率高于二进制调制系统；相同的信息速率下，多进制数字调制系统的码元传输速率低于二进制调制系统；多进制数字调制的设备复杂，判决电平多，误码率高于二进制数字调制系统。下面分别介绍三种多进制数字调制方式的基本原理。

5.4.1　多进制幅移键控

多进制数字幅移键控（MASK）又称为多电平调制，是 2ASK 体制的推广。MASK 的时域表达式为

$$S_{\text{MASK}}(t) = \Big[\sum_n a_n g(t - nT_s) \Big] \cos(\omega_c t)$$

$$a_n = \begin{cases} 0, & \text{概率为 } P_1 \\ 1, & \text{概率为 } P_2 \\ \vdots \\ M-1, & \text{概率为 } P_M \end{cases} \tag{5.4.1}$$

图 5-22 所示为 $M=4$ 时，4ASK 信号的波形图。

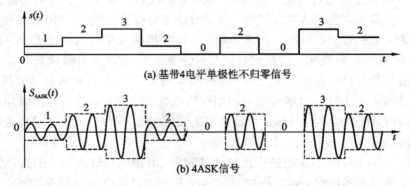

图 5-22　4ASK 信号的调制波形

基带信号的带宽与脉冲宽度有关，故 MASK 信号的带宽与 2ASK 信号的带宽相同，即

$$B_{\text{MASK}} = 2f_s = 2R_B \tag{5.4.2}$$

由此可得系统信息频带利用率为

$$\eta = \frac{R_b}{B} = \frac{R_B}{B} \log_2 M \tag{5.4.3}$$

MASK 的解调方式有相干解调和非相干解调两种。通过分析可得，相干解调时，当发

送 M 个电平等概的情况下的误码率为

$$P_{\text{eMASK}} = \left(\frac{M-1}{M}\right)\text{erfc}\left(\sqrt{\frac{3r}{M^2-1}}\right) \tag{5.4.4}$$

图 5 - 23 所示为 MASK 的误码率 P_e 和信噪比 r 之间的关系曲线图。

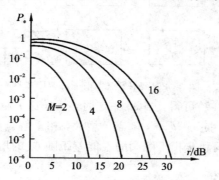

图 5 - 23　MASK 性能曲线图

从图 5 - 23 中可以看出，随着 M 值增大，在相同信噪比 r 的情况下，误码率 P_e 在增大。在误码率 P_e 一定的情况下，M 进制的信噪比比二进制的信噪比要大，即 M 进制调制尽管提高了频带利用率，但抗噪声性能下降。

5.4.2　多进制频移键控

多进制频移键控（MFSK）体制是 2FSK 体制的推广，使用 M 个不同的频率分别表示 M 进制的码元。图 5 - 24 所示为 $M=4$ 时的 4FSK 波形图。

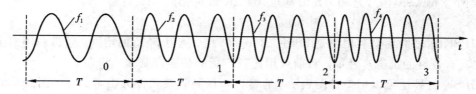

图 5 - 24　4FSK 信号的调制波形

MFSK 信号占有的带宽比较宽，设最低载频为 f_1，最高载频为 f_M，则 MFSK 的带宽近似为

$$B_{\text{MFSK}} = f_M - f_1 + 2f_s \tag{5.4.5}$$

MFSK 信号的解调可以采用相干解调和非相干解调两种。图 5 - 25 所示为 MFSK 非相干解调原理图。对于相干解调只需要将图中的包络检波器换成相干解调的乘法器和低通滤波器。在 MFSK 信号的解调中要求每个载频之间的距离足够大，能够使用滤波器分开，即不同频率的码元互相正交。

MFSK 信号采用非相干解调时的误码率为

$$P_{\text{eMFSK}} \leqslant \left(\frac{M-1}{2}\right)\text{e}^{-\frac{r}{2}} \tag{5.4.6}$$

MFSK 信号采用相干解调时的误码率为

$$P_{\text{eMFSK}} \leqslant \left(\frac{M-1}{2}\right)\text{erfc}\left(\sqrt{\frac{r}{2}}\right) \tag{5.4.7}$$

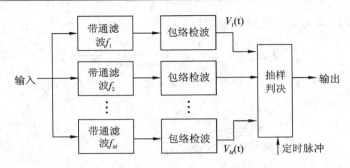

图 5-25　MFSK 非相干解调原理图

由式(5.4.6)和式(5.4.7)可得，当 M 一定时，信噪比 r 越大，误码率 P_e 就越小；r 一定时，M 越大，P_e 就越大；同一 M 下，随着 r 增大，相干解调和非相干解调的误码率将趋于同一极限值，即相干解调和非相干解调的性能差距随 M 的增大而减小。

5.4.3　多进制相移键控

1. MPSK

多进制相移键控(MPSK)是用 M 个相位来表示 M 个码元的，即

$$\begin{cases} S_{MPSK}(t) = \cos(\omega_c t + \varphi_k) = a_k \cos\omega_c t - b_k \sin\omega_c t \\ \varphi_k = \dfrac{2\pi}{M}(k-1), \quad k = 1, 2, \cdots, M \\ a_k = \cos\varphi_k, \qquad b_k = \sin\varphi_k \end{cases} \tag{5.4.8}$$

由式(5.4.8)可看出，MPSK 信号可看做由正弦和余弦两个正交分量合成的信号，也可看成两个 MASK 信号之和。其带宽与 MASK 带宽相同，即

$$B_{MPSK} = 2f_s = 2R_B \tag{5.4.9}$$

MPSK 信号的信息利用率是 2PSK 的 $\log_2 M$ 倍。随着 M 值的增大，频带利用率也在提高，故具有较好的抗噪声性能。目前应用比较广泛的是四进制和八进制。

MPSK 信号还可以用矢量图表示。通常以未调制载波相位为参考矢量。图 5-26 分别给出 $M=4$、8 时的矢量图。图中基准相位用虚线表示。相位配置有 A、B 两种方式，如图 5-26(a)和(b)所示。对于相对相移，矢量图表示的相位为相对相位差。

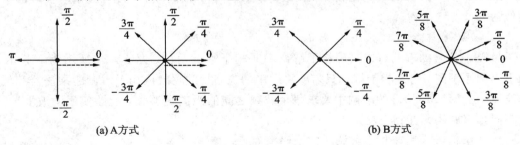

(a) A方式　　　　　　　　　　　　　(b) B方式

图 5-26　$M=4$、8 时的矢量图

2. QPSK

4PSK 又称为正交相移键控(QPSK)，是用载波的四种不同相位来表征数字信息。要发送的比特序列以每两个相连的比特为一组构成一个双比特码元。双比特码元的四种状态用四种不同的相位来表示，如表 5-2 所示。

表 5 - 2　双比特码元与载波相位关系表

双比特码元	载波相位 φ_k	
	A 方式	B 方式
0 0	0	$5\pi/4$
0 1	$\pi/2$	$7\pi/4$
1 0	π	$\pi/4$
1 1	$3\pi/2$	$3\pi/4$

QPSK 信号的调制有调相法和相位选择法两种。图 5 - 27 所示为调相法产生 QPSK 信号的原理图。图中输入的二进制串行码元 1101 经串/并变换变为并行的两路码元 $a10$，$b11$。并行的码元序列分别与两路正交载波相乘，然后相加得到 QPSK 信号。

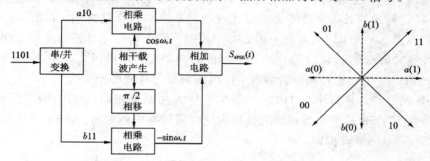

图 5 - 27　调相法产生 4PSK 信号的原理图

图 5 - 28 所示为相位选择法产生 QPSK 信号的原理图。图中四相载波产生器分别产生所需的四种不同相位的载波。按照串/并变换器输出的双比特码元选择相应的载波。

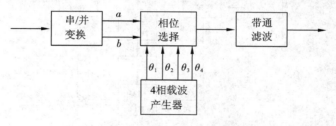

图 5 - 28　相位选择法产生 QPSK 信号的原理图

QPSK 信号相干解调原理图如图 5 - 29 所示。图中用两个正交的相干载波分别与两路的 2PSK 信号进行相乘，经过低通滤波器、采样判别出两路的并行数据，最后经过并/串变换恢复成串行数据。

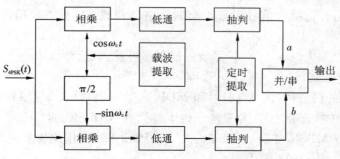

图 5 - 29　QPSK 信号相干解调原理图

在 2PSK 信号的相干解调中会出现"倒 π"现象。同样在 4PSK 相干解调中也会产生相位模糊现象，且是 0、$\pi/2$、π 和 $3\pi/2$ 四个相位模糊。因此实际中常用的是 4DPSK，即四相相对相移键控。

对于任意 MPSK 信号，当信噪比 r 足够大时，误码率可近似表示为

$$P_e \approx e^{-r\sin^2(\pi/M)} \tag{5.4.10}$$

5.4.4　多进制相对相移键控

在 MPSK 体制中，类似于 2DPSK 体制，也有多进制相对相移键控（MDPSK）。MDPSK 的原理与 MPSK 的原理类似，只是将图 5-26 所示的参考相位当作是前一码元的相位，把相移 φ_k 当作是相对前一码元相位的相移。这里仍以 4DPSK 信号为例进行介绍。

4DPSK 是利用前后码元之间的相对相位变化来表示数字信息的。以前一码元相位作为参考，并假设 $\Delta\varphi_k$ 为本码元与前一码元的初相差。信息编码与载波相位变化仍可采用表 5-2，不过这时的相位 φ_k 应改为 $\Delta\varphi_k$。4DPSK 的调制波形也可用式（5.4.8）表示。不过它表示经过绝对码变换成相对码以后的数字序列的调相信号波形。

4DPSK 信号的产生方法与 4PSK 信号的产生方法基本相同，可用调相法和相位选择法。不同的是 4DPSK 信号需要将输入信号由绝对码转换成相对码。图 5-30 所示为调相法产生 4DPSK 信号的原理框图。

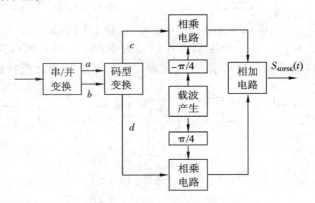

图 5-30　调相法产生 4DPSK 信号的原理图

4DPSK 信号的解调方法与 2DPSK 信号的解调方法类似，有相干解调和差分相干解调。图 5-31 所示为相干解调法原理图。相干解调出的相对码经过码变换器变成绝对码。图 5-32 所示为 4DPSK 信号的差分相干解调原理图。它与 2DPSK 信号差分相干解调的原理基本相同。不同的是接收信号包含正交的两路已调载波，故需要用两个支路差分相干解调。

当信噪比 r 足够大时，MDPSK 系统的误码率可近似表示为

$$P_e \approx e^{-2r\sin^2(\pi/2M)} \tag{5.4.11}$$

比较 MPSK 的误码率（式 5.4.10）和 MDPSK 的误码率（式 5.4.11）可得，M 相同时，相干解调 MPSK 的抗噪声性能优于差分相干解调的 MDPSK。但 MDPSK 无反向工作情况，接收设备没有 MPSK 复杂，因而实际中 MDPSK 系统应用比较多。多进制相移键控系统的误码率曲线如图 5-33 所示。

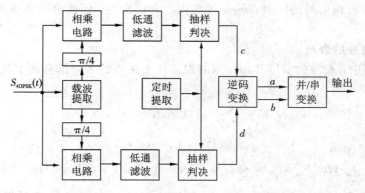

图 5 - 31　4DPSK 信号的相干解调法原理图

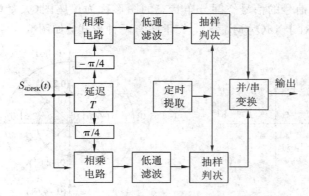

图 5 - 32　4DPSK 信号的差分相干解调原理图

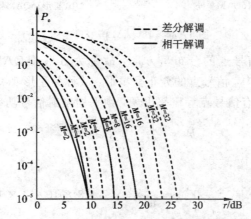

图 5 - 33　多进制相移键控系统的误码率曲线

5.5　现代数字调制技术

5.5.1　正交振幅调制

　　正交振幅调制（Quadrature Amplitude Modulation，QAM）是振幅和相位同时受控的调制方式。QAM 是用两路独立的基带信号对两个相互独立的同频载波进行抑制载波的双边带调制。由于已调信号的频谱在同一带宽内存在正交性，因而可以实现两路并行数字信息的传输。

1. QAM信号的表示

QAM调制中，载波的幅度和相位同时根据两个独立的基带信号的变化而变化。QAM信号可以表示成

$$S_{\text{MQAM}}(t) = \sum_n A_n g(t - nT_s)\cos(\omega_c t + \varphi_n)$$
$$= m_{\text{I}}(t)\cos\omega_c t - m_{\text{Q}}(t)\sin\omega_c t \tag{5.5.1}$$

式中：$m_{\text{I}}(t) = \sum_n A_n g(t - nT_s)\cos\varphi_n$，$m_{\text{Q}}(t) = \sum_n A_n g(t - nT_s)\sin\varphi_n$，为同时正交支路的基带信号。$X_n = A_n\cos\varphi_n$，$Y_n = A_n\sin\varphi_n$，它们决定 QAM 信号在信号空间中的 M 个坐标点。用来描述 QAM 信号的信号空间分布状态的图形称为星座图（矢量端点的分布图）。以16QAM信号为例。对于16QAM信号，矢量图有两种形式，如图5-34所示。

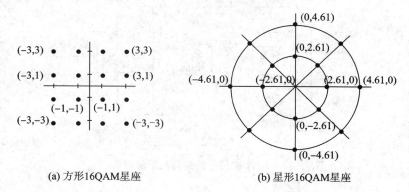

(a) 方形16QAM星座　　　　　　　　(b) 星形16QAM星座

图5-34　16QAM信号星座图

在图5-34(a)中，信号点的分布呈方形，故称为方形16QAM星座，也称为标准型16QAM。在图5-34(b)中，信号点的分布呈星形，故称为星形16QAM星座。若信号点之间的最小距离为1，且所有信号点等概率出现，则平均发射信号功率为

$$P_{\text{S}} = \frac{1}{M}\sum_{n=1}^{M}(X_n^2 + Y_n^2) \tag{5.5.2}$$

对于方形16QAM星座，有

$$P_{\text{S}} = \frac{1}{M}\sum_{n=1}^{M}(X_n^2 + Y_n^2) = \frac{1}{16}(4\times2 + 8\times10 + 4\times18) = 10 \tag{5.5.3}$$

对于星形16QAM星座，有

$$P_{\text{S}} = \frac{1}{M}\sum_{n=1}^{M}(X_n^2 + Y_n^2) = \frac{1}{16}(8\times2.61^2 + 8\times4.61^2) = 14.03 \tag{5.5.4}$$

由式(5.5.3)和式(5.5.4)可看出两者功率相差4.03 dB。另外，两者的星座结构也有重要的差别：星形16QAM只有两种振幅值，方形16QAM有三种振幅值；星形16QAM只有8种相位值，方形16QAM有12种相位值。这使得在衰落信道中，星形16QAM比方形16QAM更具有吸引力。

对于MQAM信号，当$M = 4, 16, 32, \cdots, 256$时的星座图如图5-35所示。图中，

$M=4,16,64,256(M$ 为 2 的偶次方)时星座图为矩形，每个符号携带偶数个比特信息；$M=32,128(M$ 为 2 的奇次方)时星座图为十字形。每个符号携带奇数个比特信息。

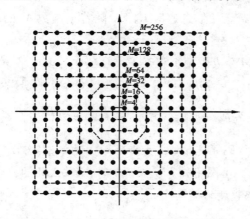

图 5 - 35　MQAM 信号的星座图

2. QAM 信号的产生和解调

QAM 信号的调制原理图如图 5 - 36 所示。输入的二进制数据经过串/并变换器输出速率减半的两路并行序列，再分别经过 $2-L$ 电平的变换，形成 L 电平的基带信号。L 电平的基带信号经过预调制低通滤波器后，分别与同相载波和正交载波相乘。最后将两路信号相加得到 QAM 信号。

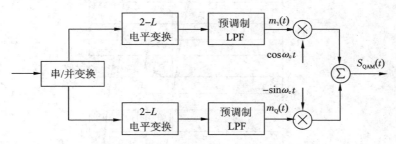

图 5 - 36　QAM 信号调制原理图

QAM 信号只能采用相干解调方式。其原理图如图 5 - 37 所示。解调器输入信号与本地恢复的两个正交载波相乘后，经过低通滤波输出两路多电平基带信号。多电平判决器对多电平基带信号进行判决和检测，再经 $L-2$ 电平转换和并/串变换器最终输出二进制数据。

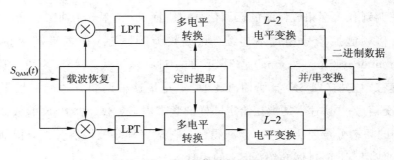

图 5 - 37　QAM 信号解调原理图

3. QAM 信号的抗噪声性能

在给定的信息速率 R_B 和进制数 M 的条件下，MQAM 信号的信息频带利用率与 MPSK、MASK 相同。在给定的信息速率 R_b 下，随着进制数 M 的增加，MQAM 信息的频带利用率也随之提高。

对于方形 QAM，可以看成由两个相互正交且独立的多电平 ASK 信号叠加而成的。故利用多电平信号误码率的分析方法，可得到 M 进制 QAM 的误码率为

$$P_e = (1-L)\mathrm{erfc}\left[\sqrt{\frac{3\log L}{L^2-1}\left(\frac{E_b}{n_0}\right)}\right] \tag{5.5.5}$$

式中：$M=L^2$；E_b 为每比特码元能量；n_0 为噪声单边功率谱密度。图 5 - 38 所示为 M 进制方形 QAM 的误码率曲线。由图可知，M 大于 4 时，MQAM 的抗噪声性能优于 MPSK，且随着 M 的增加，这种优势越明显。

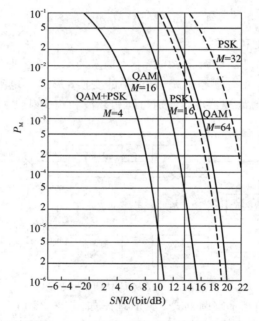

图 5 - 38　M 进制方形 QAM 的误码率曲线

5.5.2　最小频移键控

数字频率调制和数字相位调制的已调信号包络恒定，有利于在非线性特性的信道中传输。由于一般移频键控信号相位不连续、频偏较大等原因，使频谱利用率较低。MSK（Minimum Frequency Shift Keying）是 2FSK 的一种特殊形式。MSK 为最小移频键控，有时也称为快速移频键控（FFSK）。所谓"最小"，是指这种调制方式能以最小的调制指数（0.5）获得正交信号；"快速"是指在给定同样的频带内，MSK 比 2PSK 的数据传输速率更高，且在带外的频谱分量要比 2PSK 衰减得快。它是一种高效调制方式，特别适合移动无线通信系统中使用。下面具体介绍 MSK 的原理。

1. MSK 信号

MSK 信号是一种相位连续、包络恒定并且占用带宽最小的 2FSK 信号。MSK 信号可以表示为

$$S_{\text{MSK}}(t) = \cos(\omega_c t + \varphi_k(t)), \quad (k-1)T_s < t \leqslant kT_s \tag{5.5.6}$$

式中，$\varphi_k(t) = \dfrac{a_k \pi}{2T_s} t + \varphi_k$，是顺时相位。$a_n = \pm 1$，分别表示数字信号的"1"和"0"。$T_s$ 为码元宽度。若 f_1、f_2 是 MSK 信号的两个频率，则其频率间隔 Δf 为 $1/2T_s$。

MSK 信号具有的特点：已调信号幅度恒定不变；信号频率偏移严格等于 $\pm 1/4T_s$，此时的调频指数为 $\Delta f/f_s = 0.5$；若以载波相位为基准，信号相位在一个码元期间内线性变化为 $\pm \pi/2$；在一个码元间隔内，信号包括 1/4 载波周期的整数倍；在码元转换时刻，信号的相位是连续的（相位无突跳）。

由式(5.5.6)可知，每个码元期间载波相位变化取决于 a_n。假设初相位 $\varphi_k = 0$，则 $\varphi(t)$ 随时间的变化规律如图 5 - 39(a)所示。图中每条路径表示了不同二进制序列的相位变化。每比特相位变化为 $\pm \pi/2$，故在每码元结束时 $\varphi(t)$ 必定是 $\pi/2$ 的整数倍。图 5 - 39(b)所示为二进制数据 001011101 的相位路径。

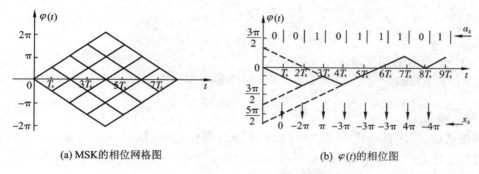

(a) MSK的相位网格图　　　　　　　　　　(b) $\varphi(t)$ 的相位图

图 5 - 39　MSK 的相位网格图

2. MSK 信号的产生和解调

对于式(5.5.6)，还可以写成两路正交的形式，即

$$S_{\text{MSK}}(t) = \cos\varphi_k \cos\frac{\pi t}{2T_s} \cos\omega_c t - a_k \cos\varphi_k \sin\frac{\pi t}{2T_s} \sin\omega_c t$$

$$= I_k \cos\frac{\pi t}{2T_s} \cos\omega_c t - Q_k \sin\frac{\pi t}{2T_s} \sin\omega_c t, \quad (k-1)T_s < t \leqslant kT_s \tag{5.5.7}$$

$$I_k = \cos\varphi_k = \pm 1 \quad Q_k = a_k \cos\varphi_k = a_k I_k = \pm 1$$

由式(5.5.7)可得 MSK 信号的产生原理图如图 5 - 40 所示。图中输入二进制码元经过差分编码后，再进行串/并变换得到两路并行不归零双极性码，且相互错开一个码元波形，然后再分别与 $\cos\dfrac{\pi t}{2T_s}\cos\omega_c t$、$\sin\dfrac{\pi t}{2T_s}\sin\omega_c t$ 相乘，上下两路相加就得到 MSK 信号。

MSK 信号的解调可以采用相干解调和非相干解调，电路形式很多。这里介绍一种 MSK 信号延迟相干解调法，其解调原理图如图 5 - 41 所示。图中两个积分判决器的积分时间长度均为 $2T_s$，但是错开时间 T_s。上支路的积分判决器先给出第 $2i$ 个码元输出，然后下支路给出第 $(2i+1)$ 个码元输出。

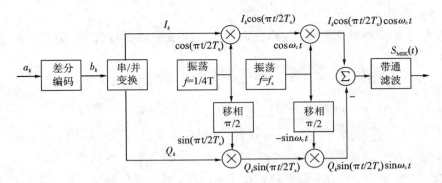

图 5-40 MSK 信号的产生原理图

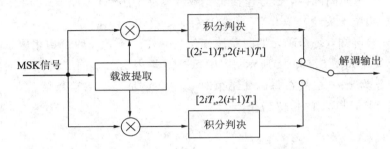

图 5-41 MSK 延迟相干解调原理框图

3. MSK 信号的功率谱

MSK 信号的归一化(平均功率＝1 W 时)单边功率谱密度 $P_s(f)$ 可表示为

$$P_s(f) = \frac{32T_s}{\pi^2}\left[\frac{\cos 2\pi(f-f_s)T_s}{1-16(f-f_s)^2 T_s^2}\right]^2 \tag{5.5.8}$$

根据式(5.5.8)可画出 MSK 信号的功率谱与其他功率谱的对比图，如图 5-42 所示。由图可见，与 QPSK 和 OQPSK 信号相比，MSK 信号的功率谱更为集中，即其旁瓣下降得更快。故它对相邻频道的干扰较小。

4. 高斯最小频移键控

MSK 信号具有包络恒定和带外功率谱密度下降快等优势。然而在移动通信中，MSK 占带宽仍然较宽，频谱衰减仍然不够快。致使传输数字信号时会产生邻道干扰。可以在进行 MSK 调制前将矩形信号脉冲先经过一个高斯型的低通滤波器，滤除高频分量，得出较紧凑的功率谱，提高频谱利用率。这种体制称为高斯最小频移键控(Gaussian Minimum Shift Keying, GMSK)。此高斯型低通滤波器的频率特性为

$$H(f) = \exp\left[-\left(\frac{\ln 2}{2}\right)\left(\frac{f}{B}\right)^2\right] \tag{5.5.9}$$

式中，B 为滤波器 3 dB 带宽。将式(5.5.9)作傅里叶反变换可得到此滤波器的冲击响应 $h(t)$ 为

$$h(t) = \frac{\sqrt{\pi}}{\alpha}\exp\left[\left(-\frac{\pi}{\alpha}t\right)^2\right] \tag{5.5.10}$$

式中，$\alpha = \sqrt{\frac{\ln 2}{2}}\frac{1}{B}$。GMSK 信号的功率谱密度很难分析计算。用计算机仿真方法得到的结果如图 5-42 中相应图形所示。仿真时采用的滤波器的 3 dB 带宽 B 为码元速率的 0.3 倍。

在 GSM 的蜂窝网中采用这种方式的 GMSK 调制可以得到更大的用户容量。GMSK 体制的缺点为存在码间串扰。BT_s 值越小，码间串扰越大。

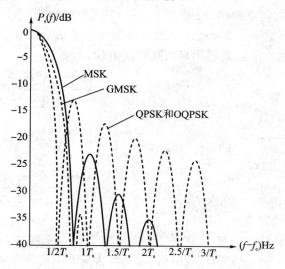

图 5-42　MSK 信号与其他功率谱的对比图

5.5.3　π/4 - DQPSK

1. π/4 - DQPSK 的调制原理

π/4 - DQPSK(π/4 - Shift Differentially Encoded Quadrature Phase Shift Keying)是一种正交相移键控调制，具有 QPSK 和 OQPSK 两种调制方式的优点。π/4 - DQPSK 有比 QPSK 更小的包络波动和比 GMSK 更高的频谱利用率。在多径扩展和衰落的情况下，π/4 -DQPSK 比 OQPSK 的性能更好。π/4 - DQPSK 已被用于北美和日本的数字蜂窝移动通信系统。π/4 - DQPSK 信号的形式为

$$S_k(t) = \cos\varphi_k \cos(2\pi f_c t) - \sin\varphi_k \sin(2\pi f_c t)$$
$$= I_k \cos(2\pi f_c t) - Q_k \sin(2\pi f_c t) \tag{5.5.11}$$

当前码元的相位 φ_k 是前一码元相位 φ_{k-1} 与当前码元相位跳变量 $\Delta\varphi_k$ 之和，即 $\varphi_k = \varphi_{k-1} + \Delta\varphi_k$，故

$$I_k = \cos(\varphi_k) = \cos(\varphi_{k-1} + \Delta\varphi_k) = I_{k-1}\cos\Delta\varphi_k - Q_{k-1}\sin\Delta\varphi_k$$
$$Q_k = \sin(\varphi_k) = \sin(\varphi_{k-1} + \Delta\varphi_k) = Q_{k-1}\cos\Delta\varphi_k - I_{k-1}\sin\Delta\varphi_k \tag{5.5.12}$$

式(5.5.12)表明了当前码元两正交信号 I_k、Q_k 取决于前一码元两正交信号 I_{k-1}、Q_{k-1} 与当前码元的相位跳变量 $\Delta\varphi_k$，而当前码元的相位跳变量 $\Delta\varphi_k$ 又取决于相位编码器的输入码组，它们的关系如表 5-3 所示。

表 5-3　π/4 - DQPSK 的相位跳变规则

I_k　Q_k	$\Delta\varphi_k$	$\cos\Delta\varphi_k$	$\sin\Delta\varphi_k$
1　1	$\pi/4$	$1/\sqrt{2}$	$1/\sqrt{2}$
0　1	$3\pi/4$	$-1/\sqrt{2}$	$1/\sqrt{2}$
0　0	$-3\pi/4$	$-1/\sqrt{2}$	$-1/\sqrt{2}$
1　0	$-\pi/4$	$1/\sqrt{2}$	$-1/\sqrt{2}$

表 5 - 3 的规则决定了在码元转换时刻的相位跳变量只有 $\pm\pi/4$ 和 $\pm3\pi/4$ 四种取值。其相位关系图如图 5 - 43 所示。

$\pi/4$ - DQPSK 的调制原理图如图 5 - 44 所示。图中的数据经过串/并变换之后得到两路信号，通过相位差分编码、基带成形得到成行波形 I_k、Q_k，然后分别进行正交调制合成 $\pi/4$ - DQPSK 信号。图中的滤波器用来消除码间串扰。

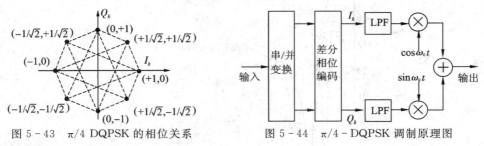

图 5 - 43　$\pi/4$ DQPSK 的相位关系　　　　图 5 - 44　$\pi/4$ - DQPSK 调制原理图

2. $\pi/4$ - DQPSK 的解调

$\pi/4$ - DQPSK 的解调方式与 4DPSK 相似。在加性高斯白噪声（AWGN）信道中，相干解调的 $\pi/4$ - DQPSK 与 4DPSK 具有相同的误码性能。为了实现方便，$\pi/4$ - DQPSK 经常采用差分检测法来解调。在低比特率、快速瑞利衰落信道中，差分检测提供了较好的误码性能。$\pi/4$ - DQPSK 信号的基带差分检测器的原理如图 5 - 45 所示。

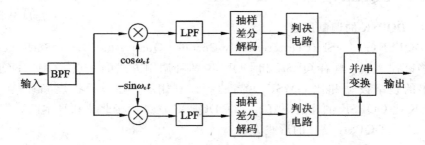

图 5 - 45　$\pi/4$ - DQPSK 信号的基带差分检测器的原理

图 5 - 45 中，$\pi/4$ - DQPSK 解调器的本地振荡器产生的正交载波与发射载波频率相同，但有固定的相位差 $\Delta\varphi$。同相支路和正交支路经过抽样差分解码后的输出分别为

$$\begin{cases} y_I(t) = \cos\Delta\varphi_k \\ y_Q(t) = \sin\Delta\varphi_k \end{cases} \tag{5.5.13}$$

由式(5.5.13)和表 5 - 3 中 $\pi/4$ - DQPSK 的跳变规则即可判决出原始数据 I_k、Q_k。再经过并/串变换即可恢复出发送的数据序列。

$\pi/4$ - DQPSK 信号的解调还可采用 FM 鉴频器检测和中频差分检测方法，并且这三种解调方式是等价的。

3. $\pi/4$ - DQPSK 系统的性能

在加性高斯白噪声信道条件下，采用基带差分检测解调方式，$\pi/4$ - DQPSK 系统的误比特率为

$$P_e = e^{-2r} \sum_{n=0}^{\infty} (\sqrt{2} - 1)^n I_n(\sqrt{2}r) - \frac{1}{2} I_0(\sqrt{2}r) e^{-2r} \tag{5.5.14}$$

式中，$r = E_b/n_0$，I_n 是第一类第 n 阶修正贝塞尔（Bessel）函数。误码率曲线如图 5 - 46 所

示。由图可知，当收发两端存在相位漂移 $\Delta\varphi=2\pi\Delta f_{\mathrm{T}}$ 时，将会增加系统误比特率。图 5 - 46 中给出了不同 Δf_{T} 时的误比特率曲线。可以看出，当 $\Delta f_{\mathrm{T}}=0.025$，即频率偏差为码元速率的 2.5% 时，在一个码元期间内将产生 9° 的相位差。在误比特率为 10^{-5} 时，该相位差将会引起 1 dB 左右的性能恶化。

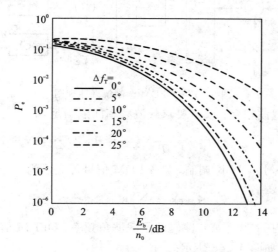

图 5 - 46　$\pi/4$ - DQPSK 的误码率曲线

5.5.4　正交频分复用

前面讨论的几种调制方式是单载波串行调制体制。还有一种调制方式是多载波并行调制体制。它是将高速率的数据序列经串/并变换后分割为若干低速数据流，每路低速数据流通过一个独立的载波调制，然后叠加构成发送信号。接收端用同样数量的载波对发送信号进行相干接收获得低速率信息数据后，通过并/串变换得到原始的高速数据信号。正交频分复用(Orthogonal Frequency Division Multiplexing，OFDM)就是多载波并行调制体制的一种。与单载波串行调制体制相比，多载波并行调制体制具有以下优点：

(1) 抗多径干扰和频率选择性衰落能力强。

(2) 抗脉冲干扰的能力强。

(3) 可以采用动态比特分配技术，遵循优质信道多传输，较差信道少传输，劣质信道不传输的原则，使系统达到最大比特率。

目前，OFDM 已经较广泛地应用于非对称数字用户环路、高清晰度电视信号传输、数字视频广播、无线局域网和 4G 移动通信系统等领域。OFDM 技术的缺点主要有两个：

(1) 对信道产生的频率偏移和相位噪声很敏感。

(2) 信号峰值功率和平均功率的比值较大，降低射频功率放大器的效率。

1. OFDM 的基本原理

OFDM 技术的原理是将高速的信息流通过串/并变换后分割为 N 路并行低速数据流，用 N 个相互正交的载波对 N 路低速数据流进行调制，然后叠加形成 OFDM 发射信号。接收端用同样正交的载波对发送信号进行相干接收获得低速率信息数据，通过并/串变换得到原始的高速数据信号。OFDM 的调制解调原理如图 5 - 47 所示。

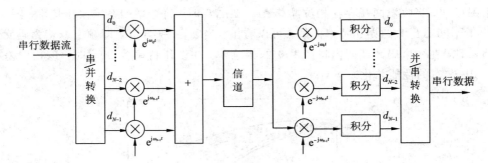

图 5-47　OFDM 调制解调原理图

为了保证 N 路的载波相互正交，要求载波频率间隔满足：

$$\Delta f = f_n - f_{n-1} = \frac{1}{T_s}, \quad n = 1, 2, \cdots, N-1 \tag{5.5.15}$$

设 OFDM 系统中采用 BPSK 调制，则 OFDM 信号可表示为

$$S_m(t) = \sum_{n=0}^{N-1} A_n \cos\omega_n t \tag{5.5.16}$$

式中：A_n 为第 n 路并行码；ω_n 为第 n 路码的子载波角频率。OFDM 信号由 N 个信号叠加而成，其频谱结构示意图如图 5-48 所示。

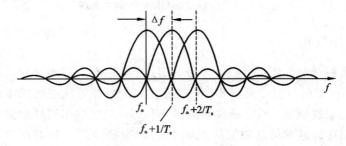

图 5-48　OFDM 信号的频谱结构图

由图 5-48 可得 OFDM 的频谱带宽为

$$B = (N-1)\frac{1}{T_s} + \frac{2}{T_s} = \frac{N+1}{T_s} \tag{5.5.17}$$

OFDM 信道中的码元速率 $R_B = N/T_s$，故频带利用率为

$$\frac{R_B}{B} = \frac{N}{N+1} \tag{5.5.18}$$

由式(5.5.18)可以看出，OFDM 系统的频带利用率与单载波的串行体制相比提高了近一倍。

2. OFDM 技术的实现

式(5.5.16)还可表示为复数的形式：

$$S_m(t) = \mathrm{Re}\Big[\sum_{n=0}^{N-1} A_n \mathrm{e}^{\mathrm{j}2\pi f_n t}\Big] \tag{5.5.19}$$

式中，A_n 是一个复数，为第 n 路子信道中的复输入数据。若对 $S_m(t)$ 以 N/T_s 的采样速率采样，则在 $[0, T_s]$ 内得到 N 点离散序列 $d(n)$，$n=0, 1, \cdots, N-1$。这时，采样间隔 $T = T_s/N$，采样时刻 $t=kT$ 的 OFDM 信号为

$$S_m(kT) = \mathrm{Re}\Big[\sum_{n=0}^{N-1} d(n)\mathrm{e}^{\mathrm{j}2\pi f_n kT}\Big] = \mathrm{Re}\Big[\sum_{n=0}^{N-1} d(n)\mathrm{e}^{\mathrm{j}2\pi f_n kT_s/N}\Big] \qquad (5.5.20)$$

设 $\omega_n = 2\pi f_n = 2\pi n/T_s$，则式(5.5.20)可表示为

$$S_m(kT) = \mathrm{Re}\Big[\sum_{n=0}^{N-1} d(n)\mathrm{e}^{\mathrm{j}2\pi\frac{nk}{N}}\Big] \qquad (5.5.21)$$

将式(5.5.21)与离散傅里叶逆变换(IDFT)形式：

$$g(kT) = \sum_{n=0}^{N-1} G\Big(\frac{n}{NT}\Big)\mathrm{e}^{\mathrm{j}2\pi\frac{nk}{N}} \qquad (5.5.22)$$

相比较可以看出，式(5.5.22)的实部正好是式(5.5.21)。可见，OFDM 信号的产生可以基于快速离散傅里叶变换实现。在发送端对串/并变换的数据序列进行 IDFT，将结果经信道发送至接收端，然后对接收到的信号再作 DFT，取其实部就可以不失真地恢复出原始的数据。其实现原理图如图 5-49 所示。

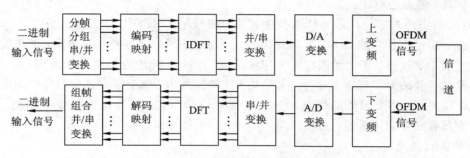

图 5-49　OFDM 的 DFT 实现原理图

5.6　数字调制技术的应用

1. QPSK 调制技术

　　QPSK 广泛应用于数字微波通信系统、数字卫星通信系统、宽带接入与移动通信及有线电视的上行传输。在卫星数字电视传输中普遍采用的 QPSK 调谐器，是当今卫星数字电视传输中对卫星功率、传输效率、抗干扰性以及天线尺寸等多种因素综合考虑的最佳选择。欧洲与日本的数字电视首先考虑的是卫星信道，采用 QPSK 调制。我国也出现了采用 QPSK 调制解调的卫星广播和数字电视机。

　　要实现卫星电视的数字化，必须在卫视传输中采用高效的调制器和先进的压缩技术，因为我国现行的 PAL 制彩色电视是采用 625 行/50 场，其视频带宽为 5 MHz，根据 4∶2∶2 的标准，625 行/50 场的亮度信号(Y)的取样频率为 13.5 MHz，每个色差信号($R-Y$)和($B-Y$)的取样频率均为 6.75 MHz。当 Y、($R-Y$)、($B-Y$)信号的每个取样为 8 bit 量化时，电视信号经数字化后亮度信号的码率为 $13.5\times8=108$ Mb/s，色度信号的码率为 $6.75\times8\times2=108$ Mb/s，总码率为色亮码率之和，即 216 Mb/s，在现有的传输媒介中要传送这样宽带的数字电视信号是不可能的。采用四相相移键控(QPSK)调制之后，可把传输的带宽降到 100 MHz 左右，再使用电视图像及伴音压缩编码技术，常用 MPEG-2(运动图像压缩编码标准)，可以把数字电视信号中包含的冗余信息去除，即在保证接收端电视图像质量的前提下，采用数字视频压缩技术，可以降低传送码率，使传送带宽减少，实

现多路传输。目前，可以把 216 Mb/s 速率的数字电视信号压缩到 5 Mb/s，使原来只能传送 1 路模拟电视的 36 Mb/s 卫星转发器，现在可同时传送 5 路数字电视信号。这样，数字信号经码率压缩技术处理后，信号传输容量会得到数倍甚至数十倍的增加。

2. QAM 调制技术

QAM 调制主要用在有线数字视频广播和宽带接入等通信系统方面。

QAM 调制方式的多媒体高速宽带数据广播系统采用 DVB - C 有线数字视频广播标准，代表着数字化的发展方向，有 16 QAM、32 QAM、64 QAM、128 QAM、256 QAM 之分，数字越大，频带利用率越高，但同时抗干扰能力也随之降低。采用 64 QAM 调制方式，可在传统 8 MHz 模拟频道带宽上传输约 40 Mb/s 数据流，可在一个标准 PAL 通道上传输 4～8 套数字电视节目，它的末端用户可以是计算机，也可以是带数字机顶盒的电视机。QAM 在安全授权方面比 QPSK 调制方式更可靠，完全能满足海量信息传输的需要，其传输速率更高，通道还可优化。

QAM 目前还被广泛用于 ADSL 调制技术，在 QAM 调制中，发送数据在比特/符号编码器内被分成速率各为原来 1/2 的两路信号，分别与一对正交调制分量相乘，求和后输出。接收端完成相反过程，正交解调出两个相反码流，均衡器补偿由信道引起的失真，判决器识别复数信号并映射回二进制信号。采用 QAM 调制技术，信道带宽至少要等于码元速率，为了定时恢复，还需要另外的带宽，一般要增加 15% 左右。与其他调制技术相比，QAM 调制技术具有充分利用带宽、抗噪声强等特点。

3. FBMC 技术

FBMC(Filter Bank Multi-carrier)滤波组多载波调制是 5G 的备选方案。

传统的正交频分复用(OFDM)的设计思想是将信道分成多个子信道，而所有子信道都是正交的，将数据符号调制到每个子信道上进行传输，这样数据传输变得更为高速和稳定。OFDM 的技术本质就是 FFT 滤波器组，其原型滤波器最大的缺点是带外衰落缓慢，这在实际应用中会产生严重的频谱泄漏。循环前缀的引入使得 OFDM 符号波形周期增大，在一定程度上造成了资源的浪费，减少了符号率。

与 OFDM 相比，FBMC 用一组优化的滤波器组代替 OFDM 中的矩形窗函数，从而达到降低带外衰减的目的；其次，FBMC 的原型滤波器可以被设计成带有很大的灵活性去匹配时间或者频率色散信道及具有较小的旁瓣去应对不同标准的多址接入或机会式频谱接入通信；进一步，由于原型滤波器的冲击响应和频率响应可以根据需要进行设计，各子载波之间不必是正交的，允许更小的频率保护带，因此不需要插入循环前缀；最后，FBMC 能实现各子载波带宽设置、各子载波之间的交叠程度的灵活控制，从而可灵活控制 ICI，并且便于使用一些零散的频谱资源。图5-50所示为 FBMC 的快速傅里叶实现原理图。图5-51所示为 OFDM 和 FBMC 调制技术频谱的对比。

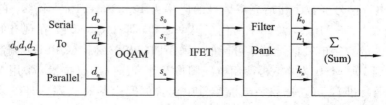

图 5-50　FBMC 的快速傅里叶实现原理图

　　FBMC 技术因为子载波具有较窄的带宽，发射滤波器的冲击响应长度通常很长，于是 FBMC 的帧一般比 OFDM 的帧长，但 FBMC 符号中没有循环前缀，从而可以弥补这种效率损失；此外，FBMC 的计算复杂度高于 OFDM，但由于信号处理和电子设备的显著进步，FBMC 的实际应用是可行的。

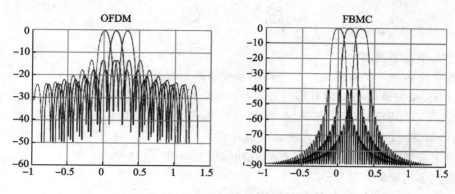

图 5-51　OFDM 和 FBMC 调制频谱图对比

　　5G 系统主要面临以下挑战：机对机通信（M2M）、频谱碎片化、实时应用和异构网络。从无线传输的层面看，由于 M2M 的大规模和不定时性，不宜采用对同步要求高的方案；若要充分挖掘已用频带之间的碎片资源，不宜采用旁瓣功率泄漏较大的方案；实时应用频繁地使用短帧传输数据；最后，在异构网中不同子带应当是异步的、可灵活分配的。

　　FBMC 刚好可以满足上述要求，是一种频谱效率高、实现复杂度尚可、无需同步的多载波传输方案。其在每个子载波上滤波，滤波器经过特殊设计满足奈奎斯特无码间干扰准则来消除符号间干扰（ISI），故为 5G 的备选方案。

本 章 小 结

　　本章重点介绍了各种数字调制系统的原理及抗噪声性能。同时简单介绍了多进制数字调制和现代新型数字调制的基本原理。

　　实际通信系统中的信道多数为带通传输特性。故数字通信系统通常使用高频载波将基带信号变成适合信道传输的数字频带信号（数字调制）来传输，这样可以增加带宽或提高信息传输容量。

　　数字调制根据已调信号影响载波的参数不同可以分为频移键控（ASK）、幅移键控（ASK）和相移键控（PSK）。本章重点介绍二进制数字调制（2ASK、2FSK 和 2PSK）的基本原理和抗噪声性能。在选择调制方式时，若以系统的抗噪声性能为标准，应选 2PSK，但 2PSK 存在相位模糊问题，故可用 2DPSK；若以频带利用率较高为标准，应选 2PSK 和 2DPSK；若以抗信道衰落能力为标准，2FSK 信号具有很强的优势。通信系统中为了提高传输效率可采用多进制数字键控，如 MASK、MFSK、MPSK、MDPSK 等。

　　各种数字键控的解调方法主要有相干解调和非相干解调。相干解调的误码率比非相干解调低。但在接收端需要从信号中提取相干载波。故设备相对较复杂。非相干解调的误码率较高，不需要提取载波，故设备相对简单。在衰落信道中，接收信号存在相位起伏，适合采用非相干解调。

　　为了适应各种新的通信系统的要求，提高频带利用率和抗干扰能力，可采用 QAM、MSK、GMSK、π/4 – DQPSK 以及 OFDM 等几种具有代表性的现代数字调制技术。

思　考　题

　　1. 什么是数字调制？

　　2. 数字调制的分类有哪些？数字调制和模拟调制有哪些异同？

　　3. 2FSK 信号调制与解调有哪些方式？2FSK 采用包络检波器解调的条件是什么？

　　4. 2ASK、2FSK、2PSK 在带宽、频带利用率及抗噪声性能上有哪些区别？

　　5. 2PSK 和 2DPSK 调制方式的区别是什么？

　　6. 数字调制中哪些属于线性调制？哪些属于非线性调制？

　　7. 简述多进制调制的特点。

　　8. 比较 MQPSK 和 MPSK 的抗噪声性能。

　　9. 什么是 GMSK？它与 MSK 调制有什么联系？

　　10. π/4 – DQPSK 的调制原理是什么？其跳变规则有哪些？

　　11. 什么是 OFDM？说明其优缺点及应用领域。

习　　题

　　5.1　已知 2ASK 系统的码元传输速率为 103 B，所用的载波信号 $A\cos(4\pi \times 103t)$。

　　(1) 设所传数字信息为 0101011，试画出相应的 2ASK 信号波形示意图；

　　(2) 求 2ASK 信号的带宽。

　　5.2　设某 2FSK 调制系统的码元传输速率为 1000 B，已调信号的载频为 1000 Hz(发送"0")和 2000 Hz(发送"1")。试求：

　　(1) 若发送数字信息为 011010，试画出相应的 ZFSK 信号波形；

　　(2) 试讨论这时的 2FSK 信号应选择怎样的解调器解调？

　　(3) 若发送数字信息是等可能的，试画出它的功率谱密度草图。

　　5.3　设在某 2DPSK 系统中，载波频率为 2400 Hz，码元速率为 1200 B，已知相对码序列为 1101010011。

　　(1) 试画出 2DPSK 信号的波形(注:相对偏移 $\Delta\varphi$，可自行假设)；

　　(2) 若采用差分相干解调法接收该信号时，试画出解调系统的各点波形；

　　(3) 若发送信息符号 0 和 1 的概率分别为 0.6 和 0.4，试求 2DPSK 信号的功率谱密度。

　　5.4　已知数字序列 $\{a_n\}$＝110011000011，码元速率为 1200 B，载波频率为 1200 Hz。

　　(1) 试画出 2PSK、2DPSK 信号的波形(注:相对偏移 $\Delta\varphi$，可自行假设)；

　　(2) 求出 2PSK、2DPSK 信号的带宽。

　　5.5　若采用 2FSK 方式传送二进制数字信息，已知发送端发出的信号振幅为 5 V，输入接收端解调器的高斯噪声功率 $\sigma_n^2＝3\times10^{-12}$ W，要求误码率 $P_e＝10^{-4}$。试求：

（1）非相干接收时，由发送端到解调器输入端的衰减应为多少？

（2）相干接收时，由发送端到解调器输入端的衰减应为多少？

5.6 某 2FSK 系统的码元传输速率为 2×106 B，数字信息为"1"时的频率 $f_1 = 10$ MHz，数字信息为"0"时的频率为 $f_2 = 10.4$ MHz，输入接收解调器的信号峰值振幅 $a = 40 \mu V$，信道加性噪声为高斯白噪声，且单边功率谱密度 $n_0 = 6 \times 10^{-18}$ W/Hz。试求：

（1）2FSK 信号的第一零点带宽；

（2）非相关接收时，系统的误码率；

（3）相关接收时，系统的误码率。

5.7 已知发送载波幅度 $A = 10$ V，在 4 kHz 带宽的电话信道中分别利用 2ASK、2FSK 及 2PSK 系统进行传输，信道衰减为 1 dB/km，$n_0 = 10^{-8}$ W/Hz，若采用相干解调，求误码率 $P_e = 10^{-5}$ 时各种传输方式分别传输信号多少千米？

5.8 已知数字信息"1"时，发送信号功率为 1 kW，信道衰减为 60 dB，接收端解调器输入的噪声功率为 10^{-4} W。试求 2ASK 系统和相干 2PSK 系统的误码率。

5.9 设发送数字信息序列为 01011000110100，试按 A 方式的要求，分别画出相应的 4PSK 及 4DPSK 信号的所有可能波形。

5.10 对二进制 ASK 信号进行相干接收，已知发送"1"的概率为 P，发送"0"的概率为 $1-P$，已知发送信号的振幅为 5 V，解调器输入端的正态噪声功率为 3×10^{-12} W。

（1）若 $P = \dfrac{1}{2}$，$P_e = 10^{-4}$，则发送信号传输到解调器输入端时共衰减多少分贝？最佳门限值为多大？

（2）试说明 $P > \dfrac{1}{2}$ 时的最佳门限比 $P = \dfrac{1}{2}$ 时的大还是小？

（3）若 $P = \dfrac{1}{2}$，$r = 10$ dB，求 P_e。

5.11 已知 2FSK 信号的两个频率 $f_1 = 980$ Hz，$f_2 = 2180$ Hz，码元速率 $R_B = 300$ B，信道有效带宽为 3000 Hz，信道输出端的信噪比为 6 dB。试求：

（1）2FSK 信号的谱零点带宽；

（2）非相干解调时的误比特率；

（3）相干解调时的误比特率。

5.12 采用 8PSK 调制传输 4800 bit/s 数据，求 8PSK 信号的带宽。

5.13 求传码率为 200 B，采用八进制 ASK 系统的带宽和信息速率。若采用二进制 ASK 系统，其带宽和信息速率又是多少？

5.14 已知二元信息为 01101110，以双极性不归零矩形波进行 OQPSK 信号的调制，不考虑成形滤波。

（1）试画出 I 路和 Q 路的基带波形和频带波形，并说明相位是如何跳变的。

（2）假设 OQPSK 调制器的输入为等概率的位二进制符号，信息速率为 1 Mbit/s，试画出 OQPSK 已调信号的功率谱密度。

5.15 设发送数字信息序列为 $+1 -1 -1 -1 -1 -1 +1$，试画出 MSK 信号的相位变化图形。若码元速率为 1000 B，载频为 3000 Hz，试画出 MSK 信号的波形。

5.16 一个 GMSK 信号的 $BT_s = 0.3$，码元速率为 270 kB，试计算高斯滤波器的 3 dB

带宽 B。

5.17　设有一个 MSK 信号，其码元速率为 1000 B，分别用 f_1 和 f_0 表示码元"1"和码元"0"。若 f_1 等于 1250 Hz，试求 f_0 等于多少？并画出三个码元"101"的波形。

5.18　若 OFDM 系统由 N 路子载波组成，每路子载波采用 M 进制数字调制，试求 OFDM 系统的频带利用率。

5.19　已知二进制数字信息序列为 1001001110，采用 $\pi/4$-DQPSK 调制方式，设最初的参相位 $\varphi=0$，试确定在调制期间各码元对应的 $\Delta\varphi_k$、φ_k 及 I_k、Q_k。

5.20　电话信道可以通过 $300\sim3300$ Hz 频带的所有频率，设计一个调制解调器，符号传输速率为 2400 符号/秒，信息速率为 9600 bit/s，试选择合适的 QAM 信号、载波频率、滚降因子 α，并设计一个最佳接收的系统方框图。

第6章 模拟信号的数字化

6.1 引　　言

通信系统根据信道中传输的信号类型可以分为数字通信系统和模拟通信系统。若信源产生的模拟信号在数字通信系统中传输，则这种传输方式称为模拟信号的数字化通信系统。为了便于模拟信号在数字通信系统中无失真地传输，模拟信号的数字化通信系统要在发送端将模拟信号经过 A/D(模数)转换变换成数字信号，在接收端要将数字信号经过D/A(数模)转换变换成模拟信号交给模拟接收端。模拟信号的数字化通信系统原理如图6-1所示。

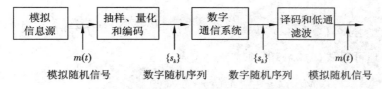

图 6-1　模拟信号的数字化通信系统原理图

由图 6-1 可以看出，发送端的 A/D(模数)转换包括抽样、量化和编码三个步骤。抽样是将时间和幅值都连续的模拟信号的定义域变离散形成抽样信号；量化是将定义域离散的抽样信号的幅值变离散；编码是将量化后的信号编码形成二进制码组。接收端的 D/A(数模)转换包括译码和低通滤波器，译码是编码的反过程。低通滤波器可以看做是采用的逆过程。译码和低通滤波器是将数字通信系统中传输的数字信号还原成原始的模拟信号。

本章重点分析模拟语音信号的数字传输。在模拟语音信号的数字传输中最基本和最常用的编码方法是脉冲编码调制(Pulse Code Modulation，PCM)。为了提高系统的传输效率，通常将 PCM 信号进一步压缩编码后再在通信系统中传输。本章重点介绍 PCM 的编码方法。

6.2　模拟信号的抽样

抽样是把时间和幅值都连续的模拟信号变换成在时间上离散的抽样信号。实际中模拟信号可分为低通型信号和带通型信号。低通型信号是指信号的最低频率小于信号带宽，如语音信号。带通型信号是指信号的最低频率大于信号的带宽，如常见的频带信号。故抽样定理可分为低通型抽样定理和带通型抽样定理。

6.2.1　低通模拟信号的抽样定理

低通信号的抽样定理:一个频带限制在$(0,f_H)$内、时间和幅值连续的模拟信号$m(t)$。若以采样频率$f_s\geqslant 2f_H$或$T_s\leqslant\dfrac{1}{2}f_H$,在接收端可通过低通滤波器由样值序列$m_s(t)$无失真地重建原始信号$m(t)$。

下面证明这个定理。

发送端抽样与接收端恢复的过程模型如图6-2所示。

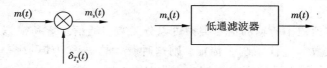

图6-2　抽样与恢复的过程模型

由图6-2可见,抽样过程是低通模拟信号$m(t)$与周期脉冲序列$\delta_{T_s}(t)$相乘的过程。采样信号$m_s(t)$可表示为

$$m_s(t)=m(t)\delta_{T_s}(t) \tag{6.2.1}$$

式中,$\delta_{T_s}(t)=\displaystyle\sum_{n=-\infty}^{\infty}\delta(t-nT_s)$,其频谱为$\delta_{T_s}(f)=\dfrac{2\pi}{T_s}\displaystyle\sum_{n=-\infty}^{\infty}\delta(f-nf_s)$,$T_s=\dfrac{1}{f_s}=\dfrac{2\pi}{\omega_s}$。根据频域卷积定理可得式(6.2.1)的频域表达式为

$$
\begin{aligned}
M_s(f)&=\frac{1}{2\pi}\left[M(f)*\delta_{T_s}(f)\right]\\
&=\frac{1}{2\pi}\left[M(f)*\frac{2\pi}{T_s}\sum_{n=-\infty}^{\infty}\delta(f-nf_s)\right]\\
&=\frac{1}{T_s}\sum_{n=-\infty}^{\infty}M(f-nf_s)
\end{aligned}
\tag{6.2.2}
$$

式(6.2.2)表明,抽样后信号的频谱$M_s(f)$是由无数间隔为f_s的信号频谱$M(f)$相叠加而成的。模拟信号的抽样过程如图6-3所示。

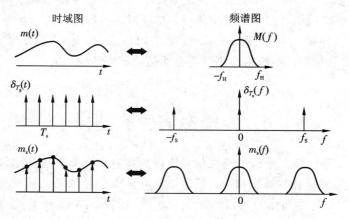

图6-3　模拟信号的抽样过程

由图 6-3 可见，抽样信号 $m_s(t)$ 的带宽无穷大；只要抽样频率 $f_s \geqslant 2f_H$，频谱 $M_s(f)$ 不会混叠，在接收端通过一个截止频率为 f_H 的理想低通滤波器无失真地恢复出原始信号；若抽样频率 $f_s < 2f_H$，则频谱 $M_s(f)$ 会混叠，在接收端无法无失真地恢复出原始信号。故恢复原始信号的条件为

$$f_s \geqslant 2f_H \qquad\qquad (6.2.3)$$

式 (6.2.3) 中，$f_s = 2f_H$ 为恢复原始信号的最低抽样速率，称为奈奎斯特抽样速率。相应的最大抽样间隔 T_s 为奈奎斯特抽样间隔。若抽样速率低于奈奎斯特速率或抽样间隔大于奈奎斯特抽样间隔都会使抽样信号的频谱发生混叠。若抽样速率为奈奎斯特速率，在接收端加一个截止频率为 f_H 的理想低通滤波器恰好恢复出原始信号。但理想低通滤波器不能实现。故实际中抽样频率 f_s 选择 $(2.5 \sim 5)f_H$。例如，典型电话信号的最高频率通常限制在 3400 Hz，而抽样频率通常采用 8000 Hz。

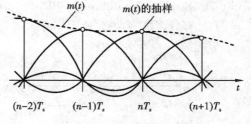

从图 6-2 中看出，频域中当 $f_s \geqslant 2f_H$ 时，接收端通过一个截止频率为 f_H 的理想低通滤波器无失真地恢复出原始信号。时域中滤波器的输出是一系列冲击响应之和构成的原始信号，如图 6-4 所示。

图 6-4　抽样信号的恢复

6.2.2　带通模拟信号的抽样定理

对于带通模拟信号，若按照低通信号的抽样定理 $f_s \geqslant 2f_H$ 抽样也能满足样值频谱不发生重叠的要求，但是抽样信号频谱中有大段的频谱不能利用，使得信道利用率低。

带通信号的抽样定理：若带通型模拟信号 $m(t)$ 频率限制在 $[f_L, f_H]$ 之间，信号带宽 $B = f_H - f_L$，则采样频率 f_s 满足

$$\frac{2f_H}{n+1} \leqslant f_s \leqslant \frac{2f_L}{n} \qquad\qquad (6.2.4)$$

时，样值频谱不会产生频谱混叠。其中 n 是一个不超过 f_L/B 的最大整数。若带通信号的最低频率 $f_L = nB + kB$，$0 \leqslant k < 1$，最高频率为 $f_H = (n+1)B + kB$，由式 (6.2.4) 可得带通信号的最低抽样速率 $f_{s(\min)} = 2B(1 + k/(n+1))$，$0 \leqslant k \leqslant 1$，它介于 $2B$ 和 $4B$ 之间，即 $2B \leqslant f_{s(\min)} \leqslant 4B$。$f_{s(\min)}$ 与 f_L 之间的关系如图 6-5 所示。图中，随着 n 的增加，折线的斜率越来越小。当 $f_L = 0$ 时，抽样速率取 $2B$，就是低通模拟信号的抽样情况；当 f_L 远远大于带宽 B（窄带信号）时，抽样速率近似取 $2B$。

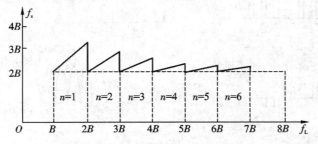

图 6-5　带通信号的最小抽样速率 $f_{s(\min)}$ 与 f_L 之间的关系

6.2.3 模拟脉冲调制

　　对抽样定理中采用理想的周期单位冲激序列 $\delta_{T_s}(t)$ 进行抽样，称为理想抽样。但实际中 $\delta_{T_s}(t)$ 不可能实现，通常采用周期的单位矩形脉冲序列 $g_{T_s}(t)$ 来代替，同样能够满足抽样定理的要求。从另一个角度，可以把周期性脉冲序列看做是用模拟信号对它进行振幅调制。这种调制称为脉冲振幅调制（Pulse Amplitude Modulation，PAM），如图 6-6（b）所示。一个周期性脉冲序列有脉冲周期、脉冲振幅、脉冲宽度和脉冲相位（位置）四个参量。脉冲周期受抽样定理的限制，故其他三个参量可以受调制。故脉冲调制可以分为脉宽调制（Pulse Duration Modulation，PDM）、脉位调制（Pulse Position Modulation，PPM）和脉幅调制（PAM），如图 6-6 所示。

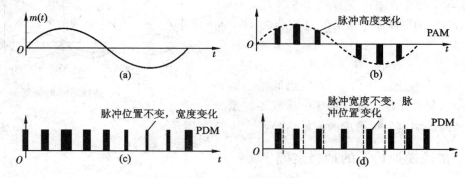

图 6-6　模拟脉冲调制

　　下面介绍用窄脉冲序列进行实际抽样的两种脉冲振幅调制方式：自然抽样的脉冲调幅和平顶抽样的脉冲调幅。

1. 自然抽样

　　自然抽样又称为曲顶抽样，是指抽样后的脉冲幅度（顶部）随被抽样信号 $m(t)$ 变化，或者说自然抽样保持了 $m(t)$ 的变化规律。自然抽样信号及其频谱如图 6-7 所示。

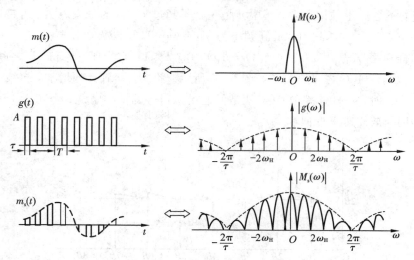

图 6-7　自然抽样信号及其频谱

2. 平顶抽样

平顶抽样又称为瞬时抽样，与自然抽样的不同之处在于抽样后信号中的脉冲均具有相同的形状（顶部平坦的矩形脉冲），矩形脉冲的幅度即为瞬时抽样值。平顶抽样 PAM 信号可以由理想抽样和脉冲形成电路产生，其原理框图及波形如图 6-8 所示，其中脉冲形成电路的作用就是把冲激脉冲变为矩形脉冲。

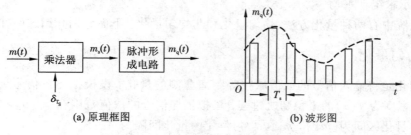

(a) 原理框图   (b) 波形图

图 6-8 平顶抽样的原理框图及波形

6.3 抽样信号的量化

6.3.1 量化原理

模拟信号经过抽样后在时间上离散，但幅值上还连续，并不是数字信号，必须经过量化才成为数字信号。量化是用预先规定的有限个电平来表示模拟抽样值的过程。或者说，量化是将取值连续的抽样值变成取值离散的抽样值。量化的过程如图 6-9 所示。

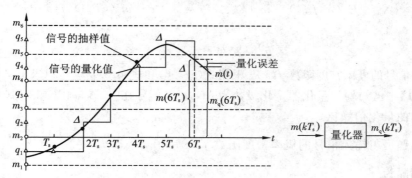

图 6-9 量化的过程

图 6-9 中，模拟信号 $m(t)$ 经过抽样频率 f_s 进行抽样，在 kT_s 时刻的抽样值用 $m(kT_s)$ 表示，在图形上用"·"表示。用 M 个规定电平 $q_1, q_2, \cdots, q_M$ 来对采样值进行量化。M 称为量化电平数或量化级数，其值的大小跟编码时用到的二进制位数有关。量化值用符号"Δ"表示，即

$$m_q(kT_s) = q_i \qquad m_{i-1} \leqslant m(kT_s) \leqslant m_i \tag{6.3.1}$$

由式（6.3.1）可知，对模拟抽样信号进行变换就是量化的过程。故量化后输出的是一系列的数字序列 $\{m_q(kT_s)\}$。量化后的 $m_q(kT_s)$ 是模拟抽样值 $m(kT_s)$ 的近似。量化值与抽样值之间的误差称为量化误差或量化噪声，用 $e(kT_s)$ 表示，即

$$e(kT_s) = |m_q(kT_s) - m(kT_s)| \tag{6.3.2}$$

量化噪声在接收端同噪声一样影响通信质量。把由量化误差产生的功率称为量化噪声功率，用 N_q 表示。衡量量化器性能时只看量化噪声是不够的，通常通过量化信噪比衡量。量化信噪比是信号功率 S 与量化噪声功率 N_q 的比值，即

$$\frac{S}{N_q} = \frac{E(m(kT_s)^2)}{E[(m(kT_s) - m_q(kT_s))^2]} \tag{6.3.3}$$

式中，E 表示求统计平均。

实际系统中有两种量化方法：均匀量化和非均匀量化。下面分别介绍这两种量化方法。

6.3.2　均匀量化

均匀量化是将输入信号的取值域按等距离分割的量化。设模拟随机信号 $m(t)$ 是均值为零、概率密度为 $f(x)$ 的平稳随机过程。模拟抽样信号的取值范围在 $[a, b]$ 之间，量化电平数为 M，量化区间为 $[m_{i-1}, m_i]$，均匀量化的量化间隔为

$$\Delta = m_i - m_{i-1} = \frac{b - a}{M} \tag{6.3.4}$$

量化区间的端点为 $m_i = a + i\Delta$，在均匀量化中，量化电平 q_i 取量化区间的中间值，即

$$q_i = \frac{m_i + m_{i-1}}{2}, \ i = 1, 2, \cdots, M \tag{6.3.5}$$

信号功率为

$$S = E[m^2(kT_s)] = \int_a^b x^2 f(x) \mathrm{d}x \tag{6.3.6}$$

量化噪声的功率为

$$N_q = E[(m(kT_s) - m_q(kT_s))^2] = \int_a^b (x - m_q(kT_s))^2 f(x) \mathrm{d}x$$

$$= \sum_{i=1}^M \int_{m_{i-1}}^{m_i} (x - q_i)^2 f(x) \mathrm{d}x \tag{6.3.7}$$

若已知信号的概率密度函数 $f(x)$，根据式(6.3.6)和式(6.3.7)就可以求出量化信噪比。

【例 6.1】　已知均匀量化器量化级数为 M，输入信号在 $[-a, a]$ 内具有均匀概率分布，试求输出端的量化信噪比。

解　由题可得输入信号的概率密度函数 $f(x) = \dfrac{1}{2a}$，

量化间隔为

$$\Delta = \frac{2a}{M}$$

根据式(6.3.6)可得

$$S = E[m^2(kT_s)] = \int_a^b x^2 f(x) \mathrm{d}x = \sum_{i=1}^M q_i^2 \int_{m_{i-1}}^{m_i} \frac{1}{2a} \mathrm{d}x = \sum_{i=1}^M q_i^2 \int_{-a+(i-1)\Delta}^{-a+i\Delta} \frac{1}{2a} \mathrm{d}x$$

$$\approx \int_{-a}^a x^2 \frac{1}{2a} \mathrm{d}x = \frac{a^2}{3} = \frac{M^2}{12} \Delta^2$$

根据式(6.3.7)可得

$$N_q = \sum_{i=1}^M \int_{m_{i-1}}^{m_i} (x - q_i)^2 f(x) \mathrm{d}x = \sum_{i=1}^M \frac{1}{24a} \Delta^3 = \frac{M\Delta^3}{24a} = \frac{\Delta^2}{12}$$

根据式(6.3.3)可得量化信噪比为

$$\frac{S}{N_q} = M^2$$

或

$$\left(\frac{S}{N_q}\right) \mathrm{dB} = 10\lg M^2 = 20\lg M\,(\mathrm{dB})$$

由量化信噪比可以看出，量化器的性能随着量化电平数 M 的增大而提高。

实际应用中，量化器的量化电平数 M 和量化间隔 Δ 是给定的。也就意味着量化噪声的功率是给定的。但是信号的强度是随时间变化的。即小信号的信号功率小，大信号的信号功率大。对于均匀量化而言，就会出现小信号量化信噪比小，大信号量化信噪比大的现象，对小信号不利。而实际的模拟信号都是以小信号为主。为了克服这个缺点，实际应用中通常采用非均匀量化。

6.3.3　非均匀量化

非均匀量化在整个信号幅度取值范围内量化间隔不相等，根据信号的大小来确定量化间隔。当信号幅值大时，量化间隔大，其量化误差大；当信号幅值小时，量化间隔小，其量化误差小。在此情况下，改善了小信号的量化信噪比。在实际应用中，非均匀量化的实现通常是在均匀量化之前进行压缩技术。接收端进行相应的扩张技术。压缩技术是对小信号放大、大信号相应缩小的过程。扩张技术是对放大后的小信号缩小，缩小后的大信号相应变大。压扩技术的特点如图 6-10 所示。

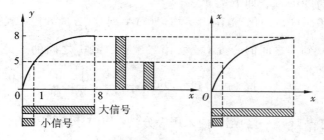

图 6-10　压扩技术的特性

要想满足上述压缩特性就要寻求一种函数关系。理论上具有不同概率分布的信号都有一个相对应的最佳压缩特性，使量化噪声达到最小。在数字电话中，一种简单而又稳定的非均匀量化器为对数量化器，采用压缩扩展电路实现。目前数字通信系统中有 A 压缩律和 μ 压缩律两种对数压缩特性。美国和日本采用 μ 压缩律，我国和欧洲各国采用 A 压缩律。下面分别介绍 $x \geqslant 0$ 的 A 压缩律和 μ 压缩律的关系曲线、$x \leqslant 0$ 的关系曲线与 $x \geqslant 0$ 的关系曲线以原点奇对称。

1. A 压缩律

A 压缩律(简称 A 律)是指满足下式的对数压缩规律：

$$y = \begin{cases} \dfrac{Ax}{1 + \ln A}, & 0 < x \leqslant \dfrac{1}{A} \\[2mm] \dfrac{1 + \ln Ax}{1 + \ln A}, & \dfrac{1}{A} \leqslant x \leqslant 1 \end{cases} \tag{6.3.8}$$

式中：x 表示压缩器归一化输入电压；y 表示压缩器归一化输出电压；A 为压缩参数，决定压缩程度。当 $A=1$ 时，压缩特性是一条通过原点的直线，表示没有压缩。A 值越大，压缩特性越好。在国际标准中取 $A=87.6$。

2. μ 压缩律

μ 压缩律（简称 μ 律）是指满足下式的对数压缩规律：

$$y = \frac{\ln(1+\mu x)}{\ln(1+\mu)} \qquad 0 \leqslant x \leqslant 1 \qquad (6.3.9)$$

式中：x 和 y 分别表示压缩器归一化输入电压和压缩器归一化输出电压；μ 为压缩参数，决定压缩程度。对应于均匀量化，一般取 $\mu=100$ 左右，也有取 $\mu=255$。在低输入电平时 $(\mu x \ll 1)$，μ 的特性近似于线性；在高输入电平时 $(\mu x \gg 1)$，μ 的特性近似于对数关系。

3. 数字压扩技术

早期的 A 律和 μ 律压扩特性是用非线性模拟电路获得的，其精度和稳定度都受到限制。目前数字压扩获得广泛应用，它利用数字电路形成许多折线来逼近对数压扩特性。实际中常采用两种方法：一种是 13 折线 A 律压扩，特性近似 $A=87.6$ 的 A 律压扩特性；另一种是 15 折线 μ 律压扩，特性近似 $\mu=255$ 的 μ 律压扩特性。13 折线 A 律主要用于中国和欧洲各国，15 折线 μ 律主要用于美国、加拿大和日本等国。ITU-T 建议 G.711 规定上述两种折线近似压缩律为国际标准，且国际间数字系统在相互连接时，要以 A 律为标准。下面主要介绍 13 折线 A 律压缩技术，简称 13 折线法。

13 折线 A 律压缩特性如图 6-11 所示。图中 x 和 y 分别表示压缩器归一化输入电压和输出电压。形成折线的方法如下：

（1）对 x 轴在 0~1（归一化）范围内不均匀（对半划分）分成 8 段，规律是每次以二分之一对分，第一次在 0 到 1 之间的 $\frac{1}{2}$ 处对分，第二次在 0 到 $\frac{1}{2}$ 之间的 $\frac{1}{4}$ 处对分，第三次在 0 到 $\frac{1}{4}$ 之间的 $\frac{1}{8}$ 处对分，其余类推。可得到分段点：$\frac{1}{2}$，$\frac{1}{4}$，$\frac{1}{8}$，$\frac{1}{16}$，$\frac{1}{32}$，$\frac{1}{64}$，$\frac{1}{128}$。

（2）对 y 轴在 0~1（归一化）范围内采用等分法，均匀分成 8 段，每段间隔均为 $\frac{1}{8}$。

（3）将 x、y 各对应段的交点连接起来构成 8 段折线。

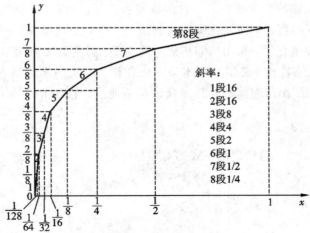

图 6-11　13 折线 A 律压缩特性

这 8 条折线中，第 1、2 段斜率相同（均为 16），可视为一条直线段，故只有 7 根斜率不同的折线。由于语音信号是双极性信号，因此在负方向也有与正方向对称的一组折线，也是 7 根，其中靠近零点的 1、2 段斜率也都等于 16，与正方向的第 1、2 段斜率相同，又可以合并为一根，因此，正、负双向共有 $2 \times (8-1) - 1 = 13$ 折，故称其为 13 折线。在原点上，折线的斜率等于 16，而由式（6.3.8）可知，A 律曲线在原点的斜率等于 $A/(1 + \ln A)$，令两者相等，可得 $A = 87.6$。故可以用 13 折线来逼近 $A = 87.6$ 的压扩特性。表 6-1 为 13 折线分段时的 x 与 A 律压扩特性 x 值的比较。

表 6-1　13 折线分段时的 x 值和 A 律压扩特性 $(A = 87.6)$ x 值的比较表

y	0	$\frac{1}{8}$	$\frac{2}{8}$	$\frac{3}{8}$	$\frac{4}{8}$	$\frac{5}{8}$	$\frac{6}{8}$	$\frac{7}{8}$	1
A 律压扩曲线的 x	0	$\frac{1}{128}$	$\frac{1}{60.6}$	$\frac{1}{30.6}$	$\frac{1}{15.4}$	$\frac{1}{7.79}$	$\frac{1}{3.93}$	$\frac{1}{1.98}$	1
按折线分段的 x	0	$\frac{1}{128}$	$\frac{1}{64}$	$\frac{1}{32}$	$\frac{1}{16}$	$\frac{1}{8}$	$\frac{1}{4}$	$\frac{1}{2}$	1
段落序号	1		2	3	4	5	6	7	8
斜率	16		16	8	4	2	1	$\frac{1}{2}$	$\frac{1}{4}$

表 6-1 中第二行的 x 值是根据 $A = 87.6$ 时计算得到的，第三行的 x 值是 13 折线分段时的值。可见，13 折线各段落的分界点与 $A = 87.6$ 曲线十分逼近，并且两特性起始段的斜率均为 16，这就是说，13 折线非常逼近 $A = 87.6$ 的对数压缩特性。

在 A 律特性分析中可以看出，取 $A = 87.6$ 有两个目的：一是使特性曲线原点附近的斜率凑成 16。二是使 13 折线逼近时，x 的八个段落量化分界点近似于按 2 的幂次递减分割，有利于数字化。

6.4　脉冲编码调制

6.4.1　引言

将模拟信号抽样量化后将量化值变换成二进制符号的过程，称为脉冲编码调制（Pulse Code Modulation，PCM），简称脉码调制。由于其抗干扰能力强，故在光纤通信、数字微波通信、卫星通信中均获得了极为广泛的应用。图 6-12 所示为脉码调制的原理图。

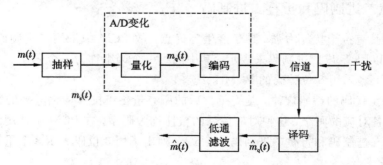

图 6-12　脉码调制原理图

　　PCM 是一种最典型的语音信号数字化的波形编码方式，由图 6-12 可知，发送端进行波形编码（主要包括抽样、量化和编码三个过程）时，把模拟信号变换为二进制码组。编码后的 PCM 码组被发送至信道中进行传输。在接收端，二进制码组经译码后还原为量化后的样值脉冲序列，经低通滤波器滤除高频分量，便可重建原始信号。

　　综上所述，PCM 编码是模拟信号经过抽样、量化和编码后形成二进制数据。图 6-13 所示为 PCM 编码的一个实例。图中对模拟信号进行抽样，抽样值分别为"2.32、4.48、5.14、2.94"，然后以量化电平数 $M=8$ 进行均匀量化。量化后的量化值分别为"2、4、5、3"。最后将量化后的量化值用 3 位的二进制表示为"010、100、101、011"。最后将这些二进制数据在信道中形成双极性不归零码进行传输。

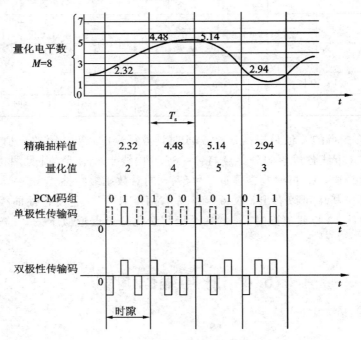

图 6-13　PCM 编码举例

　　下面详细讨论 PCM 的编码。在此之前需要明确常用的编码码型及码位数的选择和安排。

6.4.2　自然二进制码和折叠二进制码

　　二进制码具有抗干扰能力强、易于产生等优点，故 PCM 中采用二进制码。对于 M 个量化电平，可以用 N 位二进制码来表示，其中的每一个码组称为一个码字。为保证通信质量，目前国际上多采用 8 位编码的 PCM 系统。

　　码型指的是代码的编码规律，是把量化后的所有量化级按其量化电平的大小次序排列起来，并列出各对应的码字，这种对应关系的整体称为码型。在 PCM 中常用的二进制码型有两种：自然二进制码和折叠二进制码。表 6-2 列出了用 3 位码表示 8 个量化级时的两种码型。

表 6-2　常用的二进制码型

抽样值脉冲极性	自然二进制码	折叠二进制码	量化级
正极性信号	111	111	7
	110	110	6
	101	101	5
	100	100	4
负极性信号	011	000	3
	010	001	2
	001	010	1
	000	011	0

由表 6-2 可以看出，当发送大信号"111"，接收端收到"011"时，自然二进制码量化级差了 4 个量化级。折叠二进制码差了 7 个量化级；当发送小信号"100"，接收端收到"000"时，自然二进制码量化级差了 4 个量化级，折叠二进制码差了 1 个量化级。可以看出自然二进制码对于大信号和小信号造成的误差是相同的，而折叠二进制码对大信号的误差比较大，小信号的误差比较小，对小信号有利。由于语音信号小幅度出现的概率大，故折叠码有利于减小语音信号的平均量化噪声。再者，表 6-2 中第 0~3 量化级对应的是负极性信号；第 4~7 量化级对应的是正极性信号。自然二进制码这两部分之间没有什么关系，而折叠二进制码除了最高位符号相反外，其上下两部分呈映像关系。即双极性信号可采用单极性编码的方法处理，从而使编码电路和编码过程大大简化。

综上所述，折叠二进制码具有对单极性编码和对小信号抗噪声能力强的优点。故 PCM 编码中常用折叠二进制码进行编码。

6.4.3　13 折线的码位安排

在 13 折线 A 律编码中，普遍采用 8 位二进制码，对应有 $M = 2^8 = 256$ 个量化级，即正、负输入幅度范围内各有 128 个量化级。还需要将 13 折线中的每个折线段再均匀划分为 16 个量化级，由于每个段落长度不均匀，因此正或负输入的 8 个段落被划分成 $8 \times 16 = 128$ 个不均匀的量化级。按折叠二进制码的码型，这 8 位码的安排如下：

$$\begin{array}{ccc} 极性码 & 段落码 & 段内码 \\ C_1 & C_2 C_3 C_4 & C_5 C_6 C_7 C_8 \end{array}$$

(1) C_1 的数值"1"或"0"分别表示信号的正、负极性，称为极性码。

(2) $C_2 C_3 C_4$ 为段落码，表示信号绝对值处在哪个段落，3 位码的 8 种可能状态分别代表 8 个段落的起点电平。段落码的每一位不表示固定的电平，它们的不同排列码组表示各段的起始电平。

(3) $C_5 C_6 C_7 C_8$ 为段内码，4 位码的 16 种可能状态用来分别代表每一段落内的 16 个均匀划分的量化级。每一小段的量化值也不同。第 1 段和第 2 段等分 16 份后的量化单位为 $1/2048$；第 3 段为 $1/1024$；若以第 1 段的均匀量化单位 $1/2048$ 为参考，记为 Δ，可得段落码和段内码与所对应的段落及电平之间关系如表 6-3 所示。

表 6 - 3 段落电平关系表

量化段	电平范围	段落码			起始电平	量化间隔	段内码对应的电平(Δ)			
序号	(Δ)	C_2	C_3	C_4	(Δ)	$\Delta_i(\Delta)$	C_5	C_6	C_7	C_8
1	0～16	0	0	0	0	1	8	4	2	1
2	16～32			1	16	1	8	4	2	1
3	32～64		1	0	32	2	16	8	4	2
4	64～128			1	64	4	32	16	8	4
5	128～256		0	0	128	8	64	32	16	8
6	256～512			1	256	16	128	64	32	16
7	512～1024	1	1	0	512	32	256	128	64	32
8	1024～2048			1	1024	64	512	256	128	64

【例 6.2】 设输入信号抽样值 $I_s = -756\Delta$，写出按 13 折线 A 律编成的 8 位码 $C_1 C_2 C_3 C_4 C_5 C_6 C_7 C_8$，并计算量化电平和量化误差。

解 编码过程如下：

(1) 确定极性位 C_1：由于输入信号抽样值 I_s 为负值，故 $C_1 = 0$。

(2) 确定段落码 $C_2 C_3 C_4$：因为 $512 < 756 < 1024$，故位于第 7 段，段落码为 110。

(3) 确定段内码 $C_5 C_6 C_7 C_8$：因为 $756 = 512 + 7 \times 32 + 20$，故段内码 $C_5 C_6 C_7 C_8 = 0111$。

所以编出的 PCM 码字为 01100111。它表示输入信号抽样值 I_s 处于第 7 段序号为 7 的量化级。量化电平取量化级的中点，为 752Δ，量化误差为 4Δ。

6.4.4 逐次比较型编解码原理

1. 13 折线 A 律编码器

实现编码的具体方法和电路很多，对于电话信号编码的 13 折线 A 律，目前常采用逐次比较型编码器。其工作原理如图 6 - 14 所示。

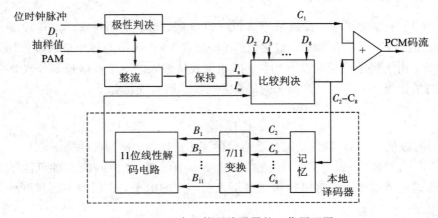

图 6 - 14 逐次比较型编码器的工作原理图

由图 6 - 14 可得，逐次比较型编码器由整流器、极性判决、保持电路、比较判别器和本地译码器组成。编码器根据输入的样值脉冲编出相应的 8 位二进制代码。除第 1 位极性码外，其他 7 位二进制代码是通过逐次比较确定的。采样值 I_s 到来后，逐步与标准值 I_w 进行比较。每比较一次得出一位码，直至得出 7 位，完成对输入抽样值的非线性编码。

极性判决电路确定信号的极性。抽样值为正得到 1 码；抽样值为负得到 0 码。整流器将 PAM 信号由双极性码变成单极性码。保持电路保持抽样值在整个编码比较过程中输入信号的幅值不变。比较判决器是编码器的核心。通过比较抽样值 I_s 和标准值 I_w 进行非线性量化和编码。当 $I_s > I_w$ 时，得到 1 码，反之得到 0 码。通过 7 次比较，依次得到 $C_2 C_3 C_4 C_5 C_6 C_7 C_8$。本地译码器是用来产生每次所需的标准值 I_w。它由记忆电路、7/11 变换电路和 11 位线性解码电路组成。

记忆电路寄存 7 位二进制代码。除 C_2 码外，其余各次比较都要依据前几次比较的结果来确定标准值 I_w。因此，7 位码字中的前 6 位状态均应由记忆电路寄存下来。

由于按 13 折线 A 律只编 7 位码，而线性解码电路(恒流源)需要 11 个基本的权值电流支路，这就要求有 11 个控制脉冲对其控制。故 7/11 变换电路是将 7 位非线性幅度码 $C_2 C_3 C_4 C_5 C_6 C_7 C_8$ 变换成 11 位线性幅度码 $B_1 \sim B_{11}$。其实质就是完成非线性和线性之间的变换。

非线性码与线性码的变换原则是：变换前后非线性码与线性码的码字电平相同。

(1) 非线性码的码字电平是编码器输出非线性码所对应的电平，即编码电平。编码电平是量化级的最低电平。它比量化电平低 $\Delta_i / 2$。编码电平与抽样值的差值称为编码误差。

(2) 线性码的电平与编码电平相同，其表示为

$$（编码电平）_+ = (2^{10} B_1 + 2^9 B_2 + 2^8 B_3 + \cdots + 2^1 B_{10} + 2^0 B_{11}) \Delta \qquad (6.4.1)$$

下面通过例子说明编码过程。

【例 6.3】　设输入信号抽样值 $I_s = +1260\Delta$（Δ 为一个量化单位，表示输入信号归一化值的 1/2048），采用逐次比较型编码器，按 13 折线 A 律编成 8 位码 $C_2 C_3 C_4 C_5 C_6 C_7 C_8$，并计算编码电平及对应的 11 位线性码。

解　(1) 确定极性码 C_1：由于输入信号抽样值 I_s 为正，故极性码 $C_1 = 1$。

(2) 确定段落码 $C_2 C_3 C_4$：参看表 6 - 3 可知，段落码 C_2 是用来表示输入信号抽样值 I_s 处于 13 折线 8 个段落中的前四段还是后四段，故确定 C_2 的标准电流为 $I_w = 128\Delta$。$I_s > I_w$，得 $C_2 = 1$，说明 I_s 在后四段。C_3 是用来确定 I_s 处于 5～6 段还是 7～8 段，故确定 C_3 的标准电流为 $I_w = 512\Delta$。第二次比较结果为 $I_s > I_w$，故 $C_3 = 1$，说明 I_s 处于 7～8 段。同理，确定 C_4 的标准电流为 $I_w = 1024\Delta$，第三次比较结果为 $I_s > I_w$，故 $C_4 = 1$，说明 I_s 处于第 8 段。经过以上三次比较可得段落码 $C_2 C_3 C_4 = 111$，I_s 处于第 8 段，起始电平为 1024Δ。

(3) 确定 $C_5 C_6 C_7 C_8$：段内码是在已知输入信号抽样值 I_s 所处段落的基础上，进一步表示 I_s 在该段落的哪一量化级(量化间隔)。参看表 6 - 3 可知，第 8 段的 16 个量化间隔均为 $\Delta_8 = 64\Delta$，故确定 C_5 的标准电流为：$I_w = $ 段落起始电平 $+ 8 \times$ (量化间隔) $= 1024 + 8 \times 64 = 1536\Delta$，第四次比较结果为 $I_s < I_w$，故 $C_5 = 0$，由表 6 - 3 可知 I_s 处于前 8 级(0～7 量化间隔)。同理，确定 C_6 的标准电流为：$I_w = 1024 + 4 \times 64 = 1280\Delta$，第五次比较结果为 $I_s > I_w$，故 $C_6 = 0$，表示 I_s 处于前 4 级(0～4 量化间隔)。确定 C_7 的标准电流为：$I_w = 1024 + 2 \times 64 = 1152\Delta$，第六次比较结果为 $I_s > I_w$，故 $C_7 = 1$，表示 I_s 处于 2～3 量化间隔。最后，确定 C_8 的标准电流为：$I_w = 1024 + 3 \times 64 = 1216\Delta$，第七次比较结果为 $I_s > I_w$，故 $C_8 = 1$，表示 I_s 处于序号为 3 的量化间隔。

经过以上七次比较，对于模拟抽样值 $+1260\Delta$，编出的 PCM 码组为 11110011。它表示输入信号抽样值 I_s 处于第 8 段序号为 3 的量化级。

编码电平取量化级的最低电平 1216Δ，故编码误差为 44Δ。

编码电平对应的 11 位线性码为 $(1216)_+ = (10011000000)_二$。

2. 13 折线 A 律译码器

13 折线 A 律译码器的原理框图如图 6-15 所示，它与逐次比较型编码器中的本地译码器基本相同，所不同的是增加了极性控制部分和带有寄存读出的 7/12 位码变换电路，下面简单介绍各部分电路的作用。

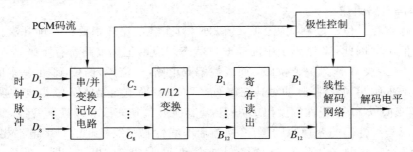

图 6-15　译码器原理图

串/并变换记忆电路将接收到的串行 PCM 码变为并行码并记忆，与编码器中译码电路的记忆作用基本相同。极性控制部分根据收到的极性码 C_1 是"1"还是"0"来控制译码后 PAM 信号的极性，恢复原信号极性。

7/12 变换电路是将 7 位非线性码转变为 12 位线性码。编码器的本地译码器中使用 7/11 变换，使得量化误差有可能大于本段落量化间隔的一半。译码器中采用 7/12 变换是为了增加一个 $\Delta_i/2$ 恒流电流，人为地补上半个量化级，使最大量化误差不超过 $\Delta_i/2$，从而改善量化信噪比。

解码器输出的电平为解码电平或量化电平。取的是抽样值所在量化级的中间点。解码电平与抽样值之间的差值称为解码误差或量化误差。解码电平与 12 位的线性码具有以下关系：

$$（解码电平)_+ = (2^{11}B_1 + 2^{10}B_2 + 2^9B_3 + \cdots + 2^1B_{11} + 2^0B_{12})\Delta \tag{6.4.2}$$

寄存读出电路将输入的串行码在存储器中寄存起来，待全部接收后再一起读出，送入解码网络，实质上是进行串/并变换。线性解码网络主要是由恒流源和电阻网络组成，与编码器中解码网络类同。它在寄存读出电路的控制下，输出相应的 PAM 信号。

【例 6.4】　采用 13 折线 A 律编解码电路，设接收端收到的码字为"11010011"，最小量化单位为 1 个单位。试计算解码器输出的解码电平及 12 位的线性码。

解　极性码为 1，所以极性为正。

段落码为 101，段内码为 0011，所以信号位于第 6 段落序号为 3 的量化级。由表 6-3 可知，第 6 段落的起始电平为 256Δ，量化间隔为 16Δ。由于解码器输出的量化电平位于量化级的中点，所以解码器输出的解码电平（即量化电平）为 $+(256 + 3 \times 16 + 8)\Delta = +312\Delta$。对应的 12 位线性码为 $(312)_+ = (000010011000)_二$。

6.4.5　脉冲编码调制系统的抗噪声性能

前面分析了 PCM 调制的原理，下面由图 6-16 分析 PCM 系统的抗噪声性能。

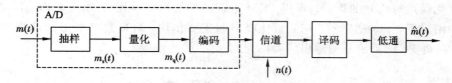

图 6 - 16　PCM 原理图

由图 6 - 16 可得，低通滤波器的输出为

$$\hat{m}(t) = m_o(t) + n_q(t) + n_e(t) \tag{6.4.3}$$

式中：$m_o(t)$ 为输出信号，信号功率为 S_o；$n_q(t)$ 是由量化噪声引起的输出噪声，其功率为 N_q；$n_e(t)$ 是由信道加性噪声引起的输出噪声，其功率为 N_e。用来衡量 PCM 系统抗噪声性能的系统输出端总的信噪比可表示为

$$\left(\frac{S_o}{N_o}\right)_{PCM} = \frac{S_o}{N_e + N_q} = \frac{E[m_o{}^2(t)]}{E[n_e{}^2(t)] + E[n_q{}^2(t)]} \tag{6.4.4}$$

由式(6.4.4)可知，影响 PCM 系统性能的噪声主要是量化噪声和加性噪声。这两种噪声产生的原理不同，故可认为是统计独立的。接下来分析这两种噪声对 PCM 系统性能的影响。

在不考虑加性噪声的情况下，分析量化噪声对 PCM 系统的影响。假设输入信号 $m(t)$ 在 $[-a, a]$ 区间均匀分布，发送端用奈奎斯特速率抽样，并进行均匀量化，量化级数为 M，通过前面例 6.1 可得 PCM 系统输出端信号的功率、量化噪声功率及平均量化信噪比为

$$S_o = \frac{M^2}{12}\Delta^2, \quad N_q = \frac{\Delta^2}{12} \tag{6.4.5}$$

$$\frac{S_o}{N_q} = M^2 \quad 或 \quad \frac{S_o}{N_q} = 2^{2k} \tag{6.4.6}$$

由式(6.4.6)可知，PCM 输出端量化信噪比随着编码位数 k 按指数规律增加。

下面分析无量化噪声下，信道加性噪声对 PCM 系统的影响。PCM 信号的一个抽样值对应一个时隙，一个时隙对应 8 bit，每 8 bit 称为一个码组，$n(t)$ 对信号的干扰造成码元错判（bit 错误）。$n(t)$ 的大小不同将会造成一个码组中出现一位错码和多位错码的情况。因多位码同时出错事件出现的概率极小，这里只讨论 1 位错码的情况。

设量化间隔为 Δ，则第 i 位码元代表的信号权值为 $2^{i-1}\Delta$。若该位码元发生错误，由"0"变成"1"或由"1"变成"0"，则产生的权值误差将为 $+2^{i-1}\Delta$ 或 $-2^{i-1}\Delta$，产生的量化噪声功率为 $(2^{i-1}\Delta)^2$。假设每位码元产生的误码率均为 P_e，可以得到在接收端经过低通滤波器后加性噪声的功率为

$$N_e = P_e \sum_{i=1}^{k} (2^{i-1}\Delta)^2 = P_e \Delta^2 \frac{2^{2k}-1}{3} \approx \frac{2^{2k}}{3} P_e \Delta^2 \tag{6.4.7}$$

在信道加性噪声的影响下可得信噪比为

$$\frac{S_o}{N_e} = \frac{1}{4P_e} \tag{6.4.8}$$

若同时考虑量化噪声和加性噪声对 PCM 系统的影响可得总的输出信噪比为

$$\left(\frac{S_o}{N_o}\right)_{PCM} = \frac{S_o}{N_e + N_q} = \frac{M^2}{1 + 4P_e \cdot 2^{2k}} \tag{6.4.9}$$

由式(6.4.9)可得，在小信噪比的情况下，即 $4P_e 2^{2k} \gg 1$ 时，信道加性噪声起主要作用，可

以忽略量化噪声对信号的影响。可得 PCM 系统总的输出信噪比为式(6.4.8)。反之，在大信噪比的情况下，即 $4P_e2^{2k} \ll 1$ 时，量化噪声起主要作用，可以忽略信道加性噪声对信号的影响。可得 PCM 系统总的输出信噪比为式(6.4.6)。

6.5　压缩编码技术

6.5.1　压缩编码的概念

数字音频的质量取决于采样频率和量化级数这两个参数。为了保证在时间变化方向上取样点尽量密，取样频率要高；在幅度取值上尽量细，量化比特率要高，直接的结果就是存储容量及传输信道容量要求的压力。音频信号的压缩是在保证一定声音质量的条件下，尽可能以最小的数据率来表达和传送声音信息。

数字音频信号中包含的影响人们感受信息可以忽略的成分称为冗余，包括时域冗余、频域冗余和听觉冗余。

时域冗余的表现形式：① 幅度分布的非均匀性；② 样值间的相关性；③ 信号周期的相关性；④ 长时自我相关性；⑤ 静音。

频域冗余的表现形式：① 长时功率谱密度的非均匀性；② 语言特有的短时功率谱密度。

听觉冗余：根据分析人耳对信号频率、时间等方面具有有限分辨能力而设计的心理声学模型，将通过听觉领悟信息的复杂过程，包括接收信息、识别判断和理解信号内容等几个层次的心理活动，形成相应的连觉和意境。由此构成声音信息集合中的所有数据，并非对人耳辨别声音的强度、音调、方位都产生作用，形成听觉冗余。

信号压缩过程是对采样、量化后的原始数字音频信号流运用适当的数字信号处理技术进行信号数据的处理，将音频信号中影响人们感受信息可以忽略的成分去除，仅仅对有用的那部分音频信号进行编排，从而降低了参与编码的数据量。通常把数码率低于 64 kbit/s 的语音编码方法称为语音压缩编码技术。

6.5.2　压缩编码的分类

若按解码后数据与原始数据是否完全一致、质量有无损失的标准，压缩编码技术的压缩方法可被分为有损压缩和无损压缩。

无损压缩是利用数据的统计冗余进行压缩，可完全恢复原始数据而不引起任何失真，但压缩率受到数据统计冗余度的理论限制，一般为 2∶1 到 5∶1。这类方法广泛用于文本数据、程序和特殊应用场合的图像数据(如指纹图像、医学图像等)的压缩。目前比较出名的无损压缩格式有 APE、FLAC、LPAC、WavPack、TTA、PNG、TIFF、JPEG 2000 等。

有损压缩是经过压缩、解压的数据与原始数据不同，但是非常接近的压缩方法。通过在用户的忍耐范围内损失一些精度，可以把图像(也包括音频和视频)压缩到原大小的十分之一、百分之一甚至千分之一，远远超出了通用压缩算法的能力极限。这种方法经常用于因特网，尤其是流媒体以及电话领域。

压缩编码技术按压缩编码算法不同可分为波形编码、参量编码和混合编码等。表 6-4 所示为压缩编码技术的分类及标准。

表 6 - 4　压缩编码技术的分类及标准

类　别	算　法	名　称	标　准	数据率	应　用
波形编码	PCM	脉冲编码调制	—	—	公用电话网 ISDN
	μ-law，A-law	μ 律，A 律	G. 711	64 kbit/s	
	APCM	自适应脉冲编码调制	—	—	
	DPCM	差分脉冲编码调制	—	—	
	ADPCM	自适应 DPCM	G. 721	32 kbit/s	
	SB-ADPCM	子带-自适应 DPCM	G. 722	64 kbit/s	
参数编码	LPC	线性预测编码	—	2.4 kbit/s	保密话音
混合编码	CELPC	码激励 LPC	—	4.6 kbit/s	移动通信
	VSELP	向量和激励 LPC	—	8 kbit/s	移动通信
	RPE-LTP	规则码激励长时预测	—	13.2 kbit/s	语音信箱
	LD-CELP	低延时码激励 LPC	G. 728	16 kbit/s	ISDN
	ACELP	自适应 CELP	G. 723.1	5.3 kbit/s	PSTN
	CSA-CELP	共轭结构代数－CELP	G. 729	8 kbit/s	移动通信
感知编码	MPEG-音频	多子带，感知编码	—	128 kbit/s	VCD/DVD
	DolbyAC-3	感知编码	—	—	DVD

　　波形编码是将时间域信号直接变换为数字代码，由于这种系统保留了信号原始样值的细节变化，从而保留了信号的各种过渡特征，故波形编码系统的解码音频信号质量一般较高。在有线通信等要求比较高的场合，应用十分广泛。波形编码系统的不足之处是传输码率比较高，压缩比不大。

　　参数编码技术以语音信号产生的数学模型为基础，根据输入语音信号分析出表征声门振动的激励参数和表征声道特性的声道参数，然后在解码端根据这些模型参数来恢复语音。编码算法并不忠实地反映输入语音的原始波形，而是着眼于人耳的听觉特性，确保解码语音的可懂度和清晰度。基于这种编码技术的编码系统一般称为声码器，主要用在窄带信道上提供 4.8 kbit/s 以下的低速率语音通信和一些对时延要求较宽的场合。当前参数编码技术主要的研究方向是线性预测（Linear Predictive Coder，LPC）声码器和余弦声码器。

　　混合编码是波形编码和参数编码的综合。既利用了语音生成模型，通过模型中的参数（主要是声道参数）进行编码，减少波形编码中被编码对象的动态范围或数目，又使编码过程产生接近原始语音波形的合成语音，保留说话人的各种自然特征，提高了合成语音质量。目前得到广泛研究和应用的 CELP 编码法，以及它的各种改进算法是混合编码法的典型代表。

6.5.3　常见的压缩编码技术

1. 线性预测编码

　　线性预测编码（LPC）是一种非常重要的编码方法，线性预测方法在于分析和模拟人的发音器官，不是利用人发出声音的波形合成，而是从人的语音信号中提取与语音模型有关的特征参数。它对语音信息的压缩是很有效的，压缩的语音数据所占用的存储空间只有波形编码的十至几十分之一。

线性预测(LPC)声码器属于时间域声码器类。图 6 - 17 所示为 LPC 声码器系统的原理图。

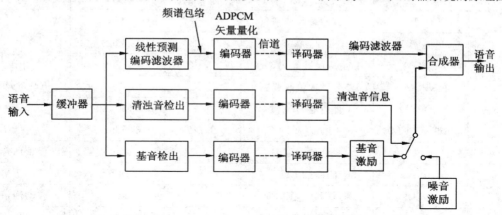

图 6 - 17　LPC 声码器系统的原理图

图 6 - 17 中以语音模型为基础，在发端分析提取表征音源和声道的相关特征参数，通过量化编码将这些参数传输到收端，在收端再应用这些特征参数重新合成为语音信号。

LPC 声码器是一种低比特率和传输有限个语音参数的语音编码器，较好地解决了传输数码率与所得到的语音质量之间的矛盾，广泛应用在电话通信、语音通信自动装置、语音学及医学研究、机械操作、自动翻译、身份鉴别、盲人阅读等方面。

2. 码激励线性预测编码(CELP)

码激励线性预测编码(CELP)系统是中低速率编码领域最成功的方案。为了达到压低传码率的目的，对误差序列的编码采用了大压缩比的矢量量化技术 VQ，不是对误差序列一个一个样值分别量化，而是将一段误差序列当做一个矢量进行整体量化。由于误差序列对应语音生成模型的激励部分，经 VQ 量化后，用码字代替，故称码激励。基本 CELP 算法用全部误差序列编码传送以获得高质量的合成语音。其典型系统图如图 6 - 18 所示。

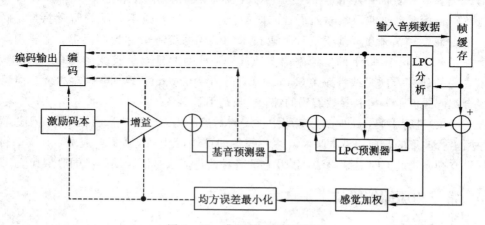

图 6 - 18　典型的 CELP 系统

3. 子带编码

子带编码(SBC)是将一个短周期内的连续时间取样信号送入滤波器中，滤波器组将信号分成多个(最多 32 个)限带信号，以近似人耳的临界频段响应。

由滤波器组的锐截止频率来仿效临界频段响应，并在带宽内限制量化噪声。要求处理延迟必须足够小，以使量化噪声不超出人耳的瞬时限制。子带编码中，每个子带都要根据所分配的不同比特数来独立进行编码。在任何情况下，每个子带的量化噪声都会增加。当重建信号时，每个子带的量化噪声被限制在该子带内。由于每个子带的信号会对噪声进行掩蔽，所以子带内的量化噪声是可以容忍的。SB-ADPCM 编、译码的原理图如图 6-19 所示。

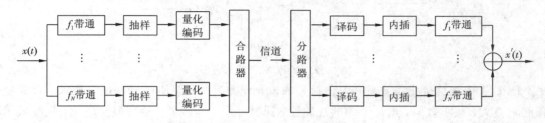

图 6-19　SB-ADPCM 编、译码原理图

子带编码的主要特点：

（1）每个子带对每一块新的数据都要重新计算，根据信号和噪声的可听度对取样值进行动态量化。

（2）子带感知编码器利用数字滤波器组将短时的音频信号分成多个子带（对于时间取样值可以采用多种优化编码方法）。

（3）每个子带的峰值功率与掩蔽级的比率由所进行的运算来决定，即根据信号振幅高于可听曲线的程度来分配量化所需的比特数。

（4）给每一个子带分配足够的位数来保证量化噪声处于掩蔽级以下。

4. 差分脉冲编码调制（DPCM）

差值脉冲编码调制（DPCM）就是考虑利用信号相关性找到可以反映信号变化特征的一个差值进行编码（通过预测和差值编码方式来减少冗余，实现数据压缩的目的）。编码器对信号实际值和预测值的差值进行量化编码并传输。接收端译码器将接收到的差值和恢复的预测值相加得到此次采样值。由于只传输动态范围较小的差值，所以编码的码组不需太长。在 DPCM 中，一般采用 4 位，数码率为 32 kbit/s。图 6-20 和图 6-21 所示为 DPCM 编码原理图和译码原理图。

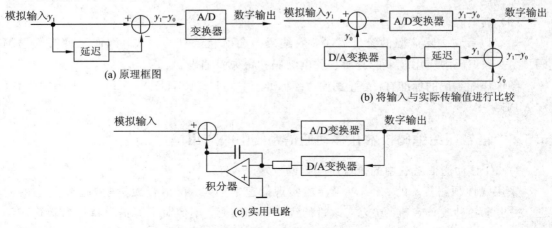

图 6-20　DPCM 编码原理图

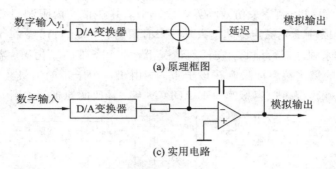

图 6 - 21　DPCM 译码原理图

DPCM 系统总量化误差只和差值信号的量化误差有关。要使信号总信噪比大，就要使预测增益大，减小差值，增加预测的准确性。同时降低量化误差，达到最佳量化。只有采用自适应系统，才能得到最佳性能。具有自适应系统的 DPCM 称为 ADPCM（自适应差值脉码调制）。

6.5.4　图像压缩编码技术

自然界的图像可分为静止图像和活动图像，也可分为黑白图像和彩色图像。这些图像有模拟和数字之分。模拟图像的数字化和语音的数字化一样分为抽样、量化和编码。经过模数转换后将模拟图像变成数字图像在数字通信系统中传输。同样对于图像信息而言，原始数据存在大量冗余，在前后相邻图像之间具有很强的相关性。通过对某些冗余信息进行压缩，可大幅度地提高压缩比。选择合适的数据压缩技术可使图像数据压缩为原来的 $1/10 \sim 1/100$。下面简单介绍图像压缩编码技术的分类。

（1）预测编码。

常用的预测编码是差分编码调制（DPCM），其目的是利用邻近像素之间的相关性来压缩数码率，以去除图像数据间的空域冗余度和时间冗余度。

（2）变换编码。

变换编码也是一种降低信源空间冗余度的压缩方法。它利用变换域参数分布特征来实现压缩编码。

（3）熵编码。

熵编码旨在去除信源的统计冗余，熵编码不会引起信息的损失，因而又称为无损编码。在视频编码中应用较多的有游程长度编码和霍夫曼编码。

图像压缩编码的标准有：静止图像压缩标准 JPE、H. 261、H. 263、MPEG - 1、MPEG - 2 和 MPEG - 4 等。

6.5.5　语音压缩编码技术在移动通信系统中的应用

1. 2G 移动通信系统中的语音压缩编码技术

采用线性预测技术的 LPC 声码器能实现低速率编码，但语音质量较差。针对这些问题，提出了各种改善音质的方法。改进的线性预测编码，不但对语音信号特征参数进行编码，而且对原信号的部分波形进行编码，属于混合编码。混合编码兼顾波形编码和参量编码两者的优点，在编码信号速率和语音质量两方面都比较好。

数字移动通信中实用语音编码技术均采用混合编码。因采用激励源的不同，而构成不同的编码方案。泛欧数字蜂窝网（GSM）中的 RPE-LTP 编码采用规则脉冲作为激励源，而北美数字移动通信系统中的 VSELP 编码采用码本激励的方法。下面介绍 RPE-LTP 编码。

1）RPE-LTP 编码

RPE-LTP 是欧洲移动通信特别小组（GSM）在多种方案中经过试验、比较，最后选定的语音编码方案，并作为 GSM 标准予以公布。它的纯编速率为 13 kb/s，语音质量 MOS 得分可达 4.0。

RPE-LTP 采用间距相等、相位与幅度优化的规则脉冲作为激励源。这种方案结合长期预测，可消除信号多余度，降低编码速率。

语音编码器输入信号的速率为 8000 样本/秒的语音信号抽样序列。若来自移动台，则为 13 bit 均匀量化的 PCM 信号，若来自 PSTN，则为 8 bitA 律量化的 PCM 信号，此时需转换为 13 bit 均匀量化信号。编码处理是按帧进行的，每帧 20 ms，含 60 个语音样本，编码后为 260 bit 的编码块。

RPE-LTP 编码器包括预处理、线性预测分析、短时分析滤波、长时预测及规则激励码编码等五部分，如图 6-22 所示。

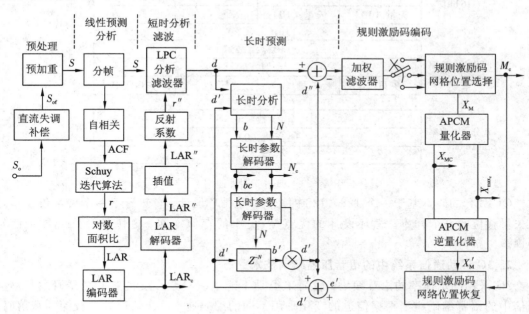

图 6-22　RPE-LTP 编码器的结构框图

RPE-LTP 解码器包含四个部分：RPE 解码、长时预测、短时合成滤波及后处理。

2）码本激励 LPC 的算法

码本激励线性预测语音编码器的激励源是用码本或激励波形表。码本用于存储零均值白高斯随机激励信号，编码器和解码器公用。在每一个语音段，搜索码本可以找到最佳感知匹配并发送相应的索引号。

（1）矢量和激励线性预测（VSELP）算法。

激励产生于三个基本矢量的矢量和：一个实现长期预测（基调）滤波器的自适应码本和两个 VSELP 码本。每一个基本矢量都与其他两个正交，这有助于联合优化。而且复杂度进一步降低，原因是矢量和仅限于基本矢量的简单加减，而基本矢量的数量相对很少。VSELP 提供的压缩数据的速率为 8 kb/s，质量稍微优于 RPE-LTP 算法，优于北美数字蜂窝（NADC）系统。

（2）QCELP 算法。

QCELP 算法将每个 20 ms 语音段的能量与三个能量电平比较，以此设置四种编码速率（全速率、半速率、四分之一速率和八分之一速率）。图 6-23 所示为 IS-95 四种速率帧。它能降低平均数据速率，相当于降低平均发射功率电平，使网络干扰最小化。这三个能量电平可根据背景噪声和说话者音量的变化进行动态的调整，用于 CDMA IS-95。

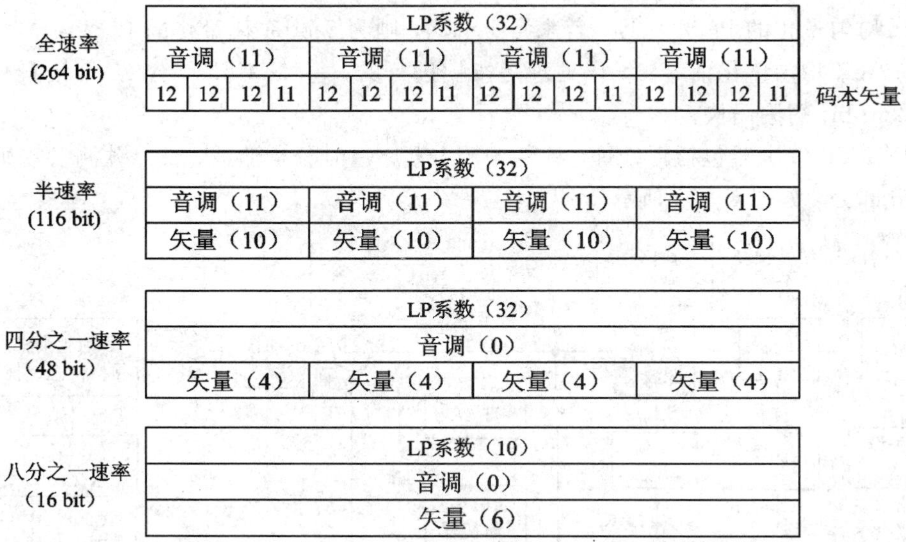

图 6-23　IS-95 四种速率帧

QCELP 的码本基于一个 128×128 的矩阵，是循环设计，意味着下一个矢量仅仅是当前矢量移位的一个样本。循环设计的优点是：更小的存储空间、更快且简化的数字信号处理。

2. 3G 移动通信系统中的语音压缩编码技术

2G 采用固定速率的语音编码，较简单但是不能适应复杂多变的移动信道环境。移动通信中的语音编码应当根据信道的变化采用不同的编码速率。在信道处于较深的衰落时，应增加信道编码冗余比特数而减小信道编码比特数来提高语音传输质量；在信道较好时，增加信源编码的比特数可以提高语音质量。

3G 采用自适应多速率语音编码器（AMR），以更智能的方式解决信源编码和信道的速率分配问题，编码器根据信道条件采用自适应算法选择最佳的语音编码速率。

AMR 编码器是基于码激励线性预测（CELP）编码模型的。CELP 语音合成模型如图 6-24 所示。

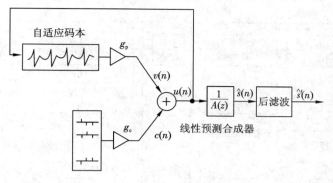

图 6-24　CELP 语音合成模型

　　3G 中的多速率语音编码器有 8 种信源速率，如表 6-5 所示，编码器能够根据命令在每 20 ms 语音帧中改变它的速率。

表 6-5　3G 中的 8 种信源速率

编码模式	信源编码速率
AMR_12.20	12.20 kb/s (GSM ER)
AMR_10.20	10.20 kb/s
AMR_7.95	7.95 kb/s
AMR_7.40	7.40 kb/s (IS-941)
AMR_6.70	6.70 kb/s (PDC-EFR)
AMR_5.90	5.90 kb/s
AMR_5.15	5.15 kb/s
AMR_4.75	4.75 kb/s
AMR_SID	1.80 kb/s

　　编码器输入端的 8 bitA 律或 μ 律的编码数据需要转换成 13 比特 PCM 编码数据。信源控制的速率(SGR)操作考虑语音信号不激活时，允许以较低速率对语音信号进行编码，节省移动台的功率，降低整个网络的干扰和负载。SGR 功能包括发送端的语音激活检测和发射端对背景噪声的估计，并将有关的特征参数传给接收机，以便接收端根据这些特征参数在不发送语音期间重构与发射端类似的背景噪声。

　　实际系统中 AMR 语音传输处理模型如图 6-25 所示。基站和移动台涉及语音处理的功能模块包括可变速率语音编码器、可变速率信道纠错编码、信道估计单元和控制速率的控制单元等。基站起着主导作用，决定上、下行链路需要采用的速率模式。移动台将对此速率模式进行解码并将估计得到的下行信道信息送给基站。信道质量参数是均衡器产生的软输出，用于控制上、下行链路的速率模式。

　　上行链路：初始化后，移动台以最低语音编码速率传输，将有关的速率模式比特和下行信道质量信息传送给信道编码器，并通过反向信道传送给基站。基站进行信道解码和语音解码。同时对上行信道的质量进行信道估计，并检测出移动台送来的有关下行信道质量的信息，将此信息传送给基站控制单元，以此决定当前下行信道的语音编码和信道编码速率。基站还根据测量得到的有关上行信道质量，请求上行信道的语音和信道编码速率。

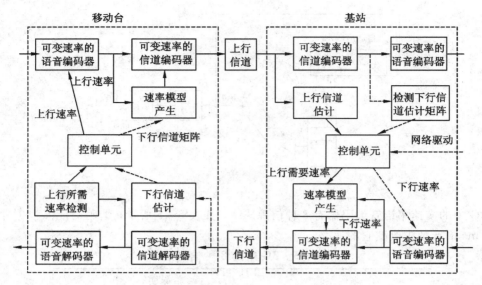

图 6-25　实际系统中 AMR 语音传输处理模型

下行链路：基站将当前下行链路的速率模式和上行链路需要的速率请求通过下行链路传送给移动台。移动台根据检测到的下行速率模式进行语音和信道解码。同时，移动台对下行信道的质量进行信道估计，并将结果传送给基站。在这之后，语音编码器将以新的请求速率进行工作。

信道估计对上行和下行无线信道的质量进行估计。AMR 可以选择最佳信道和编码模式以得到最好的语音质量并能充分利用系统容量。

本 章 小 结

本章主要介绍信源编码的基本原理。当信息源是模拟信号时，要将模拟信号转换成数字信号以便在数字通信系统中传输。在发送端，模数转换（A/D 转换）包括抽样、量化和编码三个步骤。在接收端，数模转换（D/A）包括译码和低通滤波器。采用最早和应用比较广泛的是 PCM。

抽样是将模拟信号的时间域边离散。根据信号的类型可分为低通型信号和带通型信号。抽样也分为低通型抽样定理和带通型抽样定理。对于低通型抽样定理，给出的抽样频率和信号的最高频率之间要满足 $f_s \geqslant 2f_H$，这样才能在接收端恢复出原始的模拟信号。若不满足此条件，在接收端恢复模拟信号时会发生频谱混叠现象。将 $f_s = 2f_H$ 时的抽样速率称为奈奎斯特抽样速率。它是最小的抽样速率。

量化是将经过抽样以后的抽样信号在幅度上变离散。量化是用有限个电平值来表示抽样信号的过程。根据量化间隔是否相等，可将量化分为均匀量化和非均匀量化两种。均匀量化的量化间隔是相等的，但对于小信号，其量化信噪比较小，对于大信号，其量化信噪比较大，即对小信号不利。而实际语音信号都是以小信号为主。为了解决此问题要用非均匀量化。

非均匀量化的量化间隔是不相同的，对于小信号量化间隔小，对于大信号量化间隔大。从而改善小信号的量化信噪比。非均匀量化一般要和压扩技术一起使用。常见的压扩技术有 A 律和 μ 律两种。我国和欧洲各国用的是 A 律，美国和日本用的是 μ 律。通常将用 13 根折线趋近于 A 律称为 13 折线 A 律法；用 15 根折线趋近于 μ 律称为 15 折线 μ 律法。

　　编码是将经过量化后的量化电平用二进制码元表示的过程。常用的二进制有自然二进制、折叠二进制和格雷码等。

　　PCM 是集抽样、量化和编码为一体的，使用的抽样速率为 8000 Hz；采用的量化为混合量化，既有均匀量化又有非均匀量化；用 8 位的二进制来表示一个抽样值；量化过程中共有 256 个量化级；采用折叠二进制码对单极性信号进行编码。

　　PCM 系统中的噪声主要有量化噪声和信道加性噪声两种。两种噪声产生的机理不同，可以认为是独立的。当信噪比很小时，信道加性噪声起主要作用；当信噪比很大时，量化噪声起主要作用。

　　数字音、视频信号中包含着影响人们感受信息可以忽略的冗余，压缩技术是在保证一定声音、图像质量的条件下，尽可能以最小的数据率来表达和传送音、视频信息。通常把话路速率低于 64 kbit/s 的语音编码称为语音压缩技术。压缩编码技术有有损压缩和无损压缩，也可分为波形编码、参量编码和混合编码。常见的语音压缩编码有 DPCM、ADPCM、增量调制、自适应增量调制、参数编码、子带编码等。

思　考　题

1. 模拟信号在数字系统中传输要经过哪些变化？
2. PCM 系统中模数转换和数模转化有哪几个步骤？
3. 什么是低通信号？什么是带通信号？它们对应的抽样定理是什么？
4. 什么是奈奎斯特抽样速率？什么是奈奎斯特抽样间隔？
5. 为什么在接收端会发生频谱混叠？
6. 什么是量化？量化的目的是什么？
7. 什么是均匀量化？什么是非均匀量化？两者各有什么优缺点？
8. PCM 编码中用什么码型？有什么优势？
9. PCM 系统中用什么量化方式？量化级数为多少？
10. PCM13 折线 A 律的码位如何安排？
11. PCM 系统中的噪声有哪些？
12. 什么是语音编码？
13. 压缩编码的分类有哪些？
14. 什么是子带编码？
15. 数字传输体制有哪些？

习　　题

6.1　已知一基带信号 $m(t)=\cos\pi t+3\cos 8\pi t$，对其进行理想采样。

（1）若使接收端不失真地恢复出原始信号，问采样间隔应如何选取？

（2）若采样间隔取 0.05 s，试画出已采样信号的频谱图。

6.2 设输入抽样器的信号为门函数 $G_\tau(t)$，宽度 $\tau=200$ ms，若忽略其频谱的第 10 个零点以外的频率分量，试求最小抽样速率。

6.3 已知某信号 $m(t)$ 的频谱 $M(\omega)$ 如题 6.3 图所示。将它通过传输函数为 $H_1(\omega)$ 的滤波器后再进行理想抽样。

（1）抽样速率为多少？

（2）设抽样速率 $f_s=3f_1$，试画出已抽样信号 $m_s(t)$ 信号的频谱。

（3）接收端应具有怎样的传输函数 $H_2(\omega)$ 才能无失真地恢复出原始信号？

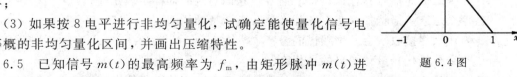

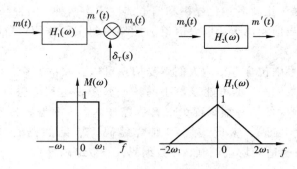

题 6.3 图

6.4 已知模拟信号抽样值的概率密度 $p(x)$ 如题 6.4 图所示。

（1）如果按 4 电平进行均匀量化，试计算信号与量化噪声功率比；

（2）如果按 8 电平进行均匀量化，试确定量化间隔和量化电平；

（3）如果按 8 电平进行非均匀量化，试确定能使量化信号电平等概的非均匀量化区间，并画出压缩特性。

题 6.4 图

6.5 已知信号 $m(t)$ 的最高频率为 f_m，由矩形脉冲 $m(t)$ 进行瞬时抽样，矩形脉冲的宽度为 2τ，幅度为 1，试确定已抽样信号及其频谱表达式。

6.6 某路模拟信号的最高频率为 6000 Hz，采样频率为奈奎斯特采样速率，设传输信号的波形为矩形脉冲，脉冲宽度为 1 μs。计算 PAM 系统的第一零点带宽。

6.7 已知信号 $m(t)=\cos 100\pi t \cos 2000\pi t$，对 $m(t)$ 进行理想采样。

（1）若将 $m(t)$ 作为低通信号，采样频率如何选择？

（2）若将 $m(t)$ 作为带通信号，采样频率如何选择？

6.8 设信号 $m(t)=9+A\cos\omega t$，其中 $A\ll 10$ V。若 $m(t)$ 被均匀量化为 40 个电平，试确定所需的二进制码组的位数 N 和量化间隔 Δ。

6.9 单路话音信号的最高频率为 4 kHz，抽样速率为 8 kHz，将所得的脉冲由 PAM 方式或 PCM 方式传输。设传输信号的波形为矩形脉冲，其宽度为 τ，且占空比为 1。

（1）计算 PAM 系统的最小带宽。

（2）在 PCM 系统中，抽样后信号按 8 级量化，求 PCM 系统的最小带宽。

6.10 求 A 律 PCM 的最大量化间隔 Δ_{max} 与最小量化间隔 Δ_{min} 的比值。

6.11 采用 13 折线 A 律编码，设最小量化间隔为 1 个单位，已知抽样脉冲值为 +635

单位。

(1) 试求此时编码器输出码组，并计算量化误差；

(2) 写出对应于该 7 位码(不包括极性码)的均匀量化 11 位码(采用自然二进制码)。

6.12　采用 13 折线 A 律编码，设最小量化间隔为 1 个单位，已知抽样脉冲值为 -870 单位，写出 8 位 PCM 码，并计算编码电平、编码误差、量化电平、量化误差、11 位的线性码和 12 位的线性码。

6.13　采用 13 折线 A 律编码，设最小的量化间隔为 1 个单位，已知抽样为 -95 单位。

(1) 试求此时编码器输出码组，并计算量化误差(段内码用自然二进制)；

(2) 写出对应于该 7 位码(不包括极性码)的均匀量化 11 位码。

6.14　设 A 律 13 折线 PCM 编码器的输入范围为 $[-5,5]$ V，若样值幅值为 -2.5 V，试计算编码器的输出码字及其对应的量化电平和量化误差。

6.15　采用 13 折线 A 律编码器电路，设接收端收到的码组为"01010011"，最小量化单位为 1 个单位，并已知段内码为折叠二进制码。

(1) 试问译码器输出为多少单位；

(2) 写出对应于该 7 位码(不包括极性码)的均匀量化 11 位码。

6.16　6 路独立信源的最高频率分别为 1 kHz、1 kHz、2 kHz、2 kHz、3 kHz、3 kHz，采用时分复用方式进行传输，每路信号均采用 8 位对数 PCM 编码。

(1) 设计该系统的帧结构和总时隙数，求每个时隙占有的时间宽度及码元宽度；

(2) 求信道最小传输带宽。

6.17　对 48 路最高频率均为 4 kHz 的信号进行时分复用，采用 PAM 方式传输，假定所用脉冲为周期性矩形脉冲，脉冲的宽度 τ 为每路应占用时间的一半。试求此 48 路 PAM 系统的最小带宽。

6.18　已知话音信号的最高频率 $f_H = 3400$ Hz，用 PCM 系统传输，要求量化信噪比不低于 30 dB。试求此 PCM 系统所需的最小带宽。

6.19　若对 12 路语音信号(每路信号的最高频率均为 4 kHz)进行抽样和时分复用，将所得脉冲用 PCM 基带系统传输，信号占空比为 1。

(1) 抽样后信号按 8 级量化，求 PCM 信号谱零点带宽及最小信道带宽；

(2) 抽样后信号按 128 级量化，求 PCM 信号谱零点带宽及最小信道带宽。

第 7 章 多路复用和多址技术

7.1 引 言

所谓多路复用，是指在同一个信道上同时传输多路信号而互不干扰的一种技术。为了在接收端能够将不同路的信号区分开来，必须使不同路的信号具有不同的特征。由于信号直接来自话路，区分信号和区分话路是一致的。最常用的多路复用方式是频分复用(FDM)、时分复用(TDM)和码分复用(CDM)。

按频段区分信号的方法称为频分复用；按时隙区分信号的方法称为时分复用；按相互正交的码字区分信号的方法称为码分复用。传统的模拟通信中都采用频分复用；随着数字通信的发展，时分复用和码分复用通信系统的应用越来越广泛。

现代通信通常需要在移动多用户点间进行通信，而在有线通信中，多用户点间的相互通信问题往往采用交换技术解决。早期的无线通信是以点对点通信为主，但是当卫星通信系统和移动通信系统等新的通信系统开始发展后，用户的位置分布面很广，而且可能在大范围随时移动。为了区分和识别动态用户地址，引出了"多址"这个术语。

所谓多址通信，是指处于不同地址的多个用户共享信道资源，实现各用户之间相互通信的一种方式。由于用户来自不同的地址，区分用户和区分地址是一致的。多址方式的典型应用是卫星通信和蜂窝移动通信。在卫星通信中，多个地球站通过公共的卫星转发器来实现各地球站之间的相互通信。在移动通信中，则是多个移动用户通过公共的基站来实现各用户的相互通信。频分多址(FDMA)、时分多址(TDMA)、码分多址(CDMA)和空分多址(SCDMA)是几种主要的多址技术。以卫星通信为例，FDMA 是按地球站分配的射频不同来区分地球站的站址；TDMA 是按分配的时隙不同来区分站址；CDMA 是用相互正交的码字来区分站址；SCDMA 是以卫星天线指向地球站的波束不同来区分站址。

多路复用和多址技术都是为了共享通信资源，这两种技术有许多相同之处，但是它们之间也有一些区别。一般来说，多路复用通常在中频或基带实现；通信资源是预先分配给各用户共享的。而多址技术通常在射频实现；是远程共享通信资源，并在一个系统控制器的控制下，按照用户对通信资源的需求，随时动态地改变通信资源的分配。

7.2 频分复用(FDM)

7.2.1 频分复用(FDM)的基本原理

一般的通信系统的信道所能提供的带宽往往要比传送一路信号所需的带宽宽得多。因此，如果一条信道只传输一路信号是非常浪费的。为了充分利用信道的带宽，提出了信道的频分复用。

频分复用就是在发送端利用不同频率的载波将多路信号的频谱调制到不同的频段，以实现多路复用。频分复用的多路信号在频率上不会重叠，合并在一起通过一条信道传输，到达接收端后可以通过中心频率不同的带通滤波器彼此分离开来。

图 7-1 所示为一个频分复用系统的组成框图。假设共有 n 路复用的信号，每路信号首先通过低通滤波器（LPF）变成频率受限的低通信号。简便起见，假设各路信号的最高频 f_H 都相等。然后，每路信号通过载频不同的调制器进行频谱搬移。一般来说，调制的方式原则上可任意选择，但最常用的是单边带调制，因为它最节省频带。因此，图中的调制器由相乘器和边带滤波器（SBF）构成。

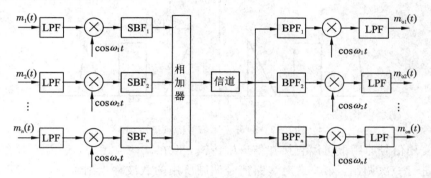

图 7-1　频分复用系统的组成框图

在选择载频时，既应考虑到每一路已调信号的频谱宽度 f'_m，还应留有一定的防护频带 f_g。为了各路信号频谱不重叠，要求载频间隔为

$$f_s = f_{c(i+1)} - f_{ci} = f'_m + f_g \quad i = 1, 2, \cdots, n \tag{7.2.1}$$

式中：f_{ci} 和 $f_{c(i+1)}$ 分别为第 i 和 $(i+1)$ 路的载波频率；f'_m 是每一路已调信号的频谱宽度；f_g 为邻路间隔防护频带。

显然，邻路间隔防护频带越大，对边带滤波器的技术要求越低；但这时占用的总频带要加宽，这对提高信道利用率不利。因此，实际中应尽量提高边带滤波技术，以使 f_g 尽量缩小。例如，电话系统中话音信号频率范围为 $300 \sim 3400$ Hz，防护频带间隔通常采用 600 Hz，即载频间隔 f_s 为 4000 Hz，这样可以使邻路干扰电平低于 -40 dB。

经过调制的各路信号，在频率位置上被分开。通过相加器将它们合并成适合在信道内传输的频分复用的总频带宽度为

$$B_n = nf'_m + (n-1)f_g = (n-1)f_s + f'_m \tag{7.2.2}$$

在接收端，可利用相应的带通滤波器（BPF）来区分开各路信号的频谱。然后，再通过各自相干解调器便可恢复各路调制信号。

【例 7.1】　采用频分复用的方式在一条信道中传输 3 路信号，已知 3 路信号的频谱如图 7-2 所示，假设每路信号的最高频率 $f_H = 3400$ Hz，均采用上边带（USB）调制，邻路间隔防护频带为 $f_g = 600$ Hz。试计算信道中复用信号的频带宽度，并画出频谱结构。

解　信道中频分复用信号的总频带宽度为

$$B_n = nf_H + (n-1)f_g = (n-1)f_s + f_H = 11\,400 (\text{Hz})$$

对 3 路信号进行调制的载波频率分别采用 ω_{c1}、ω_{c2} 和 ω_{c3}，得到频分复用信号的频谱结

构，如图 7-3 所示。

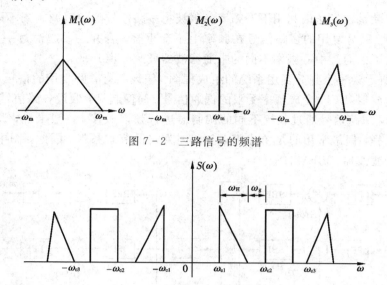

图 7-2 三路信号的频谱

图 7-3 频分复用信号的频谱结构

频分复用信号原则上可以直接在信道中传输，但在某些应用中，还需要对合并后的复用信号再进行一次调制。第一次对多路信号调制所用的载波称为副载波，第二次调制所用的载波称为主载波。原则上，两次调制可以是任意的调制方式。如果第一次调制采用单边带调制，第二次调制采用调频方式，一般记为 SSB/FM。

【例 7.2】 设有一个 DSB/FM 频分复用系统，副载波用 DSB 调制，主载波用 FM 调制。如果有 50 路频带限制在 3.3 kHz 的音频信号，防护频带为 0.7 kHz。如果最大频移为 1000 kHz，计算传输信号的频带宽度。

解 50 路音频信号经过 DSB 调制后，在相邻两路信号之间加防护频带 f_g，合并后信号的总带宽为

$$B_n = nf'_m + (n-1)f_g = 50 \times 2 \times 3.3 + 49 \times 0.7 = 364.3 \text{ kHz}$$

再进行 FM 调制后所需的传输带宽为

$$B = 2(\Delta f + B_n) = 2(1000 + 364.3) = 2728.6 \text{ kHz}$$

频分复用系统的主要优点是信道复用路数多、分路方便。因此它曾经在多路模拟电话通信系统中获得广泛应用，国际电信联盟(ITU)对此制定了一系列建议。例如，ITU 将一个 12 路频分复用系统统称为一个"基群"，它占用 48 kHz 带宽；将 5 个基群组成一个 60 路的"超群"。用类似的方法可将几个超群合并成一个"主群"；几个主群又可合并成一个"巨群"。

频分复用的主要缺点是设备庞大复杂，成本较高，还会因为滤波器件特性不够理想和信道内存在非线性而出现路间干扰，故近年来已经逐步被更为先进的时分复用技术所取代。不过在电视广播中，图像信号和声音信号的复用、立体声广播中左右声道信号的复用，仍然采用频分复用技术。

7.2.2 正交频分复用(OFDM)

正交频分复用(OFDM)实际上是多载波调制(MCM)的一种，可以被看做是一种调制

技术，也可以被当成一种复用技术。OFDM 的原理框图如图 7-4 所示，其主要思想是：将待传输的高速串行数据经串/并变换，变成在子信道上并行传输的低速数据流，再用相互正交的载波进行调制，然后叠加在一起发送。接收端用相干载波进行相干接收，再经并/串变换恢复为原高速数据。这样可以减少子信道之间的相互干扰。每个子信道上的信号带宽小于信道的相关带宽，因此在每个子信道上可以看成平坦性衰落，从而可以消除符号间的干扰，而且由于每个子信道的带宽仅仅是原信道带宽的一小部分，信道均衡变得相对容易。

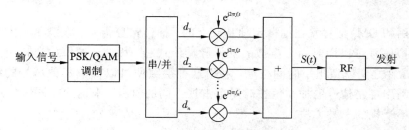

图 7-4　OFDM 的原理框图

　　所谓子载波之间的正交性，是指一个 OFDM 符号周期内的每个子载波都相差整数倍个周期，而且各个相邻子载波之间相差一个周期。正是由于子载波的这一特点，所以它们之间是正交的。

　　OFDM 技术有如下优点：

　　(1) 抗衰落能力强。OFDM 把用户信息通过多个子载波传输，在每个子载波上的信号时间就相应地比同速率的单载波系统上的信号时间长很多倍，使 OFDM 对脉冲噪声和信道快衰落的抵抗力更强。同时，通过子载波的联合编码，达到了子信道间的频率分集的作用，也增强了对脉冲噪声和信道快衰落的抵抗力。因此，如果衰落不是特别严重，就没有必要再添加时域均衡器。

　　(2) 频率利用率高。OFDM 允许重叠的正交子载波作为子信道，而不是传统的利用保护频带分离子信道的方式，提高了频率利用效率。FDM 与 OFDM 频带利用率的比较如图 7-5 所示。

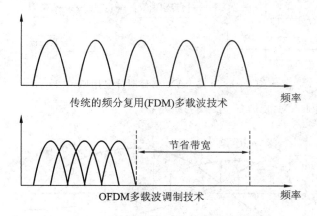

图 7-5　FDM 与 OFDM 频带利用率的比较

　　(3) 适合高速数据传输。OFDM 自适应调制机制使不同的子载波可以按照信道情况和噪音背景的不同使用不同的调制方式。当信道条件好的时候，采用效率高的调制方式。当信道条件差的时候，采用抗干扰能力强的调制方式。再有，OFDM 加载算法的采用，使系统可以把更多的数据集中放在条件好的信道上以高速率进行传送。因此，OFDM 技术非常适合高速数据传输。

7.3　时分复用(TDM)

时分复用(TDM)是建立在抽样定理基础上的。抽样定理指明：在满足一定条件下，时间连续的模拟信号可以用时间上离散的抽样脉冲值代替。因此，如果抽样脉冲占据较短时间，在抽样脉冲之间就留出了时间空隙，利用这种空隙便可以传输其他信号的抽样值。时分复用就是利用各路信号的抽样值在时间上占据不同的时隙，来达到在同一信道中传输多路信号而互不干扰的一种方法。

与频分复用相比，时分复用具有以下主要优点：

(1) TDM 多路信号的合路和分路都是数字电路，比 FDM 的模拟滤波器分路简单、可靠。

(2) 信道的非线性会在 FDM 系统中产生交调失真和多次谐波，引起路间干扰，因此 FDM 对信道的非线性失真要求很高。而 TDM 系统的非线性失真要求可相对降低。

7.3.1　时分复用的 PAM 系统(TDM-PAM)

通过举例来说明时分复用技术的基本原理，假设有 3 路 PAM 信号进行时分复用，其具体实现方法如图 7-6 所示。各路信号首先通过相应的低通滤波器(预滤波器)变为频带受限的低通型信号，然后再送至旋转开关(抽样开关)，每秒将各路信号依次抽样一次，在信道中传输的合成信号就是 3 路在时间域上周期地互相错开的 PAM 信号，即 TDM-PAM 信号。

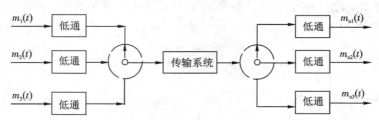

图 7-6　3 路 PAM 信号时分复用原理图

3 路 TDM 合路 PAM 波形如图 7-7 所示。

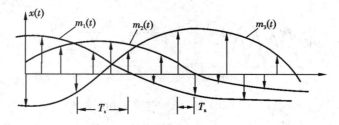

图 7-7　3 路 TDM 合路 PAM 波形

抽样时各路每轮一次的时间称为一帧，长度记为 T_s，它就是旋转开关旋转一周的时间，即一个抽样周期。一帧中相邻两个抽样脉冲之间的时间间隔称为路时隙（简称为时隙），即每路 PAM 信号每个样值允许占用的时间间隔，记为 $T_a = T_s/n$，这里复用路数 $n = 3$。3 路 PAM 信号时分复用的帧和时隙如图 7-8 所示。

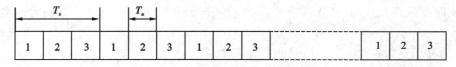

图 7-8   3 路 PAM 信号时分复用的帧和时隙

上述概念可以推广到 n 路信号进行时分复用。多路复用信号可以直接送入信道进行基带传输，也可以加至调制器后再送入信道进行频带传输。

在接收端，合成的时分复用信号由旋转开关（分路开关，又称选通门）依次送入各路相应的低通滤波器，重建或恢复出原来的模拟信号。需要指明的是，TDM 中发送端的抽样开关和接收端的分路开关必须保持同步。

TDM-PAM 系统目前在通信中几乎不再采用。抽样信号一般都在量化和编码后以数字信号的形式传输，目前电话信号采用最多的编码方式是 PCM 和 DPCM。

7.3.2   时分复用的 PCM 系统（TDM - PCM）

PCM 和 PAM 的区别在于 PCM 要在 PAM 的基础上再进行量化和编码。为简便起见，假设 3 路 PCM 信号时分复用的原理图如图 7-9 所示。

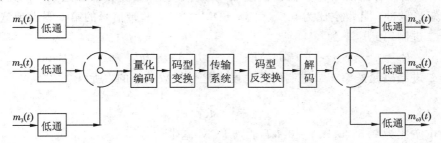

图 7-9   3 路 PCM 信号时分复用的原理图

在发送端，3 路话音信号 $m_1(t)$、$m_2(t)$ 和 $m_3(t)$ 经过低通滤波后成为最高频率为 f_H 的低通型信号，再经过抽样得到 3 路 PAM 信号，它们在时间上是分开的，由各路发送的定时取样脉冲进行控制，然后将 3 路 PAM 信号一起进行量化和编码，每个 PAM 信号的抽样脉冲经量化后编为 L 位二进制代码。最后选择合适的传输码型，经过数字传输系统（基带传输或频带传输）传到接收端。

由于编码需要一定的时间，为了保证编码的精度，要将样值展宽占满整个时隙，因此合路后的 PAM 信号被送到保持电路，它将每一个样值记忆一个路时隙，然后经过量化编码变成 PCM 信号，每一路的码字依次占用一个路时隙。

在接收端，收到信码后，首先经过码型反变换，然后加到解码器进行解码。解码后得到的是 3 路合在一起的 PAM 信号，再经过分路开关把各路 PAM 信号区分开来，最后经过低通滤波重建原始的话音信号 $m_{o1}(t)$、$m_{o2}(t)$ 和 $m_{o3}(t)$。

7.3.3　时分复用信号的码元速率和带宽

1. TDM 信号的码元速率

1）TDM-PAM 信号

若 n 路频带都是 TDM-PAM 信号，则每秒钟的脉冲个数为 $n \cdot f_s$，即码元速率为

$$R_B = n \cdot f_s (\text{Baud}) \tag{7.3.1}$$

式中：n 为复用路数；f_s 为一路信号的抽样频率。

2）TDM-PCM 信号

通过抽样、合路、量化、编码这几个步骤，容易看出 TDM-PCM 信号的二进制码元速率为

$$R_B = n \cdot k \cdot f_s \tag{7.3.2}$$

式中：n 为复用路数；$k = \log_2 M$ 为每个抽样值编码的二进制码元位数，M 为对抽样值进行量化的量化级数；f_s 为一路信号的抽样频率。

因为二进制码元速率 $R_B = n \cdot k \cdot f_s$（波特），所以对应的信息速率 $R_b = n \cdot k \cdot f_s (\text{bit/s})$。

2. TDM 信号的带宽

得到码元速率后，按照 PCM 带宽的计算方法容易得到 TDM-PAM 信号和 TDM-PCM 信号的传输波形为矩形脉冲时的第一零点带宽。

【例 7.3】　对 10 路最高频率为 3400 Hz 的话音信号进行 TDM-PCM 传输，抽样频率为 8000 Hz。抽样合路后对每个抽样值按照 8 级量化，并编为自然二进码，码元波形是宽度为 τ 的矩形脉冲，且占空比为 0.5。计算 TDM－PCM 基带信号的第一零点带宽。

解　二进制码元速率为

$$R_B = n \cdot k \cdot f_s = n \cdot \log_2 M \cdot f_s = 10 \times 3 \times 8000 = 240\ 000 (\text{Baud})$$

因为二进制码元速率与二进制码元宽度也是呈倒数关系的，所以

$$T_b = \frac{1}{R_B}$$

因为占空比为 0.5，所以 $\tau = 0.5 T_b$，则 PCM 基带信号第一零点带宽为

$$B = \frac{1}{\tau} = 480\ 000\ \text{Hz}$$

【例 7.4】　对 10 路最高频率为 4 000 Hz 的话音信号进行 TDM-PCM 传输，抽样频率为奈奎斯特抽样频率。抽样合路后对每个抽样值按照 8 级量化，计算传输此 TDM-PCM 信号所需的奈奎斯特带宽。

解　因为抽样频率为奈奎斯特抽样频率，所以

$$f_s = 2 f_H = 8000\ \text{Hz}$$

所以二进制码元速率为

$$R_B = n \cdot k \cdot f_s = n \cdot \log_2 M \cdot f_s = 10 \times 3 \times 8000 = 240\ 000 (\text{Baud})$$

由奈奎斯特准则可知：

$$\left(\frac{R_B}{B}\right)_{\max} = 2 (\text{Baud/Hz})$$

所以奈奎斯特带宽为 $B = 120\ 000\ \text{Hz}$。

【例 7.5】　对 10 路最高频率为 3400 Hz 的话音信号进行 TDM-PCM 传输，抽样频率为 8000 Hz。抽样合路后对每个抽样值按照 8 级量化，再编为二进制码，然后通过升余弦滤波器再进行 2PSK 调制，计算所需的传输带宽。

解　因为二进制码元速率为

$$R_B = n \cdot k \cdot f_s = n \cdot \log_2 M \cdot f_s = 10 \times 3 \times 8000 = 240\ 000 (\text{Baud})$$

由

$$\left(\frac{R_B}{B}\right)_{\max} = \frac{2}{1+\alpha} = 1 (\text{Baud/Hz})$$

得到通过升余弦滤波器后数字基带信号的截止频率 $B = 240\ 000$ Hz。

因为 2PSK 信号带宽是基带信号带宽的两倍，所以所需的传输带宽为

$$B' = 2B = 480\ 000\ \text{Hz}$$

7.3.4　PCM 30/32 路系统的帧结构

对于多路数字电话系统，国际上有两种标准化制式，即 PCM 30/32 路制式(E 体系)和 PCM 24 路制式(T 体系)。我国规定采用的是 PCM 30/32 路制式，一帧共有 32 个时隙，可以传送 30 路电话，即复用的路数 $n = 32$ 路，其中话路数为 30。PCM 30/32 路系统的帧结构如图 7-10 所示。

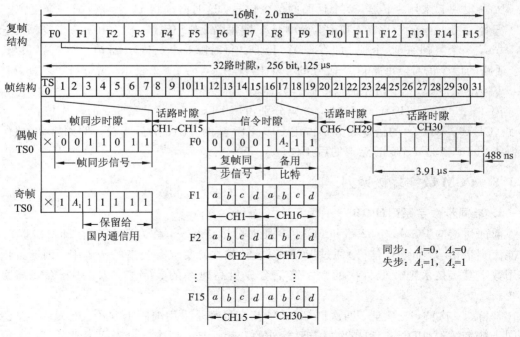

图 7-10　PCM 30/32 路系统的帧结构

从图 7-10 中可以看出，在 PCM 30/32 路的制式中，一个复帧由 16 帧组成，一帧由 32 个时隙组成，一个时隙有 8 个比特。对于 PCM 30/32 路系统，由于抽样频率为 8000 Hz，因此，抽样周期(即 PCM 30/32 路的帧周期)为 1/8000 = 125 μs；一个复帧由 16 帧组成，则复帧周期为 2 ms；一帧内包含 32 路，则每路占用的时隙为 125/32 = 3.91 μs；

每时隙包含 8 位折叠二进制，因此，位时隙占 488 ns。

从传输速率来讲，PCM 30/32 路系统每秒钟能传送 8000 帧，而每帧包含 $32 \times 8 =$ 256 bit，因此，传码率为 $256 \times 8000 = 2.048$ MBaud，信息速率为 2.048 Mbit/s。对于每个话路来说，每秒钟要传输 8000 个样值，每个样值编 8 位码，所以可得到每个话路数字化后信息传输速率为 $8 \times 8000 = 64$ kbit/s。

PCM 30/32 路系统（基群）的传输速率为 2.048 Mbit/s，传输线简称 2M 线或 E1 线。

PCM 30/32 路系统的一帧由 32 个时隙组成，其中包括：

（1）30 个话路时隙。

TS1～TS15 分别传输第 1～15 路（CH1～CH15）话音信号，TS17～TS31 分别传输第 16～30 路（CH16～CH30）话音信号。在话路时隙中，第 1 比特为极性码，第 2～4 比特为段落码，第 5～8 比特为段内码。

（2）帧同步时隙：TS0。

为了实现帧同步，偶帧要传送一组特定标志的帧同步码字，码型为"0011011"，占用偶帧 TS0 的第 2～8 位；奇帧发送帧失步告警码 A_1，占用奇帧 TS0 的第 3 位，当帧同步时，$A_1 = 0$，当帧失步时，$A_1 = 1$。

（3）信令时隙：TS16。

在传送话路信令时，PCM 30/32 路系统采用共路信令传送方式，将 TS16 所包含的 64 kbit/s 集中起来用来传送 30 个话路的信令信号，这时必须将 16 个帧构成一个复帧。

每路信令只有 4 个比特，频率为 500 Hz，即每隔 2 ms 传输一次。由于一个复帧的长度为 2 ms，一个复帧有 16 个帧，即有 16 个 TS16（每时隙 8 个比特）。每帧 TS16 就可以传送 2 个话路的信令信号，每路信令信号的 4 个比特用 a、b、c、d 表示。除了 F0 之外，其余 F1～F15 用来传送 30 个话路的信令码。

第 1～15 路（CH1～CH15）的信令码分别占用 F1～F15 帧的 TS16 的前 4 位，第 16～30 路（CH16～CH30）的信令码分别占用 F1～F15 帧的 TS16 的后 4 位。例如第 20 路的信令码占用 F5 帧的 TS16 时隙中的后 4 位。

7.3.5　PCM 数字复接系列

1. 准同步数字系列（PDH）

前面讨论的 PCM 30/32 路和 PCM 24 路时分多路系统，称为数字基群（即一次群）。为了能使宽带信号（如电视信号）通过 PCM 系统传输，就要求有较高的传码率。因此提出了采用数字复接技术把较低群次的数字流汇合成更高速率的数字流，以形成 PCM 高次群系统。

基群、二次群、三次群、四次群等 PCM 高次群都是采用准同步方式进行复接的，称为准同步数字系列（PDH）。和一次群需要额外的开销一样，高次群也需要额外的开销，由表 7-1 可以看出，高次群比相应的低次群平均每路的比特率还高一些，虽然此额外开销只占总比特率很小的百分比，但是当总比特率增高时，此开销的绝对值还是不小的，这很不经济。

表 7-1 所示的复接系列具有如下优点：

（1）易于构成通信网，便于分支与插入。

（2）复用倍数适中，具有较高的效率。

（3）可视电话、电视信号以及频分制载波信号能与某一高次群相适应。

（4）与传输媒质，比如电缆、同轴电缆、微波、波导、光纤等传输容量相匹配。

表 7 - 1　数字复接系列（准同步数字系列）

地区	参数	一次群（基群）	二次群	三次群	四次群
中国、欧洲	群路等级	E - 1	E - 2	E - 3	E - 4
	路数	30 路	120 路（30×4）	480 路（120×4）	1920 路（480×4）
	比特率	2.048 Mbit/s	8.448 Mbit/s	34.368 Mbit/s	139.264 Mbit/s
北美	群路等级	T - 1	T - 2	T - 3	T - 4
	路数	24 路	96 路（24×4）	672 路（96×7）	4032 路（672×6）
	比特率	1.544 Mbit/s	6.312 Mbit/s	44.736 Mbit/s	274.176 Mbit/s
日本	群路等级	T - 1	T - 2	T - 3	T - 4
	路数	24 路	96 路（24×4）	480 路（96×5）	1440 路（480×3）
	比特率	1.544 Mbit/s	6.312 Mbit/s	32.064 Mbit/s	97.728 Mbit/s

数字通信系统除了传输电话外，也可传输其他相同速率的数字信号，例如可视电话、频分制载波信号以及电视信号。为了提高通信质量，这些信号可以单独变为数字信号传输，也可以和相应的 PCM 高次群一起复接成更高一级的高次群进行传输。基于 PCM 30/32 路系列的数字复接体制的结构如图 7 - 11 所示。

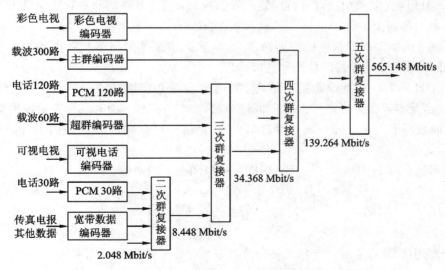

图 7 - 11　基于 PCM 30/32 路系列的数字复接体制

2. 同步数字系列（SDH）

随着光纤通信的发展，准同步数字系列已经不能满足大容量、高速传输的要求，不能适应现代通信网的发展要求，其缺点主要体现在以下几个方面：

（1）不存在世界性标准的数字信号速率和帧结构标准。

（2）不存在世界性的标准光接口规范，无法在光路上实现互通和调配电路。

（3）复接方式大多采用按位复接，不利于以字节为单位的现代信息交换。

（4）准同步系统的复用结构复杂，缺乏灵活性，硬件数量大，上、下业务费用高。

（5）复用结构中用于网络运行、管理和维护的比特很少。

基于传统的准同步数字系列的弱点，为了适应现代电信网和用户对传输的新要求，必须从技术体制上对传输系统进行根本的改革，为此，CCITT 制订了 TDM 制的 150 Mb/s 以上的同步数字系列（SDH）标准。它不仅适用于光纤传输，亦适用于微波及卫星等其他传输手段。它可以有效地按动态需求方式改变传输网拓扑，充分发挥网络构成的灵活性与安全性，而且在网络管理功能方面大大增强。数字复接系列（同步数字系列）如表 7 - 2 所示。

表 7 - 2　数字复接系列（同步数字系列）

同步数字系列	STM - 1	STM - 4	STM - 16	STM - 64
速率	155.52 Mbit/s	622.08 Mbit/s	2488.32 Mbit/s	9953.28 Mbit/s

与 PDH 相比，SDH 具有一系列优越性：

（1）使北美、日本、欧洲三个地区性 PDH 数字传输系列在 STM - 1 等级上获得了统一，真正实现了数字传输体制方面的全球统一标准。

（2）SDH 具有标准的光接口，即允许不同厂家的设备在光路上互通。

（3）SDH 系统采用字节间插同步方式复接成更高等级的 SDH 传送模块 STM-N，因此，从 STM-N 中容易分出支路信号，分/插复用灵活，可动态地改变网络配置。比如可以借助软件控制从高速信号中一次分支/插入低速支路信号，避免了像 PDH 那样需要对全部高速信号进行逐级分接复接的做法。

（4）SDH 网大量采用软件进行网络配置和控制，增加新功能和新特性非常方便，适合将来不断发展的需要。

（5）帧结构中的维护管理比特大约占 5%，大大增强了网络维护管理能力，可实现故障检测、区段定位、业务性能监测和性能管理。

（6）SDH 网有一套特殊的复用结构，具有兼容性和广泛的适应性。它不仅与现有的 PDH 网完全兼容，也支持北美、欧洲和日本现行的载波系统，同时还可容纳各种新业务信号。例如局域网中的光纤分布式数据接口（FDDI）信号以及宽带 ISDN 中的异步转移模式（ATM）信元等。

综上所述，SDH 具有同步复用、标准光接口和强大的网络管理能力等优点。

7.4　码分复用

码分复用（CDM）是用一组相互正交的码字区分信号的多路复用方法。在码分复用中，各路信号码元在频谱上和时间上都是混叠的，但是代表每路信号的码字是正交的。

码字正交的概念：用 $x = (x_1, x_2, \cdots, x_N)$ 和 $y = (y_1, y_2, \cdots, y_N)$ 表示两个码长为 N 的码字（也称为码组），二进制码元 $x_i, y_i \in (+1, -1)$，$i = 1, 2, \cdots, N$。定义两个码字的互相关系数为

$$\rho(x, y) = \frac{1}{N} \sum_{i=1}^{N} x_i y_i \qquad (7.4.1)$$

可见，互相关系数 $-1 \leqslant \rho(x, y) \leqslant 1$。

如果互相关系数 $\rho(x, y) = 0$，则称码字 x 和 y 相互正交；如果互相关系数 $\rho(x, y) \approx 0$，则称码字 x 和 y 准正交；如果互相关系数 $\rho(x, y) < 0$，则称码字 x 和 y 超正交。

如果将正交码字在码分复用中作为"载波"，则合成的多路信号经信道传输后，在接收端可以采用计算互相关系数的方法将各路信号分开。图 7-12 所示为 4 路信号进行码分复用的原理图。图中，信道中的多路复用信号为

$$e = \sum_{k=1}^{K} a_k = \sum_{k=1}^{K} d_k W_k \tag{7.4.2}$$

接收机可以通过计算：

$$\rho(e, W_k) = \frac{1}{N} \sum_{n=0}^{N-1} e_n W_{j, n}$$
$$= \frac{1}{N} \sum_{n=0}^{N-1} \sum_{k=1}^{K} d_k W_{k, n} W_{j, n} = d_j \quad (j = 1, 2, \cdots, K) \tag{7.4.3}$$

恢复出第 j 个用户的原始数据。

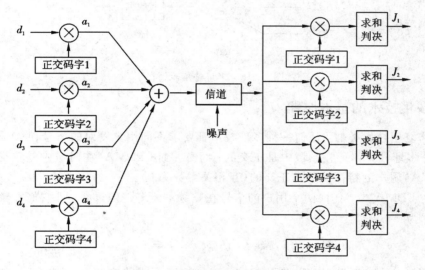

图 7-12 4 路信号进行码分复用原理图

需要指出的是，在 CDM 系统中，各路信号在时域和频域上是重叠的，这时不能采用传统的滤波器（对 FDM 而言）和选通门（对 TDM 而言）来分离信号，而是用与发送信号相匹配的接收机通过相关检测才能正确接收。

最后指出，码分复用除了可以采用正交码，还可以采用准正交码和超正交码，因为此时的邻路干扰很小，可以采用设置门限的方法来恢复出原始数据。而且，为了提高系统的抗干扰能力，码分复用通常与扩频技术结合起来使用。

7.5 空分复用

空分复用（SDM）是利用不同的用户空间特征来区分用户。例如，在光纤通信中每根光纤只用于一个方向的信号传输，双向通信则需要一对光纤，即光纤数量加倍。由于光缆都包含多根光纤在内，因而空分复用是最早、最简单的广波分复用方式。此外，在光纤通信

网中，由于波长可在网络不同地方的光通道中重复使用，也是一种空分复用，因而仍能够提供巨大的容量。

7.6 多址技术

多路复用和多址技术都是为了共享通信资源，这两种技术有许多相同之处。因此，本节将简单介绍几种多址技术。

在多址通信中，信道具有一个共同的特征：接收机接收到的是多台发射机发送信号的叠加。术语"多址"指的是信源不在一起或各信源独立工作。多址信道中的信源称为用户。在图 7-13 所示的多址通信中，所有用户既可共有一台接收机，也可使用多台接收机，其中每台接收机只对一个用户(或一个用户子集)发送的信息感兴趣。

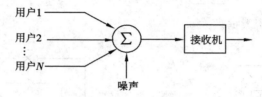

图 7-13 多址通信示意图

7.6.1 多址技术的基本原理

与多路复用技术类似，任何一种多址技术都要求不同用户发射的信号在信号空间相互正交。频分多址(FDMA)在频域中是正交的；时分多址(TDMA)在时域中是正交的；码分多址(CDMA)用户的特征波形是正交的(互相关系数为 0)。

(1) 在 FDMA 中，任何两个用户的信号在频域不能有任何重叠，即它们在频域中是正交的，表示为

$$\int_{-\infty}^{\infty} S_1(f)S_2^*(f)\mathrm{d}f = 0 \tag{7.6.1}$$

不同用户分配在时隙(出现时间)相同、工作频率不同的信道上，如图 7-14 所示。模拟的 FM 蜂窝系统都采用了 FDMA。

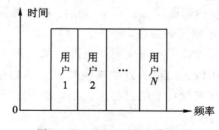

图 7-14 FDMA 的工作方式

(2) 在 TDMA 中，任何两个用户的信号在时域不能有任何重叠，即它们在时域中是正交的，表示为

$$\int_0^{T_s} s_1(t)s_2(t)\mathrm{d}t = 0 \tag{7.6.2}$$

不同用户分配在时隙不同、频率相同的信道上,如图 7 - 15 所示。

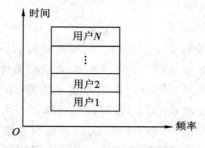

图 7 - 15　TDMA 的工作方式

(3) 在 CDMA 中,要求任何两个用户的信号是正交的,即它们的互相关或内积等于零,表示为

$$\int_0^\infty s_1(t)s_2(t)\mathrm{d}t = 0 \qquad\qquad (7.6.3)$$

不同用户分配不同的代码序列,工作在时隙、频率相同的信道上,如图 7 - 16 所示。

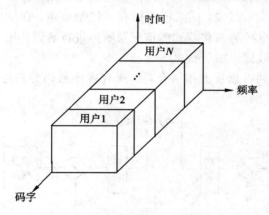

图 7 - 16　CDMA 的工作方式

7.6.2　移动通信中的多址技术

移动通信系统中的多址技术是多个移动用户通过共同的基站同时建立各自的信道,从而实现各用户之间的相互通信,如图 7 - 17 所示。

随着社会需求和技术进步,移动通信系统相继出现了频分多址(FDMA)、时分多址(TDMA)、码分多址(CDMA)、空分多址(SDMA)和正交频分复用多址(OFDMA)等。

第一代移动通信系统是采用 FDMA 的模拟蜂窝系统。

第二代移动通信系统是采用 TDMA 或窄带CDMA为主的数字蜂窝系统。

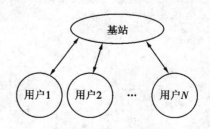

图 7 - 17　移动通信系统中多址
　　　　　技术示意图

第三代移动通信系统中的主流技术为 CDMA 技术。

LTE 系统中,下行链路多址技术建立在正交频分多址(OFDMA)的基础上,而上行链路多址技术则是基于单载波频分多址（SC－FDMA）技术的。

7.6.3 码分多址（CDMA）

CDMA 技术是建立在正交编码、相关接收的理论基础上，运用扩频通信技术解决无线通信选址问题的技术。CDMA 系统利用自相关性大而互相关性小的码序列作为地址码，在信道中许多用户的宽带信号相互叠加在一起进行宽带传输，同时还叠加有干扰及噪声，系统利用本地产生的地址码对接收到的信号及噪声进行解调，凡是与本地产生的地址码完全相关的宽带信号可还原成窄带信号（相关检测），而其他与本地地址码不相关的宽带信号与宽带噪声仍保持带宽。解调信号经窄带滤波后，信噪比得到极大提高，将所需的信号分离出来。

在 CDMA 系统中，伪噪声序列的互相关函数和自相关函数一样重要，每个用户都分配给一个特定的伪噪声序列，为了抑制多个用户共用同一频道引起的同信道干扰，要求不同用户使用的伪噪声序列的互相关系数尽可能小。因此，CDMA 系统利用自相关性大而互相关性小的周期性码序列作为地址码，与用户信息数据相乘，在信道中许多用户的宽带信号相互叠加在一起进行宽带传输，同时还叠加有干扰及噪声，在接收端，系统利用本地产生的地址码根据相关性的差异对接收到的信号及噪声进行解调，凡是与本地产生的地址码完全相关的宽带信号可还原成窄带信号。

码分多址和直接序列扩频技术相结合，构成直接序列码分多址（DS-CDMA）系统，如图 7－18 所示。

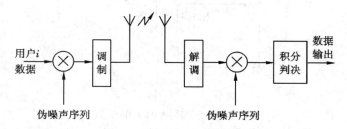

图 7－18　DS-CDMA 系统示意图

实际中常采用如图 7－19 所示的 CDMA 系统。在发送端，用户数据首先与对应的地址码相乘或模 2 加进行地址码调制，再与扩频码相乘或模 2 加进行扩频调制；在接收端，扩频之后的信号经过与发端相同的扩频码的解扩后，与对应的地址码进行相关检测，得到所需的用户数据。

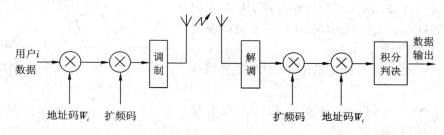

图 7－19　实际的 DS-CDMA 系统示意图

图 7－19 中，地址码需要良好的互相关特性；扩频码具有伪噪声特性（近似为 0 的均

值，尖锐的自相关特性）。地址码和扩频码关系到系统多址能力、抗干扰能力和抗截获、抗衰落及抗多径能力，还关系到信息的隐蔽与保密，收端捕获和同步实现的难易，等等。要同时满足这些条件很困难，对于不同的要求需要分别设计不同类型的码。比如沃尔什码的互相关特性为零，而且它还具有良好的自相关特性；但是它所占的频谱不宽，所以只能作为地址码，不能作为扩频码。而 m 序列是一种类似白噪声的 PN 码，它具有尖锐的自相关特性和比较好的互相关特性，同一码字内的各码占据的频带可以做到很宽且相等，所以 m 序列既可以作为地址码，又可以作为扩频码。但是 m 序列相关性差别较大，且互相关性不是处处为 0，因此必须选择运用。典型的 m 序列数量很有限，所以人们考虑由 m 序列扩展到其他序列，比如 Gold 序列和 Kasami 序列等。

CDMA 系统具有以下主要特点：

（1）CDMA 系统以扩频技术为基础，因此具有扩频系统的优点，比如抗干扰、抗多径衰落、保密性强等。

（2）系统容量大。因为 CDMA 用户地址的区分是在码域中进行的，所以时域和频域可以重叠使用，系统容量仅受系统运行时干扰的影响，因此，任何使干扰降低的措施都有助于系统容量的提高。根据理论计算和实际测试表明，CDMA 系统容量是模拟蜂窝系统的 10～20 倍，是 TDMA 系统的 6 倍。

（3）CDMA 系统具有软容量特性。在 FDMA 和 TDMA 系统中，当所有频道或时隙被占满以后，再无法增加一个用户，此时若有新的用户呼叫，只能遇忙等待，产生阻塞现象。而 CDMA 系统的用户信号是靠伪噪声码区分的，当系统负荷满载时，再增加少量用户只会引起话音质量的轻微下降，而不会产生阻塞现象。CDMA 中的用户数不存在绝对限制，但是随着用户数的增加，所有用户的系统性能将会逐渐降低。

（4）由于信号在一个很大的频谱范围内扩频，所以多径衰落会大大减少。若扩频带宽比信道的相干带宽大，则 CDMA 固有的频率分集将减少多径衰落。

（5）CDMA 系统码片间隔非常短，通常比信道时延扩展小很多。由于伪噪声序列具有很低的自相关，所以时延超过一个码片间隔的多径将以噪声的形式出现。因此，设计 CDMA 系统的接收机时，需要考虑收集所需信号的各种时延形式来改善接收性能。

（6）多址干扰（MAI）是 CDMA 系统中必须考虑的问题。因为不同用户的伪噪声序列不完全正交，因此特定伪噪声码的解扩中，系统其他用户就会对本用户产生干扰。即使不同用户的伪噪声序列是完全正交的，由于移动通信信道因多径传播会引起时延扩展以及具有多普勒频移等特性，用户的伪噪声序列之间必然存在一定的相关性，这就是 CDMA 系统中存在 MAI 的根源。众所周知的远近效应也是 MAI 的一个特例。由个别用户产生的 MAI 通常很小，但随着用户数的增多或者某些用户信号功率的加强，MAI 就会成为 CDMA 系统中的主要干扰，成为影响系统容量和性能提高的主要因素。

7.6.4 正交频分多址（OFDMA）

正交频分多址（OFDMA）是无线通讯系统的标准，WiMax、LTE 都支持 OFDMA。OFDMA 将整个频带分割成许多子载波，将频率选择性衰落信道转化为若干个平坦衰落子信道，从而能够有效地抵抗无线移动环境中的频率选择性衰落。由于子载波重叠占用频谱，OFDM 能够提供较高的频谱利用率和信息传输速率。通过给不同的用户分配不同的子载波，OFDMA 提供了天然的多址方式，并且由于占用不同的子载波，用户间满足相互正交。

OFDMA 又分为子信道 OFDMA 和跳频 OFDMA。

1. 子信道 OFDMA

子信道 OFDMA 将整个 OFDM 系统的带宽分成若干子信道，每个子信道包括若干子载波，分配给一个用户（也可以一个用户占用多个子信道）。OFDM 子载波可以按两种方式组合成子信道：集中式和分布式，如图 7 - 20 所示。

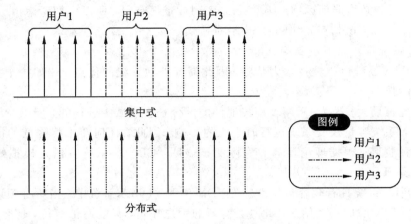

图 7 - 20　集中式和分布式示意图

集中式将若干连续子载波分配给一个子信道（用户），这种方式下系统可以通过频域调度选择较优的子信道（用户）进行传输，从而获得多用户分集增益。另外，集中方式也可以降低信道估计的难度。但这种方式获得的频率分集增益较小，用户平均性能略差。

分布式系统将分配给一个子信道的子载波分散到整个带宽，各子载波交替排列，从而获得频率分集增益。但这种方式下信道估计较为复杂，也无法采用频域调度，抗频偏能力也较差。当信道估计准确性较高，如终端低速移动时，可以采用集中式分配，获得多用户分集增益。当信道估计准确性不高，如终端快速移动时，可以采用分布式分配，获得单用户频率分集增益。

2. 跳频 OFDMA

子信道 OFDMA 对子信道（用户）的子载波分配相对固定，即某个用户在相当长的时长内使用指定的子载波组（这个时长由频域调度的周期而定）。

这种 OFDMA 系统足以实现小区内的多址，但实现小区间多址却有一定的问题。因为如果各小区根据本小区的信道变化情况进行调度，各小区使用的子载波资源难免冲突，随之导致小区间干扰。如果要避免这样的干扰，则需要在相邻小区间进行协调（联合调度），但这种协调可能需要网络层中信令交换的支持，对网络结构的影响较大。

一种很好的选择就是采用跳频 OFDMA。在跳频 OFDMA 系统中，分配给一个用户的子载波资源快速变化，对于每个时隙，此用户在所有子载波中抽取若干子载波使用，同一时隙中，各用户选用不同的子载波组，如图 7 - 21 所示。

与基于频域调度的子信道化不同，这种子载波的选择通常不依赖信道条件而定，而是随机抽取。在下一个时隙，无论信道是否发生变化，各用户都跳到另一组子载波发送，但

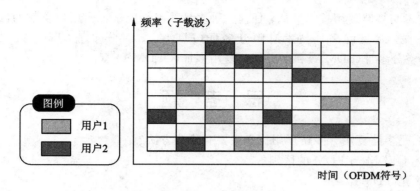

图 7 - 21　用户子载波

用户使用的子载波仍不冲突。跳频的周期可能比子信道 OFDMA 的调度周期短得多,最短可为 OFDM 的符号长度。这样,在小区内部,各用户仍然正交,并可利用频域分集增益。在小区之间不需进行协调,使用的子载波可能冲突,但快速跳频机制可以将这些干扰在时域和频域分散开来,即可将干扰白化为噪声,大大降低干扰的危害。在负载不是很重的系统中,跳频 OFDMA 可以简单而有效地抑制小区间的干扰。

OFDMA 具有以下特点:

(1) OFDMA 系统可以不受小区内的干扰。这可以通过为小区内的多用户设计正交跳频图案来实现。

(2) OFDMA 可以灵活地适应带宽的要求。通过简单地改变所使用的子载波数目就可适应特定的传输带宽。

(3) 当用户的传输速率提高时,直扩 CDMA 的扩频增益有所降低,这样就会损失扩频系统的优势,而 OFDMA 可与动态信道分配技术相结合,以支持高速率的数据传输。

本 章 小 结

本章主要介绍了多路复用技术和多址技术。

时分复用是利用各信号的采样值在时间上占有各自的时隙来达到在同一信道中传输多路信号的一种方法。

时分多路 PCM 系统有各种各样的应用,最重要的一种是 PCM 电话系统。对于多路数字电话系统,有两种标准化制式,即 PCM 30/32 路(A 律压扩特性)制式和 PCM 24 路(μ 律压扩特性)制式,并规定国际通信时,以 A 律压扩特性为准(即以 PCM 30/32 路制式为准)。

PCM 30/32 路系统,从时间上讲,帧周期为 1/8000＝125 μs;一个复帧由 16 个帧组成,这样复帧周期为 2 ms;一帧内要时分复用 32 路,则每路占用的时隙为 125/32＝3.9 μs;每时隙包含 8 位码,则每位码元占 488 ns。

PCM 30/32 路系统,从传码率上讲,每秒钟能传送 8000 帧,而每帧包含 32×8＝256 bit,因此,总传码率为 256×8000＝2048 kbit/s。对于每个话路来说,每秒钟要传输8000 个样值,每个样值编 8 位码,所以可得每个话路数字化后信息传输速率为 8×8000＝64 kbit/s。

多址技术与多路复用技术类似，任何一种多址技术都要求不同用户发射的信号在信号空间相互正交。常见的多址技术有频分多址（FDMA）、时分多址（TDMA）、码分多址（CDMA）、空分多址（SDMA）和正交频分复用多址（OFDMA）等。

思 考 题

1. 什么是多路复用？多路复用技术主要有哪些方法？
2. 简述 OFDM 与 FDM 的区别。
3. 什么是 TDM？
4. 说明 PCM 30/32 路基群帧的概念，各帧时隙的作用是什么。
5. 什么是 PDH，什么是 SDH？
6. 什么是多址技术？
7. 简述 OFDMA 的原理。

习 题

7.1　对 30 路最高频率为 3400 Hz 的话音信号进行 TDM-PAM 传输，采用 8000 Hz 的采样频率。设传输信号的波形为矩形脉冲，占空比为 0.5。试计算 TDM-PAM 信号第一零点带宽。

7.2　对 10 路最高频率为 4000 Hz 的话音信号进行 TDM-PCM 传输，采样频率为奈奎斯特采样频率。按 A 律 13 折线编码得到 PCM 信号。设传输信号的波形为矩形脉冲，占空比为 1。试计算 TDM-PCM 信号第一零点带宽。

7.3　有 10 路时间连续的模拟信号，其中每路信号的频率范围为 300 Hz～30 kHz，分别经过截止频率为 7 kHz 的低通滤波器。然后对此 10 路信号分别采样，时分复用后进行量化编码，基带信号波形采用矩形脉冲，进行 2PSK 调制后送入信道。

（1）每路信号的最低采样频率为多少？

（2）如果采样速率为 16 000 Hz，量化级数为 8，则输出的二进制基带信号的码元速率为多少？

（3）信道中传输信号的带宽为多少？

7.4　PCM 30/32 路系统中一秒传多少帧？一帧有多少比特？信息速率为多少？第 20 话路在哪一个时隙中传输？第 20 话路信令码的传输位置为何？

7.5　设有一个频分多路复用系统，副载波用 DSB/SC 调制，主载波用 FM 调制，有 60 路等幅的音频输入通路，每路频带限制在 3.3 kHz 以下，防护频带为 0.7 kHz，如果最大频偏为 800 kHz，试求传输信号的带宽。

第8章 信道编码

8.1 引 言

由于信道中存在各种噪声和干扰，使得数据流在传输过程中会不可避免地出现错误。为了提高信息传输的可靠性，需要引入信道编码技术。

信道编码又称为差错控制编码或者纠错编码，其基本思想是在发送的信息码元中增加一些多余码元（监督码元），这些监督码元和信息码元之间满足某些规律，在接收端利用这些规律性来发现或纠正传输过程中产生的错码。

信道编码的数学模型如图8-1所示。进入信道编码器的是二进制信息码元序列 M，信道编码根据一定的规律在信息码元中加入监督码元，输出码字序列 C。由于信道中存在噪声和干扰，接收码字序列 Y 与发送码字序列 C 之间存在差错。信道译码根据某种译码规则，从接收到的码字 Y 给出与发送的信息序列 M 最接近的估值序列。

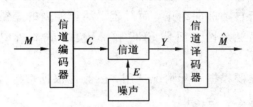

图8-1 信道编码的数学模型

8.2 信道编码的相关概念

8.2.1 差错类型

数字信号在信道的传输过程中，由于实际信道的传输特性不理想以及存在噪声，使发送的码字与信道传输后所接收的码字之间存在差异，这种差异称为差错或误码。一般情况下，信道噪声越大，码字产生差错的概率也就越大。

信道噪声和传输特性的不同，会造成错码的分布规律也不同。

随机差错：数据流中的差错是随机独立出现的，主要在无记忆信道中出现，如卫星信道、同轴电缆等。

突发差错：指成串、成片出现的错误，错误与错误间有相关性，一个差错往往要影响到后面一串码。突发差错的长度是由第一个出错的位置到最后一个出错的位置来确定的，中间的某些比特可以不出错，如发送 1 1001 001，接收 1 0101 101，则突发差错的长度是5

比特。这种差错表现出错码间的相关性，这是有记忆信道的特征，如移动通信信道等。

有些信道中，既存在随机差错，也有突发差错。这种信道称为混合信道。

对不同类型的信道要区别对待，选择合适的编码方案。

8.2.2　差错控制方式

差错控制方式是指采用某些方法来检测错误及纠正错误。常用的差错控制方式有三种：检错重传（ARQ）、前向纠错（FEC）和混合纠错（HEC）。

检错重传（Automatic Repeat reQuest，ARQ）：也称自动重发请求，发送端用编码器对发送数据进行差错编码，通过信道送到接收端，而接收端经译码器处理后只是检测有无差错，不作自动纠正。如果检测出有错码，则立即通知发端重新发送，直到正确接收为止。ARQ 的优点是编码效率高，只需少量的冗余码就能获得较高的检错能力，且编译码简单，但这种方式需要双向通道，不适于单向传输系统，且实时性差。

前向纠错（Forward Error Correction，FEC）：发送端发送具有一定纠错能力的码，在接收端用译码器对接收到的数据进行译码后检测有无差错，通过按预定规则的运算，如检测到差错，则确定差错的具体位置和性质，自动加以纠正。这种方法实时性好，适合于只能提供单向信道的场合，但编译码比较复杂。

混合纠错（Hybrid Error Correction，HEC）：是检错重发和前向纠错两种方式的混合。发送端用编码器对发送数据进行便于检错和纠错的编码，通过正向信道送到接收端，接收端对少量的接收差错进行自动前向纠正，而对超出纠正能力的差错则通过反馈重发方式加以纠正。在实时性和译码复杂性方面是 FEC 和 ARQ 方式的折中，适用于高速数据传输系统。

上述差错控制方式需要根据实际情况选用，一般是根据信源性质、信道干扰种类及系统对实时性和误码率的要求综合考虑。

8.2.3　纠错编码的分类

从不同的角度出发，纠错编码可以有不同的分类方法。

1. 按码组功能分类

（1）检错码：接收端只能发现错误。

（2）纠错码：不仅能发现错误，还能自动纠正错误。

2. 按监督码元与信息码元之间的关系分类

（1）线性码：监督码元与信息码元之间是线性关系。

（2）非线性码：监督关系不满足线性关系。

3. 按对信息码元和监督码元的约束关系不同分类

（1）分组码：监督码元仅仅监督本码组的信息码元。

（2）卷积码：监督码元不但与本码组的信息码元有关，还与前面若干组信息码元有关。

4. 按照信息码元在编码后是否保持原来的形式分类

（1）系统码：编码后信息码元保持原样不变，监督码元附在信息码元的后面。

（2）非系统码：编码后信息码元和监督码元相互交叉。

8.2.4 码重和码距

码长：码字中码元的个数，例如，00110101 码字的长度是 8。

码重：码组中非"0"码元的个数。对于二进制编码，码重是码组中"1"的个数。例如 00110101 码组的重量是 4。

码距（汉明距离）：两个码字中相同码位上具有不同码符号的数目之和。例如 00110101 和 00100100 之间的距离是 2。

最小码距：一个码组的集合中，任意两个码组之间的距离的最小值，用 d_0 表示。例如，有 3 个码字 $C_1 = 0000$，$C_2 = 0100$，$C_3 = 1111$，它们之间的码距分别为 $d_{12} = 1$，$d_{23} = 3$，$d_{13} = 4$，则最小码距 $d_0 = \min(d_{12}, d_{23}, d_{13}) = 1$。

一种编码的检错纠错能力取决于最小码距 d_0。

编码效率：一个码组中信息位所占的比例表示为

$$\eta = \frac{k}{n} = \frac{k}{n+r} \tag{8.2.1}$$

式中：k 为信息位数；n 为编码后码组的长度；r 为监督位数。

编码效率是衡量编码性能的又一个重要参数。编码效率越高，信息传输率就越高，但此时纠错能力要降低；当 $\eta = 1$ 时没有纠错能力。可见，编码效率与纠错能力之间是矛盾的。

8.2.5 最小码距与检错纠错能力

最小码距体现了该码组的检错纠错能力，最小码距越大，说明码字之间的最小差别越大，其抗干扰能力越强，码的检错纠错能力也就越强。因此，最小码距是衡量检错纠错能力的依据。

若检错能力用 e 表示，纠错能力用 t 表示，可以证明，码的检错纠错能力与最小码距之间有如下关系：

(1) 为了能检测出 e 个错误，要求最小码距 $d_0 \geqslant e+1$。

(2) 为了能纠正 t 个错误，要求最小码距 $d_0 \geqslant 2t+1$。

(3) 为了能纠正 t 个错误，同时检测 e 个错误，则要求最小码距 $d_0 \geqslant e+t+1(e>t)$。

以上关系可以通过图 8-2 来说明。

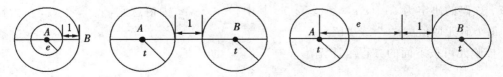

图 8-2 最小码距与检错纠错能力的关系

【例 8.1】 已知 3 个码组为(001010)、(101101)、(010001)。若用于检错，能检测出几位错码？若用于纠错，能纠正几位错码？若纠、检错结合，各能纠、检几位错码？

解 通过分析可知，该码的最小码距 $d_0 = 4$，故有：

若用于检错，则由 $d_0 \geqslant e+1$ 可得 $e=3$（能检出 3 位错码）。

若用于纠错，则由 $d_0 \geqslant 2t+1$ 可得 $t=1$（能纠正 1 位错码）。

若用于纠、检结合，则由 $d_0 \geqslant e+t+1(e>t)$ 可得 $t=1$、$e=2$（能纠正 1 位错码，同时检出 2 位错码）。

8.3　线性分组码

8.3.1　概述

线性分组码是最重要的一类编码，它是指监督码元与信息码元之间的关系是线性关系，它们的关系可以用一组线性代数方程联系起来。

分组码编码有两个基本步骤：

（1）把信源输出的信息序列以 k 个信息码划分成一组（信息组）。

（2）根据一定的编码规则由这 k 个信息码元产生 r 个监督码元（校验位），构成 $n=k+r$ 个码元组成的码字，其结构如图 8-3 所示。

图 8-3　线性分组码的结构

码长为 n，信息位数为 k，则监督位数 $r=n-k$，编码效率 $\eta=k/n$。

(n,k) 线性分组码可以表示 2^n 个状态，但只准许使用 2^k 种许用码字来传送信息，还有 (2^n-2^k) 种码字作为禁用码字。如果在接收端收到禁用码字，则认为发现了错码。

线性分组码的主要性质如下：

（1）封闭性。线性分组码中任意两个码字之和仍是分组码中的一个码字。

（2）线性分组码各码字之间的最小距离等于非零码字的最小码重。

8.3.2　线性分组码的编码

1. 监督矩阵

设某一 $(7,3)$ 线性分组码，信息分组长度 $k=3$，在每一信息后加上 4 个校验元，码长 $n=7$。该码的码字为 $\boldsymbol{C}=(c_1c_2c_3c_4c_5c_6c_7)$。其中，$c_1$，$c_2$，$c_3$ 为信息元，c_4，c_5，c_6，c_7 为校验元。每个码元取值为"0"或"1"。

校验元可按下面的方程组计算：

$$\begin{cases} c_4 = c_1 \oplus c_3 \\ c_5 = c_1 \oplus c_2 \oplus c_3 \\ c_6 = c_1 \oplus c_2 \\ c_7 = c_2 \oplus c_3 \end{cases} \qquad (8.3.1)$$

式(8.3.1)进行的是模 2 加运算，该方程组是一个线性方程组，称为校验方程或监督方程。

将式(8.3.1)改写为

$$\begin{cases} c_1 - c_1 = 0 \\ c_2 - c_2 = 0 \\ c_3 - c_3 = 0 \\ c_1 \oplus c_3 \oplus c_4 = 0 \\ c_1 \oplus c_2 \oplus c_3 \oplus c_5 = 0 \\ c_1 \oplus c_2 \oplus c_6 = 0 \\ c_2 \oplus c_3 \oplus c_7 = 0 \end{cases} \tag{8.3.2}$$

将式(8.3.2)改写成矩阵形式：

$$\begin{bmatrix} 1 & 0 & 1 & 1 & 0 & 0 & 0 \\ 1 & 1 & 1 & 0 & 1 & 0 & 0 \\ 1 & 1 & 0 & 0 & 0 & 1 & 0 \\ 0 & 1 & 1 & 0 & 0 & 0 & 1 \end{bmatrix} \cdot \begin{bmatrix} c_1 \\ c_2 \\ c_3 \\ c_4 \\ c_5 \\ c_6 \\ c_7 \end{bmatrix} = \begin{bmatrix} 0 \\ 0 \\ 0 \\ 0 \end{bmatrix} \tag{8.3.3}$$

式(8.3.3)可以简写为

$$\boldsymbol{H} \cdot \boldsymbol{C}^{\mathrm{T}} = \boldsymbol{0}^{\mathrm{T}} \quad 或 \quad \boldsymbol{C} \cdot \boldsymbol{H}^{\mathrm{T}} = \boldsymbol{0} \tag{8.3.4}$$

式中，$\boldsymbol{H}$ 为称为线性分组码(n, k)的校验矩阵(或监督矩阵)，用于译码过程。只要监督矩阵给定，编码时监督位和信息位的关系就完全确定了。$\boldsymbol{H}$ 的行数等于监督位的数目 r，而 $\boldsymbol{H}$ 的列数就是码长 n，故 $\boldsymbol{H}$ 为 $r \times n$ 阶矩阵。

式(8.3.4)中的矩阵 $\boldsymbol{H}$ 可以分为两部分：

$$\boldsymbol{H} = \begin{bmatrix} 1 & 0 & 1 & 1 & 0 & 0 & 0 \\ 1 & 1 & 1 & 0 & 1 & 0 & 0 \\ 1 & 1 & 0 & 0 & 0 & 1 & 0 \\ 0 & 1 & 1 & 0 & 0 & 0 & 1 \end{bmatrix} = [\boldsymbol{Q}, \boldsymbol{I}_r] \tag{8.3.5}$$

式中：$\boldsymbol{Q}$ 为 $r \times k$ 阶矩阵；$\boldsymbol{I}_r$ 为 $r \times r$ 阶单位方阵，这样的监督矩阵称为标准监督矩阵。

2. 生成矩阵

将式(8.3.1)改写为

$$[c_1, c_2, c_3, c_4, c_5, c_6, c_7] = [c_1, c_2, c_3] \cdot \begin{bmatrix} 1 & 0 & 0 & 1 & 1 & 1 & 0 \\ 0 & 1 & 0 & 0 & 1 & 1 & 1 \\ 0 & 0 & 1 & 1 & 1 & 0 & 1 \end{bmatrix} \tag{8.3.6}$$
$$= \boldsymbol{m} \cdot \boldsymbol{G}$$

式中，$\boldsymbol{G}$ 为线性分组码的生成矩阵，是 $k \times n$ 阶矩阵。如果 $\boldsymbol{G} = [\boldsymbol{I}_k, \boldsymbol{P}]$，则 $\boldsymbol{I}_k$ 是 $k \times k$ 阶单位方阵，$\boldsymbol{P}$ 是 $k \times r$ 阶矩阵。此时，生成矩阵 $\boldsymbol{G}$ 称为标准生成矩阵。一旦生成矩阵 $\boldsymbol{G}$ 给定，给出信息码元 $\boldsymbol{m}$ 就能得到码字 $\boldsymbol{C}$。

3. 监督矩阵与生成矩阵的关系

标准监督矩阵 $\boldsymbol{H}$ 和标准生成矩阵 $\boldsymbol{G}$ 之间有如下关系：

标准生成矩阵 $\boldsymbol{G} = [\boldsymbol{I}_k, \boldsymbol{P}]$，$\boldsymbol{P}$ 是 $k \times r$ 阶矩阵，它是矩阵 $\boldsymbol{Q}$ 的转置矩阵，即

$$Q = P^{\mathrm{T}} \tag{8.3.7}$$

因此，可以得到以下公式

$$G = [I_k, P] = [I_k, Q^{\mathrm{T}}] \tag{8.3.8}$$

$$H = [Q, I_r] = [P^{\mathrm{T}}, I_r] \tag{8.3.9}$$

有了码的生成矩阵 G，编码的方法就完全确定了。由标准生成矩阵得出的码字为系统码；若生成矩阵是非标准形式的，则可以经过运算先化成标准形式，再用式(8.3.6)将信息位与标准生成矩阵相乘，求得整个码组，即

$$C = m \cdot G \tag{8.3.10}$$

8.3.3　线性分组码的译码

若在接收端，接收码组为

$$Y = (y_1, y_2, \cdots, y_{n-1}, y_n) \tag{8.3.11}$$

则接收码组和发送码组之差为

$$E = Y - C \quad (模\ 2) \tag{8.3.12}$$

E 为错误图样，且

$$E = (e_1, e_2, \cdots e_{n-1}, e_n) \tag{8.3.13}$$

其中，$e_i = 0$ 表示该位接收码元无错；$e_i = 1$ 表示该位接收码元有错。

若接收码组中无错码，则 $E = 0$，则 $Y = C$，代入式(8.3.4)有

$$Y \cdot H^{\mathrm{T}} = 0 \tag{8.3.14}$$

当接收码组有错时，式(8.3.13)不成立，其右端不等于零，即

$$YH^{\mathrm{T}} = (C \oplus E)H^{\mathrm{T}} = CH^{\mathrm{T}} \oplus EH^{\mathrm{T}} = EH^{\mathrm{T}} = S \tag{8.3.15}$$

$S = Y \cdot H^{\mathrm{T}}$ 称为校验子(或监督子、伴随式)，它只与错误图样 E 有关，而与发送的具体码字 C 无关。若 $S = 0$，则判断在传输过程中没有错码出现，它表明接收的码字是一个许用码字，如果错码超过了纠错能力，则无法检测出错码；若 $S \neq 0$，则判断有错码出现。

不同的错误图样有不同的校验子，它们有一一对应的关系，可以从校验子与错误图样的关系表中确定错码的位置。

接收端对接收码组的译码步骤如下：

(1) 计算校验子 S。

(2) 根据校验子检出错误图样 E。

(3) 计算发送码组的估值 $C' = Y + E$。

【例 8.2】　设线性分组码的生成矩阵为

$$G = \begin{bmatrix} 1 & 0 & 0 & 1 & 1 & 1 & 0 \\ 0 & 1 & 0 & 0 & 1 & 1 & 1 \\ 0 & 0 & 1 & 1 & 1 & 0 & 1 \end{bmatrix}$$

(1) 确定 (n, k) 线性分组码的 n 和 k；

(2) 写出监督矩阵；

(3) 写出该码的全部码字；

(4) 说明其纠错能力。

解　(1) 由生成矩阵得，$k = 3$，$n = 7$，$r = n - k = 4$。

（2）根据 $G=[I_k, P]$，$H=[P^T, I_r]$，可以得到监督矩阵为

$$H=\begin{bmatrix} 1 & 0 & 1 & 1 & 0 & 0 & 0 \\ 1 & 1 & 1 & 0 & 1 & 0 & 0 \\ 1 & 1 & 0 & 0 & 0 & 1 & 0 \\ 0 & 1 & 1 & 0 & 0 & 0 & 1 \end{bmatrix}$$

（3）根据 $C=m \cdot G$ 可得

$$[c_1, c_2, c_3, c_4, c_5, c_6, c_7]=[c_1, c_2, c_3]\begin{bmatrix} 1 & 0 & 0 & 1 & 1 & 1 & 0 \\ 0 & 1 & 0 & 0 & 1 & 1 & 1 \\ 0 & 0 & 1 & 1 & 1 & 0 & 1 \end{bmatrix}$$

将 m 分别代入 $[0\ 0\ 0] \sim [1\ 1\ 1]$，可得 $(7, 3)$ 码所有的码字，如表 $8-1$ 所示。

表 8 - 1　(7, 3)线性分组码的全部码字

信息组	码字	信息组	码字
000	000 0000	100	100 1110
001	001 1101	101	101 0011
010	010 0111	110	110 1001
011	011 1010	111	111 0100

（4）因为线性码的最小汉明距等于非零码字的最小码重，所以 d_0 为 4。因此可以纠正 1 位错误。

8.4　循　环　码

8.4.1　循环码的码多项式

1. 循环码的概念

循环码是线性分组码中的一个重要子类，其编译码简单，纠错能力强，是目前研究最成熟的一类码。目前在实际中所使用的线性分组码大都是循环码。循环码除了具有线性分组码的一般特点外，还具有循环性，即循环码中任一码字的码元循环移位（左移或右移）后仍是该码的一个码字。表 $8-2$ 列出了一种 $(7, 4)$ 循环码的全部码组，从表中可以直观地看出这种码的循环性。例如，表中的 2 号码组向右移一位即得到 12 号码组，而 12 号码组向右移一位即得到 15 号码组。

表 8 - 2　(7, 4)循环码码组

序号	码字	序号	码字	序号	码字	序号	码字
1	0000 000	5	0101 100	9	1011 000	13	1110 100
2	0001 011	6	0100 111	10	1010 011	14	1111 111
3	0010 110	7	0111 010	11	1001 110	15	1100 010
4	0011 101	8	0110 001	12	1000 101	16	1101 001

需要指出的是，循环码的循环圈数目≥2，同一循环圈的各码字重量是相等的，全0、全1码组分别自成循环圈。如上述(7，4)循环码有两个循环圈，一个是全0码字组成的循环圈，其码重为0；另一个是剩余15个码字组成的循环圈，其码重为4。

2. 码字的多项式表示

为了便于研究，常把一个长度为n的码组表示成$n-1$次多项式，其多项式的系数就是码字中的各码元。例如，码字$C=(c_1，c_2，\cdots，c_{n-1}，c_n)$可以表示为

$$C(x) = c_1 x^{n-1} + c_2 x^{n-2} + \cdots + c_{n-1} x + c_n \tag{8.4.1}$$

$C(x)$称做码多项式。

表8-2中的(7，4)循环码中的任一码字可以表示为

$$C(x) = c_1 x^6 + c_2 x^5 + \cdots c_6 x + c_7 \tag{8.4.2}$$

例如，表8-2中第2个码字$C=(0001\ 011)$的多项式为

$$\begin{aligned} C(x) &= 0 \cdot x^6 + 0 \cdot x^5 + 0 \cdot x^4 + 1 \cdot x^3 + 0 \cdot x^2 + 1 \cdot x + 1 \\ &= x^3 + x + 1 \end{aligned} \tag{8.4.3}$$

这种多项式中，x仅是码元位置的标记，例如式(8.4.3)表示第2个码字中c_4、c_6和c_7为"1"，其他均为0，并不关心x的取值。

8.4.2 循环码的生成多项式

由8.4.1小节可知，有了生成矩阵G，就可以由k个信息位得出整个码组，而且生成矩阵G的每一行都是一个码组。例如，在(7，4)线性分组码中，若$c_1 c_2 c_3 c_4 = 1000$，则码组C就等于G的第一行；若$c_1 c_2 c_3 c_4 = 0100$，则码组C就等于G的第二行；等等。由于G是k行n列的矩阵，因此若能找到k个已知码组，就能构成矩阵G。这k个已知码组必须是线性不相关的，否则给定的信息位与编出的码组就不是一一对应的。

在(n,k)循环码的2^k个码多项式中，取前$(k-1)$位皆为0的码多项式$g(x)$，再经$(k-1)$次左循环移位，共得到k个码多项式：$g(x)，xg(x)，\cdots，x^{k-1}g(x)$。用这$k$个线性无关的码组就可以构成该循环码的生成矩阵$G$，即

$$G(x) = \begin{bmatrix} x^{k-1} g(x) \\ x^{k-2} g(x) \\ \vdots \\ x g(x) \\ g(x) \end{bmatrix} \tag{8.4.4}$$

式中，$g(x)$称为循环码的生成多项式。它代表循环码中的前面$(k-1)$位都是"0"的码组。一旦确定了$g(x)$，则整个$(n-k)$循环码就可确定。

例如，在表8-2中所给出的(7，4)循环码中，$n=7$，$k=4$，$n-k=3$。由此表可见，唯一的一个$(n-k)=3$次码多项式代表的码组是第二码组0001011，与它相对应的码多项式（即生成多项式）$g(x)=x^3+x+1$。将此$g(x)$代入式(8.4.4)，得到

$$G(x) = \begin{bmatrix} x^3 g(x) \\ x^2 g(x) \\ x g(x) \\ g(x) \end{bmatrix} = \begin{bmatrix} x^6 + x^4 + x3 \\ x^5 + x^3 + x^2 \\ x^4 + x^2 + x \\ x^3 + x + 1 \end{bmatrix} \tag{8.4.5}$$

或

$$G = \begin{bmatrix} 1011000 \\ 0101100 \\ 0010110 \\ 0001011 \end{bmatrix}$$ (8.4.6)

可以看出，该生成矩阵不是 $G = [I_k, P]$ 的形式，所以它不是标准的生成矩阵。此时，可以将式(8.4.5)或式(8.4.6)中的生成矩阵进行适当的变换，把它转化为标准的生成矩阵：

$$G = \begin{bmatrix} 1000101 \\ 0100111 \\ 0010110 \\ 0001011 \end{bmatrix}$$ (8.4.7)

当给定信息码元时(如 0110)，则由式(8.4.7)编出的循环码组为

$$C = (0110)G = (0110)\begin{bmatrix} 1000101 \\ 0100111 \\ 0010110 \\ 0001011 \end{bmatrix} = (0110001)$$

一般地，当给定 k 个信息元 $(c_1 c_2 \cdots c_k)$ 时，则可根据

$$C(x) = (c_1 c_2 \cdots c_k)G(x)$$ (8.4.8)

求出码多项式 $C(x)$，即

$$C(x) = mG(x) = [c_1, c_2, \cdots, c_k]\begin{bmatrix} x^{k-1}g(x) \\ \vdots \\ xg(x) \\ g(x) \end{bmatrix}$$ (8.4.9)

$$= (c_1 x^{k-1} + \cdots + c_{k-1}x + c_k)g(x)$$

$$= m(x)g(x)$$

式中，$m(x)$ 为信息多项式，其最高次数是 $k-1$。由(8.4.9)可以得出下面的定理。

【定理 1】所有的码多项式 $C(x)$ 都可被 $g(x)$ 整除，而且任一次数不大于 $(k-1)$ 的多项式乘 $g(x)$ 都是码多项式。

该定理为循环码的编码和译码提供了依据和方法。由此可知，只要找到 $g(x)$ 并已知 $m(x)$，就可生成全部码字。而验证一个接收码组是否出错，只要看它能否被 $g(x)$ 整除即可。

通过以上分析可知，寻求生成多项式 $g(x)$ 是循环码编、译码的关键。定理 2 提供了一种寻找循环码生成多项式的方法。

【定理 2】循环码中生成多项式 $g(x)$ 一定是 $(x^n + 1)$ 的一个常数项不为 0 的 $(n-k)$ 次因式。

该定理告诉我们，可以从 $x^n + 1$ 的因式分解中找出一个 $(n-k)$ 次且常数项不为零的因式 $g(x)$，把它作为 (n,k) 循环码的生成多项式。

【例 8.3】 写出 $(7,4)$ 循环码的生成多项式。

解 根据题目可知，$n=7,k=4,r=n-k=3$，则
$$x^7+1=(x+1)(x^3+x+1)(x^3+x^2+1)$$
为了求$(7，4)$循环码的生成多项式$g(x)$，要得到一个$n-k=3$次的因子，因此$g(x)$可以取为
$$g(x)=x^3+x+1$$
或
$$g(x)=x^3+x^2+1$$
以上两式都可作为生成多项式。但是，选取的生成多项式不同，产生的循环码组也不同。若选择$g(x)=x^3+x+1$作为$(7，4)$循环码的生成多项式，则产生的循环码如表8-2所示。

8.4.3　循环码的编码

在编码时，首先要根据给定的(n,k)值选定生成多项式$g(x)$，即从(x^n+1)的因子中选一个$(n-k)$次多项式作为$g(x)$。

由于所有码多项式$C(x)$都可以被$g(x)$整除。根据这条原则，就可以对给定的信息位进行编码，其编码过程如下：

（1）用x^{n-k}乘$m(x)$。这一运算实际上是在信息码后附加上$(n-k)$个"0"。例如，信息码为0100，它相当于$m(x)=x^2$。当$n-k=7-4=3$时，$x^{n-k}m(x)=x^3 \cdot x^2=x^5$，它相当于0100000。

（2）用$g(x)$除$x^{n-k}m(x)$，得到$Q(x)$和余式$r(x)$，即
$$\frac{x^{n-k}m(x)}{g(x)}=Q(x)+\frac{r(x)}{g(x)} \tag{8.4.10}$$
余式$r(x)$的次数必定小于$g(x)$的次数，即小于$(n-k)$。例如，选定$g(x)=x^3+x+1$作为$(7，4)$循环码的生成多项式，则进行如下运算：
$$\frac{x^{n-k}m(x)}{g(x)}=\frac{x^5}{x^3+x+1}=(x^2+1)+\frac{x^2+x+1}{x^3+x+1}$$
得到$r(x)=x^2+x+1$，它相当于监督码元111。

（3）写出码多项式$C(x)=x^{n-k} \cdot m(x)+r(x)$。

如上例中，$C(x)=x^3 \cdot m(x)+r(x)=x^5+x^2+x+1$，故对应的码字为$C=(0100111)$，它就是表8-2中的第6个码组。

由以上分析可见，循环码编码的关键就是求得余式$r(x)$。

【例8.4】　设$(7，3)$循环码的生成多项式$g(x)=x^4+x^2+x+1$，信息码元为110，求发送的码字。

解
$$m(x)=x^2+x$$
当$n-k=7-3=4$时，$x^{n-k}m(x)=x^4(x^2+x)=x^6+x^5$
$$\frac{x^{n-k}m(x)}{g(x)}=\frac{x^6+x^5}{x^4+x^2+x+1}=(x^2+x+1)+\frac{x^2+1}{x^4+x^2+x+1}$$
得到码多项式$C(x)=x^4 \cdot m(x)+r(x)=x^6+x^5+x^2+1$，故对应的码字为$C=(1100101)$

8.4.4　循环码的译码

接收端译码的要求有两个：检错和纠错。

1. 检错

循环码的检错原理很简单。假设发送的码多项式为 $C(x)$，错误图样为 $E(x)$，则接收端收到的码多项式 $Y(x) = C(x) \oplus E(x)$，由于 $C(x)$ 必被 $g(x)$ 整除，则

$$\frac{Y(x)}{g(x)} = \frac{C(x) \oplus E(x)}{g(x)} = \frac{E(x)}{g(x)} \tag{8.4.11}$$

被 $g(x)$ 除 $E(x)$ 所得的余式为校验子(或监督子、或伴随式)，用 $S(x)$ 表示，则

$$S(x) = E(x) \bmod g(x)$$
$$= Y(x) \bmod g(x) \tag{8.4.12}$$

循环码在接收端检测错误的原理是：将接收码字 $Y(x)$ 用生成多项式 $g(x)$ 去除，求得余式，即校验子 $S(x)$，以它是否为 "0" 来判别码字中有无错误。如果 $S(x) = 0$，则判断码字无错误；如果 $S(x) \neq 0$，则判断码字有错误。

需要说明的是，有错误的接收码组也有可能错成另一个许用码组而被 $g(x)$ 整除，这时的错误就不能检出了。这种错误称为不可检错误。不可检错误中的错码必定超出了这种编码的检错能力。

2. 纠错

在接收端纠正错误的原理相对复杂，为了能够纠正错误，要求每个可纠正的错误图样必须与一个特定的校验子一一对应。通过计算校验子 $S(x)$，就可确定错误位置，从而纠错。

例如，生成多项式为 $g(x) = x^3 + x + 1$ 的 $(7, 4)$ 循环码的错误图样与校验子之间的对应关系如表 8-3 所示。

表 8-3 　$(7, 4)$循环码的纠错校验表

$S(x)$	错码图样 $E(x)$	$S(x)$	错码图样 $E(x)$
001	0000001	110	0010000
010	0000010	111	0100000
100	0000100	101	1000000
011	0001000	000	无错

根据纠错检验表，如果接收的码字为 0111100，则校验子 $S(x) = Y(x)/C(x) = 110$，可得错误图样为 0010000，即第 3 位错，则纠正接收码字的错误后，得到正确的码字为 0101100。

8.5 　其他差错控制编码技术

8.5.1 　卷积码

卷积码与线性分组码不同，是一种非分组码。卷积码在编码时虽然也是把 k 个比特的信息段编成 n 个比特的码组，但是监督码元不仅和当前的 k 比特信息段有关，而且还同前

面 $m=(N-1)$ 个信息段有关。所以一个码组中的监督码元监督着 N 个信息段。通常将 N 称为编码约束度，并将 nN 称为编码约束长度。一般说来，对于卷积码，k 和 n 的值是比较小的整数。通常将卷积码记作 (n, k, N)。码率则仍定义为 k/n。

例如，$(n,k,L)=(3,1,3)$ 的卷积编码器的方框图如 8-4 所示。

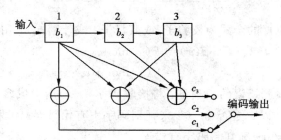

图 8-4 $(n, k, L)=(3, 1, 3)$ 的卷积编码器的方框图

每当输入 1 比特时，此编码器输出 3 比特 $c_1 c_2 c_3$，输入输出的关系为

$$c_1 = b_1$$
$$c_2 = b_1 \oplus b_3 \tag{8.5.1}$$
$$c_3 = b_1 \oplus b_2 \oplus b_3$$

由图 8-4 可见，这个卷积码的约束长度是 3。

卷积码的译码通常采用最大似然准则，它的基本思想是：把已接收序列与所有可能的发送序列作比较，选择其中码距最小的一个序列作为发送序列。

卷积码通常更适用于前向纠错，因为对于许多实际情况，它的性能优于分组码，而且运算较简单。

8.5.2 交织码

交织编码常用于无线通信，其目的是把一个较长的突发差错离散成随机差错，再用纠正随机差错的编码技术消除随机差错。

实际的无线信道既不是纯随机独立差错信道，也不是纯突发差错信道，而是混合信道。交织编码按照改造信道的思路来分析问题、解决问题。它利用发送端的交织器和接收端的解交织器，将一个有记忆的突发信道改造成一个随机独立差错信道。交织编码本身并不具备信道编码的最基本的纠错检错能力，而只是将信道改造为随机独立差错信道，以便于更加充分地利用纠正随机独立差错的信道编码。从严格意义上来说，交织编码并不是一类信道编码，而只是一种信息处理手段。

交织编码的基本原理是把待编码的 $m \times n$ 个数据位放入一个 m 行 n 列的矩阵中，即每次是对 $m \times n$ 个数据位进行交织。通常，每行由 n 个数据位组成一个字，而交织器的深度，即行数为 m，其结构原理图如图 8-5 所示。

假设信道中产生了 5 个连续的差错，如果不交织，则这 5 个差错会集中在一个或两个码字上，可能无法纠错，而采用交织的方法，则 5 个差错会分散到 5 个码字上，每个码字仅有一位出错。可见，通过交织和解交织的方法后，将原来信道中连错 5 位的突发差错变成了随机独立差错。

写入→

读出↑

行数						
1	C_{11}	C_{12}	C_{13}	C_{14}	C_{15}	⋯	C_{1n}
2	C_{21}	C_{22}	C_{23}	C_{24}	C_{25}	⋯	C_{2n}
3	C_{31}	C_{32}	C_{33}	C_{34}	C_{35}	⋯	C_{3n}
·	⋯			⋯			⋯
·	⋯			⋯			⋯
·	⋯			⋯			⋯
m	C_{m1}	C_{m2}	C_{m3}	C_{m4}	C_{m5}		C_{mn}

图 8-5　卷积编码中交织的原理图

【阅读材料：也论当校长的艺术——交织编码的由来】

每次周末学生玩得很疯，周一精神状态就会很差，如果用表 8-4 中的课表，一下五节物理课没上好。当过学生的都知道，一节两节课没上好是很容易补上来的，五节课没学懂就悲催了。

表 8-4　调整前的课表

周一	周二	周三	周四	周五
物理	数学	语文	英语	化学
物理	数学	语文	英语	化学
物理	数学	语文	英语	化学
物理	数学	语文	英语	化学
物理	数学	语文	英语	化学

而如果校长把课表调整一下（见表 8-5），使得周一每节课之间的关联性很弱，这样，周一哪怕学生请一天假也可以通过周二至周五的课程补回来。

表 8-5　调整后的课表

周一	周二	周三	周四	周五
物理	物理	物理	物理	物理
数学	数学	数学	数学	数学
语文	语文	语文	语文	语文
英语	英语	英语	英语	英语
化学	化学	化学	化学	化学

这就是交织（Interleaving）的思想。交织是从纺织中来的一个词汇，织布机上横竖两线经过交织可以编织成一匹布。单根的纺织线很容易拽断，但一整块布就很难拉断。假若一整块布直接在中间开了口子，很容易撕破，就像一个连续的深衰落作用在数据信息上一样。但如果布上面开得不是一个大口子，而是用针扎了很多小眼儿，这样就不容易被撕破，就像数据信息偶尔有一两个比特丢失一样，并不影响数据传输的可靠性。

无线通信中，一个持续时间较长的深衰落会导致一连串数据比特出错，接收端接收后无法正确恢复原来的信息，收到的这些数据就没有用了，就像一块布开了个大口子就没有用了一样。为了避免连续的干扰，通常按照一定的规则把数据打散了，接收端再恢复原来的顺序。通过这样的处理，即使偶然有一些数据丢失，也可以按照这个规则把数据恢复出来。

交织的作用是把连续的干扰离散化，从而避免大量连续的有用数据出现错误，如同为避免整块布中间开大口子，对横竖两线进行交织，这样开大口子的概率降低很多，偶尔出现一些针孔大的小眼是无所谓的。

8.5.3　Turbo 编码

Turbo 编码又称为并行级联卷积码。并行级联编码就像我们判断是否下雨一样，你好像听到雷声，但不确定；你又看到地面上有很多的泥脚印，你感觉确实下雨了；你看到旁边有人带着伞出去了。几个情况综合考虑，外面确实下雨了（几个途径综合判断，提高信息接收的准确性）。

Turbo 编码过程把要传输的数据块通过三个途径进行传送，如图 8-6 所示，一个途径就是直接发送；另一个通过卷积编码器发送；第三个按照一定的规则打乱顺序再发一次。最后把三个途径来的数据信息合成一路。这样就不需要太长编码便可实现接近香农极限的码元速率。这三个途径就好比通过几个不同角度判断同一个事情，提高了判断的准确性。

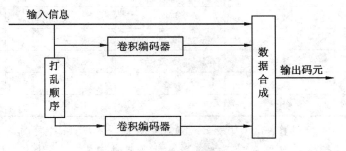

图 8-6　Turbo 编码示意图

Turbo 译码采用迭代反馈的方法，就像涡轮发动机一样，不断地把输出的码元反馈到输入这里，和输入比较，增加译码的正确性。

Turbo 编译码的优点为提高了编码的性能，使编码后的速率接近香农容量极限，同时增强了编码的可靠性，但缺点是时延较大。因此 Turbo 编码适用于对误块率要求严格、但时延要求不严格的场合，如 3G 中高速下载类业务。

【阅读材料：Turbo 码给我们的启示】

Turbo 码受到各个移动通信标准的青睐，使得人们可以在一个信道里传输更多的无误码数据，将成为下一代多媒体移动通信的关键。

Turbo 码的诞生过程有一段引人入胜的故事。

1993 年，在日内瓦召开的 IEEE 通信国际会议上，两位当时名不见经传的法国电机工程师克劳德·伯劳和阿雷恩·格莱维欧克斯声称他们发明了一种编码方法，可以使信道编码效率接近香农极限，他们解决了困扰通信界近 40 年的一个难题。这一消息太"轰动"了，以致多数权威认为一定是计算或实验有什么错误。

几乎没有专家相信他们的结果。这两位法国人都是位于布莱斯特的布列塔尼国立高等电信学校的教授，当时在信息理论领域都是名不见经传的。一些人想当然地认为他们的计算一定有什么错误。结论看来如此不合常理，许多专家甚至懒得去读完这篇论文。但不可思议的是，当其他研究人员开始试验重复其结果时，很快证明这些结论是正确的。于是编解码理论专家认识到这篇文章的重要性。伯劳和格莱维欧克斯提出的纠错编码方案是对的，这一方案就被命名为 Turbo 编码，它对纠错编码产生了革命性的影响。

Turbo 码其实只是实现了一件简单但了不起的事情——使工程师能够设计出非常接近信道容量（即在一定发射功率电平下信道可传输的每秒比特数值的绝对最大容量）的系统。这一极限值是由信息论之父克劳德·香农提出的。

伯劳指出，他们的工作证明并非总是需要知道理论的极限才能达到这些极限。这使人们想起一个法国著名的笑话：傻瓜不知道这件事是没法做到的，因此他就做到了。

本 章 小 结

信道编码又称为差错控制编码，它的基本方法是在信息码元之外人为地附加一些监督码元，在接收端利用监督码与信息码之间的规律，发现和纠正信息码在传输中的错误。

本章详细讨论了信道编码的相关问题。从信道编码的基本原理出发，在介绍了差错控制编码的几个基本概念、差错控制方式以及纠错码的分类后，详细讲解了(n,k)线性分组码的校验矩阵 H 和生成矩阵 G 及线性分组码的编、解码方法，之后又重点讲解了(n,k)循环码的特点及其编、解码方法，最后，简单介绍了卷积码、交织编码及 Turbo 编码的基本原理。

线性分组码和循环码的编译码方法是本章的重点。

思 考 题

1. 什么叫信道编码，其编码的目的是什么？
2. 纠错编码有哪些分类方法？
3. 最小码距与码的检错、纠错能力的关系如何？
4. 什么是线性分组码？什么是循环吗？
5. 什么是卷积码？
6. 移动通信中，为什么要采用交织编码？

习 题

8.1　信道编码的目的是什么？常用的差错控制方式有哪些？

8.2　简述前向纠错(FEC)差错控制方法的原理和主要优缺点。

8.3　简述分组码检错、纠错能力与最小码距之间的关系。

8.4　码组 110110 的码重为_____，它与码组 010011 之间的码距为_____。

8.5　已知(n,k)循环码的生成多项式为$g(x) = x^3 + x^2 + 1$，则该码能够纠正_____错码。

8.6　按照监督元与信息元之间的关系，可以将码分为＿＿＿＿＿和＿＿＿＿＿＿。

8.7　(n,k)线性码中，若$d_{min}=3$，则这组码最多可以纠正＿＿＿＿＿＿错误。

8.8　已知线性分组码集合中有 8 个码组，分别为（000000）、（001110）、（010101）、（011011）、（100011）、（101101）、（110110）、（111000），试求：

（1）该码集合的最小码距；

（2）若用于检错，能检出几位错码？

（3）若用于纠错，能纠正几位错码？

（4）若同时用于检错与纠错，问纠错、检错的能力如何？

8.9　已知$(7,3)$码的生成矩阵为

$$\boldsymbol{G}=\begin{bmatrix}1001110\\0100111\\0011101\end{bmatrix}$$

列出所有许用码组，并求监督矩阵。

8.10　已知$(7,4)$循环码的生成多项式为x^3+x+1，输入信息码元为 1001，求编码后的系统码组。

8.11　已知$(7,3)$循环码的一个码组为（1001011）。

（1）试写出所有的码组，并指出最小码距d_{min}；

（2）写出生成多项式$g(x)$；

（3）写出生成矩阵。

第9章 同步技术

9.1 同步的分类

在通信系统中，同步是一个非常重要的问题。通信系统能否有效而可靠地工作，在很大程度上依赖于有无良好的同步系统。

所谓同步，是指收发双方在时间上步调一致，故又称为定时。在数字通信中，按照同步的功用分为：载波同步、位同步（码元同步）、帧同步（群同步）和网同步。

1. 载波同步

载波同步是指在同步解调或相干检测时，接收端需要提供一个和发射载波同频、同相的本地载波，而这个本地载波的频率和相位信息必须来自接收信号，或者说需要从接收信号中提取载波同步信息。这个载波的获取称为载波提取或载波同步。

2. 位同步

位同步又称为码元同步。在数字通信系统中，任何消息都是通过一连串码元序列传送的，所以接收时需要知道每个码元的起止时刻，以便在恰当的时刻进行取样判决。例如采样判决器对信号进行采样判决时，一般均应对准每个码元最大值的位置。因此，需要在接收端产生一个"码元定时脉冲序列"，这个定时脉冲序列的重复频率要与发送端的码元速率相同，相位（位置）要对准最佳判决位置（时刻）。这样的一个码元定时脉冲序列就被称为"码元同步脉冲"或"位同步脉冲"，而把位同步脉冲的取得称为位同步提取。

3. 帧同步

帧同步也称为群同步，它是建立在码元同步基础上的一种同步。在数字通信中，信息流是用若干码元组成一个"字"，又用若干个"字"组成"句"。在接收这些数字信息时，必须知道这些"字"、"句"的起止时刻，否则接收端无法正确恢复信息。因此，在接收端产生与"字"、"句"及"帧"起止时刻相一致的定时脉冲序列的过程就被称为"字"同步和"句"同步，统称为群同步或帧同步。

4. 网同步

在获得了以上讨论的载波同步、位同步、群同步之后，两点间的数字通信就可以有序、准确、可靠地进行了。然而，随着数字通信的发展，尤其是计算机通信的发展，多个用户之间的通信和数据交换，构成了数字通信网。显然，为了保证通信网内各用户之间可靠地通信和数据交换，全网必须有一个统一的时间标准时钟，这就是网同步的问题。

同步也是一种信息，按照获取和传输同步信息方式的不同，又可分为外同步法和自同步法。

1）外同步法

外同步法是指由发送端发送一个专门的同步信息，接收端根据这个同步信息来提取同步信号而实现其同步的一种方法，有时也称为插入同步法或插入导频法。

2）自同步法

自同步法是指发送端不发送专门的同步信息，接收端设法从收到的信号中提取同步信息的方法，通常也称为直接法。

同步系统的好坏将直接影响通信质量的好坏，甚至会影响通信系统能否正常工作。可以说，在同步通信系统中，"同步"是进行信息传输的前提，正因为如此，为了保证信息的可靠传输，要求同步系统应有更高的可靠性。

下面将分别介绍载波同步、位同步、群同步及网同步的基本原理和性能。

9.2 载波同步

载波同步的方法有直接法（自同步法）和插入导频法（外同步法）两种。直接法不需要专门传输导频（同步信号），而是接收端直接从接收信号中提取载波；插入导频法是在发送有用信号的同时，在适当的频率位置上插入一个（或多个）称为导频的正弦波（同步载波），接收端就利用导频提取出载波。

9.2.1 直接法

有些信号（如抑制载波的双边带信号等）虽然本身不包含载波分量，但对该信号进行了某些非线性变换以后，就可以直接从中提取出载波分量来，这就是直接法提取同步载波的基本原理。下面介绍几种实现直接提取载波的方法。

1. 平方变换法和平方环法

设调制信号 $m(t)$ 无直流分量，则抑制载波的双边带信号为

$$e(t) = m(t)\cos\omega_c t \qquad (9.2.1)$$

接收端将该信号进行平方变换后得到

$$e^2(t) = [m(t)\cos\omega_c t]^2 = \frac{1}{2}m^2(t) + \frac{1}{2}m^2(t)\cos2\omega_c t \qquad (9.2.2)$$

式（9.2.2）的第二项包含两倍频 $2f_c$ 的分量。若用一窄带滤波器将 $2f_c$ 频率分量滤出，再进行二分频，就可获得载频 f_c 分量。这就是所需的同步载波。平方变换法提取载频的原理如图 9-1 所示。

图 9-1　平方变换法提取载波的原理图

为改善平方变换的性能，可以在平方变换的基础上，把窄带滤波器用锁相环替代，如图 9-2 所示，这样就实现了平方环法提取载波。由于锁相环具有良好的跟踪、窄带滤波和记忆性能，因此平方环法比一般的平方变换具有更好的性能，因而得到了广泛的应用。

应当注意，在图 9-1 和图 9-2 中都用了一个二分频电路，该二分频电路的输入是 $\cos 2\omega_c t$，经过二分频电路以后得到的可能是 $\cos 2\omega_c t$，也可能是 $\cos(2\omega_c t + \pi)$。也就是说，提取出的载频是准确的，但是相位是模糊的。相位模糊与模拟通信关系不大，因为人耳听不出相位的变化。但对数字通信的影响就不同了，它有可能使 2PSK 相干解调后出现"反向工作"的问题。解决的办法是采用 2DPSK 代替 2PSK。

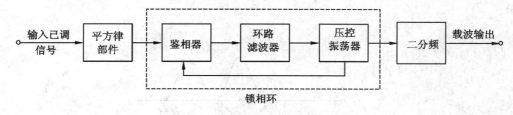

图 9-2　平方环法提取载波的原理图

2. 科斯塔斯环法

科斯塔斯（Costas）环法又称为同相正交环法。它也是利用锁相环提取载频的，但是不需要预先作平方处理，并且可以直接得到输出解调信号。该方法的原理图如图 9-3 所示。

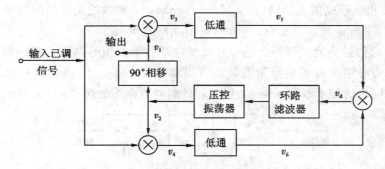

图 9-3　科斯塔斯环法的原理图

科斯塔斯环法与平方环法都是利用锁相环提取载波的常用方法。科斯塔斯环法与平方环法相比，虽然在电路上要复杂一些，但它的工作频率即为载波频率，而平方环法的工作频率是载波频率的两倍，显然当载波频率很高时，工作频率较低的科斯塔斯环法易于实现；其次，当环路正常锁定后，科斯塔斯环法可直接获得解调输出，而平方环法则没有这种功能。

9.2.2　插入导频法

插入导频法主要用于接收信号频谱中没有离散载频分量，或即使含有一定的载频分量，也很难从接收信号中分离出来的情况。对这些信号的载波提取，可以用插入导频法。

所谓插入导频，是指在已调信号频谱中额外插入一个低功率的线谱（此线谱对应的正弦波称为导频信号），在接收端利用窄带滤波器把它提取出来，经过适当的处理形成接收端的相干载波。插入导频的传输方法有多种，基本原理相似。这里仅介绍在抑制载波的双边带信号中的插入导频法。

　　对于抑制载波的双边带调制而言，在载频处，已调信号的频谱分量为零，同时对调制信号 $m(t)$ 进行适当的处理，就可以使已调信号在载频附近的频谱分量很小，这样就可以插入导频，这时插入的导频对信号的影响最小。图 9-4 所示为插入的导频和已调信号频谱示意图。在此方案中插入的导频并不是加在调制器上的那个载波，而是将该载波移相 90° 后的所谓"正交载波"。根据上述原理，就可构成插入导频的发送端方框图，如图 9-5(a) 所示。

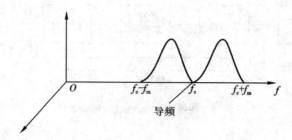

图 9-4　插入的导频和已调信号频谱示意图

　　设调制信号 $m(t)$ 中无直流分量，$m(t)$ 频谱中的最高频率为 f_m。受调制载波为 $a\sin\omega_c t$，将它经 -90° 移相后形成插入导频（正交载波）$-a\cos\omega_c t$，则发送端输出的信号为

$$u_o(t) = am(t)\sin\omega_c t - a\cos\omega_c t \qquad (9.2.3)$$

　　如果不考虑信道失真及噪声干扰，并设接收端收到的信号与发送端的信号完全相同，则此信号通过中心频率为 f_c 的窄带滤波器可提取导频 $a\cos\omega_c t$，再将其移位 90° 后得到与调制载波同频同相的相干载波 $\sin\omega_c t$，接收端的解调方框图如图 9-5(b) 所示。

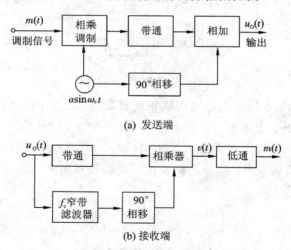

图 9-5　插入导频法原理框图

　　设接收端信号仍为 $u_o(t)$，则相乘电路的输出为

$$v(t) = u_o(t) \cdot \sin\omega_c t = am(t)\sin2\omega_c t - a\cos\omega_c t \sin\omega_c t$$

$$= \frac{a}{2}m(t) - \frac{a}{2}m(t)\cos2\omega_c t - \frac{a}{2}\sin\frac{a}{2}2\omega_c t \qquad (9.2.4)$$

　　此乘积信号经过低通滤波器滤波后，滤除 $2f_c$ 频率分量，就可以恢复出原调制信号

$m(t)$。如果发送端导频不是正交载波，即不经过 $90°$ 相移电路，则可以推出式(9.2.4)的计算结果中将增加一直流分量。此直流分量通过低通滤波器后将对数字基带信号产生不良影响。这就是发送端采用正交载波作为导频的原因。

SSB 和 2PSK 的插入导频方法与 DSB 相同。VSB 的插入导频技术较复杂，通常采用双导频法，其基本原理与 DSB 类似，这里不在详述。

9.2.3　载波同步系统的性能

载波同步系统的性能指标主要有效率、精度、同步建立时间和同步保持时间。载波同步追求的是高效率、高精度、同步建立时间快、保持时间长等。

1. 高效率

高效率指为了获得载波信号而尽量少消耗发送功率。在这方面，直接法由于不需要专门发送导频，因而效率高，而插入导频法由于插入导频要消耗一部分发送功率，因而效率要低一些。

2. 高精度

高精度指接收端提取的载波与需要的载波标准比较，应该有尽量小的相位误差。如需要的同步载波为 $\cos\omega_c t$，提取的同步载波为 $\cos(\omega_c t + \Delta\varphi)$，$\Delta\varphi$ 就是载波相位误差，$\Delta\varphi$ 应尽量小。

3. 同步建立时间和保持时间

从开机或失步到同步所需的时间称为同步建立时间，显然此时间越小越好。从开始失去信号到失去载频同步的时间称为同步保持时间，显然同步保持时间越大越好。这些指标与提取的电路、信号及噪声的情况有关。当采用性能优越的锁相环提取载波时，这些指标主要取决于锁相环的性能。

9.3　位　同　步

位同步是指在接收端的基带信号中提取码元定时的过程。它与载波同步有一定的相似和区别。

载波同步是相干解调的基础，不论模拟通信还是数字通信，只要是采用相干解调都需要载波同步，并且在基带传输时没有载波同步问题；所提取的载波同步信息是载频为 f_c 的正弦波，要求它与接收信号的载波同频同相。实现载波同步的方法有插入导频法和直接法。

位同步是正确采样判决的基础，只有数字通信才需要，并且不论基带传输还是频带传输都需要位同步；所提取的位同步信息的频率等于码速率的定时脉冲，相位则根据判决时信号波形决定，可能在码元中间，也可能在码元终止时刻或其他时刻。实现位同步的方法也有插入导频法和直接法。

9.3.1　插入导频法

插入导频法与载波同步时的插入导频法类似，它也是在发送端信号中插入频率为码元速率（1/T）或码元速率的位数的位同步信号。在接收端利用一个窄带滤波器将其分离出来，并形成码元定时脉冲。

插入位同步信息的方法有多种。从时域考虑，可以连续插入，并随信号码元同时传输；也可以在每组信号码元之前增加一个"位同步头"，由它在接收端建立位同步，并用锁相环使同步状态在相邻两个"位同步头"之间得以保持。从频域考虑，可以在信号码元频谱之外占用一段频谱，专门用于传输同步信息；也可以利用信号码元频谱中的"空隙"处，插入同步信息。

插入导频法的优点是接收端提取位同步的电路简单；缺点是需要占用一定的频带带宽和发送功率，降低了传输的信噪比，减弱了抗干扰能力。然而，在宽带传输系统（例如多路电话系统）中，传输同步信息占用的频带和功率被各路信号所分担，每路信号的负担不大，所以这种方法还是比较实用的。

9.3.2 自同步法

当系统的位同步采用自同步方法时，发送端不专门发送导频信号，而直接从数字信号中提取位同步信号，这种方法在数字通信中经常采用，而自同步方法具体又可分为滤波法和锁相法。

1. 滤波法

由第 4 章可知，非归零的二进制随机脉冲序列的频谱中没有位同步的频率分量，不能用窄带滤波器直接提取位同步信息。但是通过适当的非线性变换就会出现离散的位同步分量，然后用窄带滤波器或用锁相环进行提取，便可以得到所需要的位同步信号。下面介绍几种具体的实现方法。

1）微分整流法

图 9-6(a)所示为微分整流滤波法提取位同步信息的原理框图。图中，输入信号为二

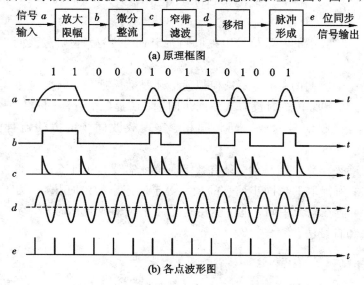

图 9-6 微分整流法原理框图及各点波形图

进制不归零码元,它首先通过微分和全波整流后,将不归零码元变成归零码元。这样,在码元序列频谱中就有了码元速率分量(即位同步分量)。将此分量用窄带滤波器滤出,经过移相电路调整其相位后就可以由脉冲形成器产生出所需要的码元同步脉冲。图 9-6(b)所示为该电路各点的波形图。

　　2)包络检波法

　　在某些数字微波中继通信系统中,经常在中频上用对频带受限的 2PSK 信号进行包络检波的方法来提取位同步信号,图 9-7 所示为其原理框图,其对应的波形图如图 9-8 所示。频带受限的 2PSK 信号波形如图 9-8(a)所示。当接收端带通滤波器的带宽小于信号带宽时,频带受限的 2PSK 信号在相邻码元相位反转点处形成幅度的"陷落"。经包络检波后得到如图 9-8(b)所示的波形,该波形可看成是一直流与图 9-8(c)所示的波形相减,而图 9-8(c)所示的波形是具有一定脉冲形状的归零脉冲序列,含有位同步信息,再通过窄带滤波器(或锁相环),然后经脉冲整形,就可得到位同步信号。

图 9-7　包络检波法的原理框图

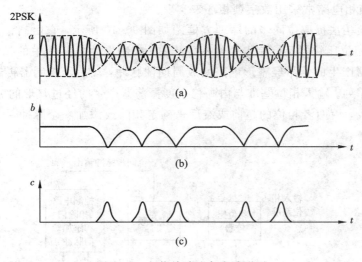

图 9-8　包络检波法各点波形图

　　3)延迟相乘法

　　图 9-9 所示为延迟相乘法提取位同步的原理框图及各点波形图,其工作过程与 2DPSK 信号差分相干解调完全相同。只是延迟电路的延迟时间 $\tau < T_s$。2PSK 信号的一路经过移相器与另一路经延迟时间为 τ 的信号相乘,取出基带信号,得到脉冲宽度为 τ 的基带脉冲序列。因为 $\tau < T_s$,是归零码,它含有位同步频率分量,通过窄带滤波器即可获得同步信号。

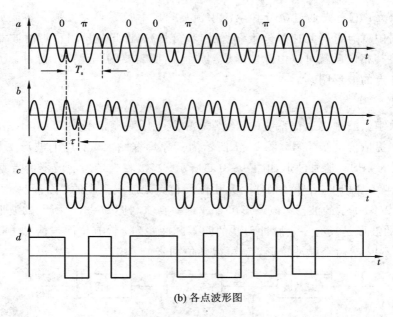

(b) 各点波形图

图 9 - 9　延迟相乘法原理框图及各点波形图

2. 数字锁相法

与载波同步的提取类似，把采用锁相环来提取位同步信号的方法称为锁相法。在数字通信中，这种锁相电路常采用数字锁相环来实现。

采用数字锁相法提取位同步的原理方框图如图 9 - 10 所示，它由高稳定度振荡器（晶振）、分频器、相位比较器及控制电路组成。其中，控制电路包括图中的扣除门和添加门。高稳定度振荡器产生的信号经整形电路变成周期性脉冲，然后经控制器再送入分频器，输出位同步脉冲序列。输入相位基准与由高稳定度振荡器产生的经过整形的 n 次分频后的相位脉冲进行比较，由两者相位的超前或滞后来确定扣除或添加一个脉冲，以调整位同步脉冲的相位。

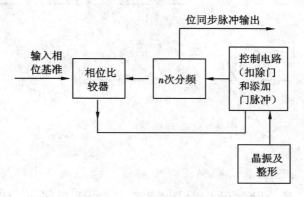

图 9 - 10　数字锁相法原理方框图

9.3.3　位同步系统的性能

与载波同步系统相似，位同步系统的性能指标主要有相位误差、同步建立时间、同步保持时间及同步带宽等。下面结合数字锁相环介绍这些指标，并讨论相位误差对误码率的影响。

1. 相位误差 θ_e

利用数字锁相法提取位同步信号时，相位比较器比较出误差以后，立即加以调整，在一个码元周期 T_s（相当于 $360°$ 相位）内加一个或扣除一个脉冲。而由图 9-10 可见，一个码元周期内由晶振及整形电路来的脉冲数为 n 个，因此，最大调整相位为

$$\theta_e = \frac{360°}{n} \tag{9.3.1}$$

从式（9.3.1）中可以看到，随着 n 的增加，相位误差 θ_e 将减小。

2. 同步建立时间 t_s

同步建立时间即为失去同步后重建同步所需的最长时间。为了求得这个可能出现的最长时间，令位同步脉冲的相位与输入信号码元的相位相差为 $T_s/2$，而锁相环每调整一步仅能调整 T_s/n，故所需最大的调整次数为

$$N = \frac{T_s/2}{T_s/n} = \frac{n}{2} \tag{9.3.2}$$

由于数字信息是一个随机的脉冲序列，可近似认为两相邻码元中出现 01、10、11、00 的概率相等，其中有过零点的情况占一半。而数字锁相法都是从数据过零点中提取标准脉冲，因此平均来说，每 $2T_s$ 可调整一次相位，故同步建立时间为

$$t_s = 2T_s N = nT_s \tag{9.3.3}$$

为了使同步建立时间 t_s 减小，要求选用较小的 n，这就和相位误差 θ_e 对 n 的要求相矛盾。

3. 同步保持时间 t_e

同步建立后，一旦输入信号中断，或者遇到长连 0 码、长连 1 码时，由于接收的码元没有过零脉冲，锁相系统会因为没有输入相位基准而不起作用，另外收发双方的固有位定时重复频率之间总存在频差 Δf，接收端位同步信号的相位就会逐渐发生漂移，时间越长，相位漂移量越大，直至漂移量达到某一准许的最大值，就算失步了。由同步到失步所需要的时间称为同步保持时间。

4. 同步宽带 Δf_s

同步带宽是指能够调整到同步状态所允许的收、发振荡器的最大频差。

9.4　群　同　步

在数字通信中，一般总是以若干个码元组成一个字，若干个字组成一个句，即组成一个个的"群"进行传输。群同步的任务就是在位同步的基础上识别出这些数字信息群（字、句、帧）"开头"和"结尾"的时刻，使接收设备的群定时与接收到的信号中的群定时处于同步状态。实现群同步，通常采用的方法是起止式同步法和插入特殊同步码组的同步法。而插入特殊同步码组的方法有两种：一种为集中插入方式；另一种为分散插入方式。

9.4.1　起止式同步法

数字电传机中广泛使用的是起止式同步法。在电传机中，常用的是五单位码。为标志

每个字的开头和结尾，在五单位码的前后
分别加上 1 个单位的起码（低电平）和 1.5
个单位的止码（高电平），共 7.5 个码元组
成一个字，如图 9-11 所示。接收端根据高
电平第一次转到低电平这一特殊标志来确
定一个字的起始位置，从而实现字同步。由
于这种同步方式中的止脉冲宽度与码元宽

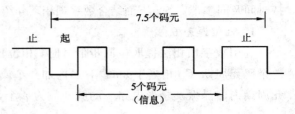

图 9-11　起止式同步法传输的字符格式

度不一致，这会给同步数字传输带来不便。另外，在这种同步方式中，7.5 个码元中只有 5
个码元用于传递消息，因此传输效率较低。

起止式同步法的优点是结构简单，易于实现，它特别适合于异步低速数字传输方式。

9.4.2　集中插入法

集中插入法又称连贯插入法。它是指在每一信息群的开头集中插入作为群同步码组的
特殊码组，该码组应在信息码中很少出现，即使偶尔出现，也不可能依照群的规律周期出
现。接收端按群的周期连续数次检测该特殊码组，这样便获得群同步信息。

集中插入法的关键是寻找实现群同步的特殊码组。对该码组的基本要求是：具有尖锐
单峰特性的自相关函数；便于与信息码区别；码长适当，以保证传输效率。符合上述要求
的特殊码组有：全 0 码、全 1 码、1 与 0 交替码、巴克码、电话基群帧同步码 0011011。目前
常用的群同步码组是巴克码。

巴克码用于群同步是常见的，但并不是唯一的，只要具有良好特性的码组均可用于群
同步，例如 PCM 30/32 路电话基群的集中隔帧插入的帧同步码为 0011011。

9.4.3　间隔式插入法

间隔式插入法又称为分散插入法，它是将群同步码以分散的形式均匀插入信息码流
中。这种方式比较多地用在多路数字电路系统中，如 PCM 24 路基群设备以及一些简单的
ΔM 系统一般都采用 1、0 交替码型作为帧同步码间隔插入的方法。即一帧插入“1”码，下
一帧插入“0”码，如此交替插入。由于每帧只插一位码，那么它与信码混淆的概率则为
1/2，这样似乎无法识别同步码，但是这种插入方式在同步捕获时不是检测一帧两帧，而是
连续检测数十帧，每帧都符合“1”、“0”交替的规律才确认同步。

分散插入常采用移位搜索法，它的基本原理是接收电路开机时处于捕捉态，当收到第
一个与同步码相同的码元时，先暂认为它就是群同步码，按码同步周期检测下一帧相应的
位码元，如果也符合插入的同步码规律，则再检测第三帧相应的位码元，如果连续检测 n
帧（n 为预先设定的一个值），每帧均符合同步码规律，则同步码已找到，电路进入同步状
态。若第一个接收码元不符合要求或在 n 帧内出现一次被考查的码元不符合要求，则推迟
一位，考查下一个接收码元，直至找到符合要求的码元并保持连续 n 帧都符合要求为止。
这时捕捉态转为保持态。在保持态时，同步电路仍然要不断地考查同步码是否正确，但是
为了防止考查时因噪声偶然发生一次错误而导致认为失去同步，一般可以规定在连续 n 帧
内发生 m 次（$m < n$）考查错误才认为是失去同步。这种措施称为同步保护。

9.4.4 群同步系统的性能

群同步系统的主要指标是同步可靠性(包括漏同步概率 P_1、假同步概率 P_2 及平均同步建立时间 t_s)。不同方式的同步系统,性能自然不同。下面主要分析集中插入方式同步系统的性能。

1. 漏同步概率 P_1

数字信号在传输过程中由于干扰的影响使接收的同步码组产生误码,而使帧同步信息丢失,造成假失步现象,通常称为漏同步。出现这种现象的可能性称为漏同步概率,用 P_1 表示。

设接收码元错误概率为 P,帧同步码长为 n,检验时容许错误的最大码元数为 m。因此码组中所有不超过 m 个错误的码组都能正确识别,则未漏同步概率为

$$\sum_{r=0}^{m} C_n^r P^r (1-P)^{n-r} \tag{9.4.1}$$

式中,C_n^r 为 n 中取 r 的组合数。所以,漏同步概率为

$$P_1 = 1 - \sum_{r=0}^{m} C_n^r P^r (1-P)^{n-r} \tag{9.4.2}$$

当不允许有错误,即 $m=0$ 时,式(9.4.2)变为

$$P_1 = 1 - (1-P)^n \tag{9.4.3}$$

这就是不允许有错同步码时漏同步的概率。

2. 假同步概率 P_2

被传输的信息码元是随机的,完全可能出现与帧同步相同的码组,这时识别器会把它当成帧同步码组来识别而造成假同步(或称为伪同步)。出现这种情况的可能性称为假同步概率,用 P_2 表示。

设二进制码元中信息码的"1"、"0"码等概率出现。并假设假同步完全是由于某个信息码组被误认为是同步码组造成的。同步码组长度为 n,所以 n 位码组的所有可能码组数为 2^n 种排列。其中能被判为同步码组的组合数与判决器容许帧同步码组中最大错码数 m 有关。若不容许有错码,即 $m=0$,则只有一种可能,即信息码组中的每个码元恰好都和同步码元相同。若 $m=1$,则有 C_n^1 种可能。因此假同步的总概率为

$$P_2 = \frac{1}{2^n} \sum_{r=0}^{m} C_n^r \tag{9.4.4}$$

比较式(9.4.2)和式(9.4.4)可见,当判定条件放宽,即 m 增大时,漏同步概率 P_1 减小,而假同步概率 P_2 增大。所以,这两项指标是矛盾的,设计时需折中考虑。

3. 平均同步建立时间 t_s

设漏同步和假同步都不出现,在最不利的情况下,实现帧同步最多需要一帧时间。设每帧的码元数为 N,每个码元的时间为 T_s,则一帧的时间为 NT_s。在建立同步过程中,如出现一次漏同步,则建立时间要增加 NT_s;如出现一次假同步,建立时间也要增加 NT_s。因此,帧同步的平均建立时间为

$$t_s = (1 + P_1 + P_2) NT_s \tag{9.4.5}$$

分散插入同步法的平均建立时间通过计算约为

$$t_s = N^2 T_s \tag{9.4.6}$$

显然,集中插入同步方法的 t_s 比分散插入方法要短得多,因而在数字传输系统中被广泛应用。

9.5 网　同　步

网同步是指通信网的时钟同步，是为了解决网中各站的载波同步、位同步和群同步等问题。

实现网同步的方法主要有两大类。一类是全网同步系统，即在通信网中使各站的时钟彼此同步，各站的时钟频率和相位都保持一致。建立这种网同步的主要方法有主从同步法和互同步法。另一类是准同步系统，也称独立时钟法，即在各站均采用高稳定性的时钟，相互独立，允许其速率偏差在一定的范围之内，在转接时设法把各处输入的数码速率变换成本站的数码率，再传送出去。在变换过程中要采取一定措施使信息不致丢失。实现这种方式的方法有两种：码速调整法和水库法。

9.5.1　全网同步系统

全网同步方式采用频率控制系统去控制各交换站的时钟，使它们都达到同步，即使它们的频率和相位均保持一致，没有滑动。采用这种方法可用稳定度低而价廉的时钟，在经济上是有利的。

1. 主从同步方式

主从同步方式是在通信网内设立一个高稳定的主时钟源，通信网中各站的时钟通过锁相环与这个主时钟同步。主时钟可以由通信源中某一个站点提供，也可以是 GPS 提供的标准时钟。其原理示意图如图 9-12 所示。

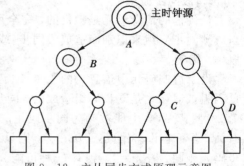

主从同步方式的优点是时钟稳定度高，设备简单；缺点是可靠性差，因为一旦主时钟源出现故障，则全网通信中断。

2. 互同步方式

互同步方式是在网内不设主时钟，由网内各从站的时钟相互控制，最后都调整到一个稳定的、统一的系统频率上，实现全网的时钟同步。

图 9-12　主从同步方式原理示意图

9.5.2　准同步系统

1. 码速调整法

准同步系统各站各自采用高稳定时钟，不受其他站的控制，它们之间的时钟频率允许有一定的容差。这样各站送来的数字码流首先进行码速调整，使之变成相互同步的数字码流，即对本来是异步的各种数字码流进行码速调整。

2. 水库法

水库法是依靠在各交换站设置极高稳定度的时钟源和容量大的缓冲存储器，使得在很长的时间间隔内存储器不发生"取空"或"溢出"的现象。容量足够大的存储器就像水库一样，既很难将水抽干，也很难将水库灌满。因而可用进行水流量的自然调节，故称为水库法。

现在来计算存储器发生一次"取空"或"溢出"现象的时间间隔 T。设存储器的位数为

$2n$，起始为半满状态，存储器写入和读出的速率之差为 $\pm\Delta f$，则显然有

$$T = \frac{n}{\Delta f} \tag{9.5.1}$$

设数字码流的速率为 f，相对频率稳定度为 S，并令

$$S = \left| \pm \frac{\Delta f}{f} \right| \tag{9.5.2}$$

则由式(9.5.1)得

$$fT = \frac{n}{S} \tag{9.5.3}$$

式(9.5.3)是对水库法进行计算的基本公式。

现举例如下。设 $f=512$ kbit/s，并设

$$S = \left| \pm \frac{\Delta f}{f} \right| = 10^{-9}$$

需要使 T 不小于 24 小时，则利用式(9.5.3)可求出 n，即

$$n = SfT = 10^{-9} \times 51\,200 \times 24 \times 3600 \approx 45$$

显然，这样的设备不难实现，若采用更高稳定度的振荡器，例如镓原子振荡器，其频率稳定度可达 5×10^{-11}，因此，可在更高速率的数字通信网中采用水库法。但水库法每隔一定时间总会发生"取空"或"溢出"现象，所以每隔一定时间 T 要对同步系统校准一次。

目前世界各国仍在继续研究网同步方式，究竟采用哪一种方式，有待进一步探索。而且，它与许多因素有关，如通信网的构成形式、信道的种类、转接的要求、自动化的程度、同步码型和各种信道码率的选择等。前面所介绍的方式，各有其优缺点。目前数字通信正在迅速发展，随着市场的需要和研究工作的进展，可以预期今后一定会有更加完善、性能良好的网同步方法。

本 章 小 结

本章主要讨论载波同步、位同步、群同步和网同步的基本原理和性能。

在通信系统中，同步是一个非常重要的问题。通信系统能否有效可靠地工作，在很大程度上依赖于有无良好的同步系统。

通信系统中的同步包括载波同步、位同步、群同步和网同步。

载波同步的目的是使接收端产生的本地载波和接收信号的载波同频同相。载波同步的方法有直接法(自同步法)和插入导频法(外同步法)两种，直接法不需要专门传输导频(同步信号)，而是接收端直接从接收信号中提取载波；插入导频法是在发送有用信号的同时，在适当的频率位置上插入一个(或多个)称做导频的正弦波(同步载波)，接收端就利用导频提取出载波。

位同步的目的是使每个码元得到最佳的解调和判决。实现位同步的方法和载波同步法类似，也有直接法(自同步法)和插入导频法(外同步法)两种，而在直接法中也分为滤波法和锁相法。

群同步的任务就是在位同步的基础上识别出这些数字信息群（字、句、帧）"开头"和"结尾"的时刻，使接收设备的群定时与接收到的信号中的群定时处于同步状态。实现群同步，通常采用的方法是起止式同步法和插入特殊同步码组的同步法。而插入特殊同步码组的方法有两种：一种为集中插入方式；另一种为分散插入方式。

网同步是指通信网的时钟同步，解决网中各站的载波同步、位同步和群同步等问题。

实现网同步的方法主要有两大类：一类是全网同步系统，即在通信网中使各站的时钟彼此同步，各站的时钟频率和相位都保持一致。建立这种网同步的主要方法有主从同步法和相互同步法。另一类是准同步系统，也称独立时钟法，即在各站均采用高稳定性的时钟，相互独立，允许其速率偏差在一定的范围之内，在转接时设法把各处输入的数码速率变换成本站的数码率，再传送出去。在变换过程中要采取一定措施使信息不致丢失。实现这种方式的方法有两种：码速调整法和水库法。

思 考 题

1. 什么是载波同步和位同步？它们都有什么用处？
2. 载波同步系统的性能指标是什么？哪些因素影响这些性能指标？
3. 有了位同步，为什么还要群同步？
4. 位同步系统的主要性能指标是什么？在用数字锁相环法的位同步系统中，这些指标都与哪些因素有关？
5. 集中插入法和分散插入法有什么区别？它们各有什么特点，适用在什么场合？

习 题

9.1 已知单边带信号 $S_{SSB}(t)=m(t)\cos\omega_c t+\hat{m}(t)\sin\omega_c t$，试证明它不能用平方变换法提取载波。

9.2 在图 9-5 所示的插入导频法发送端方框图中，如果 $a\sin\omega_c t$ 不经过 $\pi/2$ 相移，直接与已调信号相加后输出，试证明接收端的解调输出中含有直流分量。

9.3 已知单边带信号为 $S_{SSB}(t)=m(t)\cos\omega_c t+\hat{m}(t)\sin\omega_c t$，若发送端插入导频的方法与图 9-5 所示的双边带信号导频插入法完全相同，证明接收端可以正确解调。若发送端插入导频不经过 $\pi/2$ 相移，直接与已调信号相加后输出，试证明接收端的解调输出中也含有直流分量。

9.4 设一个数字通信网采用水库法进行码速调整，抑制数据速率为 32 Mbit/s，存储器的容量 $2n=200$ bit，时钟的频率稳定度为 $\pm\frac{\Delta f}{f}=10^{-10}$。试计算每隔多少时间需对同步系统校正一次。

9.5 已知 PCM 30/32 终端机帧同步码的周期 $T_s=250$ μs，每帧比特数 $N=512$，帧同步码的长度为 7 bit，试计算平均捕捉时间。

附录 A　常用数学公式

$\sin(\alpha \pm \beta) = \sin\alpha\cos\beta \pm \cos\alpha\sin\beta$

$\cos(\alpha \pm \beta) = \cos\alpha\cos\beta \mp \sin\alpha\sin\beta$

$\cos\alpha\cos\beta = \dfrac{1}{2}\left[\cos(\alpha+\beta) + \cos(\alpha-\beta)\right]$

$\sin\alpha\sin\beta = \dfrac{1}{2}\left[\cos(\alpha-\beta) - \cos(\alpha+\beta)\right]$

$\sin\alpha\cos\beta = \dfrac{1}{2}\left[\sin(\alpha+\beta) + \sin(\alpha-\beta)\right]$

$\sin\alpha + \sin\beta = 2\sin\dfrac{1}{2}(\alpha+\beta)\cos\dfrac{1}{2}(\alpha-\beta)$

$\sin\alpha - \sin\beta = 2\sin\dfrac{1}{2}(\alpha-\beta)\cos\dfrac{1}{2}(\alpha+\beta)$

$\cos\alpha + \cos\beta = 2\cos\dfrac{1}{2}(\alpha+\beta)\cos\dfrac{1}{2}(\alpha-\beta)$

$\cos\alpha - \cos\beta = -2\cos\dfrac{1}{2}(\alpha+\beta)\sin\dfrac{1}{2}(\alpha-\beta)$

$\cos 2\alpha = 2\cos^2\alpha - 1 = 1 - 2\sin^2\alpha = \cos^2\alpha - \sin^2\alpha$

$\mathrm{Sa}(t) = \dfrac{\sin t}{t}$

$\sin 2\alpha = 2\sin\alpha\cos\alpha$

$\sin\dfrac{1}{2}\alpha = \sqrt{\dfrac{1}{2}(1-\cos\alpha)}$

$\cos\dfrac{1}{2}\alpha = \sqrt{\dfrac{1}{2}(1+\cos\alpha)}$

$\sin^2\alpha = \dfrac{1}{2}(1-\cos 2\alpha)$

$\cos^2\alpha = \dfrac{1}{2}(1+\cos 2\alpha)$

$\sin x = \dfrac{\mathrm{e}^{\mathrm{j}x} - \mathrm{e}^{-\mathrm{j}x}}{2j}$

$\cos x = \dfrac{\mathrm{e}^{\mathrm{j}x} + \mathrm{e}^{-\mathrm{j}x}}{2j}$

$\mathrm{e}^{\mathrm{j}x} = \cos x + \mathrm{j}\sin x$

$\sin(-\alpha) = -\sin\alpha$

$\cos(-\alpha) = \cos\alpha$

$\mathrm{sinc}(x) = \dfrac{\sin(\pi x)}{\pi x}$

$(1+x)^n = 1 + nx + \dfrac{n(n-1)}{2!}x^2 + \cdots + \dfrac{n(n-1)(n-2)\cdots(n-k+1)}{k!}x^k + \cdots$

$(p+q)^n = \displaystyle\sum_{k=0}^{n}\binom{n}{k}p^k q^{n-k}$，其中 $\dbinom{n}{k} = \dfrac{n!}{(n-k)!k!}$

第一类 n 阶贝塞尔函数　　$J_n(x) = \dfrac{1}{2\pi}\displaystyle\int_{-\pi}^{\pi}\exp(\mathrm{j}x\sin\theta - \mathrm{j}n\theta)\,\mathrm{d}\theta$

第一类零阶修正贝塞尔函数　　$I_n(x) = \dfrac{1}{2\pi}\displaystyle\int_{-\pi}^{\pi}\exp(x\cos\theta)\,\mathrm{d}\theta$

附录 B　傅里叶变换

1. 定义

正变换　　　　　　　　$F(\omega) = \int_{-\infty}^{\infty} f(t) e^{-j\omega t} dt$

反变换　　　　　　　　$f(t) = \dfrac{1}{2\pi} \int_{-\infty}^{\infty} F(\omega) e^{j\omega t} d\omega$

2. 性质

线性	$af_1(t) + bf_2(t)$	$aF_1(\omega) + bF_2(\omega)$
对称性	$F(t)$	$2\pi f(-\omega)$
比例变换	$f(at)$	$\dfrac{1}{\lvert a \rvert} F\left(\dfrac{\omega}{a}\right)$
反演	$f(-t)$	$F(-\omega)$
时延	$f(t - t_0)$	$F(\omega) e^{-j\omega t_0}$
频移	$f(t) e^{j\omega_0 t}$	$F(\omega - \omega_0)$
时域微分	$\dfrac{d^n f(t)}{dt^n}$	$(j\omega)^n F(\omega)$
频域微分	$(-j)^n t^n f(t)$	$\dfrac{d^n F(\omega)}{d\omega^n}$
时域积分	$\displaystyle\int_{-\infty}^{t} f(\tau) d\tau$	$\dfrac{1}{j\omega} F(\omega) + \pi F(0) \delta(\omega)$
时域相关	$R(\tau) = \displaystyle\int_{-\infty}^{\infty} f_1(t) f_2(t + \tau) dt$	$F_1(\omega) F_2^*(\omega)$
时域卷积	$f_1(t) * f_2(t)$	$F_1(\omega) F_2(\omega)$
频域卷积	$f_1(t) f_2(t)$	$\dfrac{1}{2\pi} \left[F_1(\omega) * F_2(\omega) \right]$
调制定理	$f(t) \cos\omega_c t$	$\dfrac{1}{2} \left[F_1(\omega + \omega_c) + F(\omega - \omega_c) \right]$
希尔伯特变换	$\hat{f}(t)$	$-j\,\mathrm{sgn}(\omega) F(\omega)$

3. 常用信号的傅里叶变换

矩形脉冲	$G_\tau(t) = \begin{cases} 1, & \lvert t \rvert \leqslant \dfrac{\tau}{2} \\ 0, & \lvert t \rvert > \dfrac{\tau}{2} \end{cases}$	$\tau \mathrm{Sa}\left(\dfrac{\omega\tau}{2}\right)$
采样函数	$\mathrm{Sa}(\omega_c t)$	$\dfrac{\pi}{\omega_c} G_{2\omega_c}(\omega)$
指数函数	$e^{-at} U(t),\ a > 0$	$\dfrac{1}{a + j\omega}$
双边指数函数	$e^{-a\lvert t \rvert},\ a > 0$	$\dfrac{2a}{a^2 + \omega^2}$

三角函数　　　　　$\Delta_{2r}(t)=\begin{cases}1-\dfrac{|t|}{t}, & |t|\leqslant\tau \\[2mm] 0, & |t|>\tau\end{cases}$　　　　$\tau\,\mathrm{Sa}^2\left(\dfrac{\omega\tau}{2}\right)$

高斯函数　　　　　$\mathrm{e}^{-\left(\frac{1}{\tau}\right)^2}$　　　　　　　　　　　$\sqrt{\pi}\,\tau\,\mathrm{e}^{-\left(\frac{\omega\tau}{2}\right)^2}$

冲激脉冲　　　　　$\delta(t)$　　　　　　　　　　　　　1

正负号函数　　　　$\mathrm{sgn}(t)=\begin{cases}1, & t>0 \\ -1, & t<0\end{cases}$　　　　$\dfrac{2}{\mathrm{j}\omega}$

升余弦脉冲　　　　$\begin{cases}1+\cos\dfrac{2\pi}{\tau}t, & |t|\leqslant\dfrac{\tau}{2} \\[2mm] 0, & |t|>\dfrac{\tau}{2}\end{cases}$　　　　$\dfrac{\tau\,\mathrm{Sa}\,\dfrac{\omega\tau}{2}}{1-\dfrac{\omega^2\tau^2}{4\pi^2}}$

升余弦频谱特性　　$\dfrac{\cos\left(\dfrac{\pi t}{T_s}\right)}{1-\dfrac{4t^2}{T_s^2}}\mathrm{Sa}\left(\dfrac{\pi t}{T_s}\right)$　　$\begin{cases}\dfrac{T_s}{2}\left(1+\cos\dfrac{\omega T_s}{2}\right), & |\omega|\leqslant\dfrac{2\pi}{T_s} \\[2mm] 0, & |\omega|\leqslant\dfrac{2\pi}{T_s}\end{cases}$

阶跃函数　　　　　$U(t)$　　　　　　　　　　　　$\pi\delta(\omega)+\dfrac{1}{\mathrm{j}\omega}$

复指数函数　　　　$\mathrm{e}^{\mathrm{j}\omega_0 t}$　　　　　　　　　　　$2\pi\delta(\omega-\omega_0)$

周期信号　　　　　$\displaystyle\sum_{n=-\infty}^{\infty}F_n\mathrm{e}^{\mathrm{j}n\omega_c t}$　　　　　　$2\pi\displaystyle\sum_{n=-\infty}^{\infty}F_n\delta(\omega-n\omega_0)$

常数　　　　　　　k　　　　　　　　　　　　　$2\pi k\delta(\omega)$

余弦函数　　　　　$\cos\omega_0 t$　　　　　　　　　$\pi\delta(\omega+\omega_0)+\pi\delta(\omega-\omega_0)$

正弦函数　　　　　$\sin\omega_0 t$　　　　　　　　　$\mathrm{j}\pi\delta(\omega+\omega_0)-\mathrm{j}\pi\delta(\omega-\omega_0)$

单位冲激脉冲序列　$\displaystyle\sum_{n=-\infty}^{\infty}\delta(t-nT)$　　　　$\dfrac{2\pi}{T}\displaystyle\sum_{n=-\infty}^{\infty}\delta\left(\omega-\dfrac{2\pi n}{T}\right)$

周期门函数的傅里叶级数　$\displaystyle\sum_{n=-\infty}^{\infty}AG_\tau(t-nT)$　　$\dfrac{2\pi}{T}\displaystyle\sum_{n=-\infty}^{\infty}\mathrm{Sa}\left(\dfrac{n\pi\tau}{T}\right)\delta\left(\omega-\dfrac{2n\pi}{T}\right)$

附录 C　误差函数、互补误差函数表

误差函数：$\mathrm{erf}(x) = \dfrac{2}{\sqrt{\pi}} \displaystyle\int_0^x \mathrm{e}^{-t^2} \mathrm{d}t$ ；

互补误差函数：$\mathrm{erfc}(x) = 1 - \mathrm{erf}(x) = \dfrac{2}{\sqrt{\pi}} \displaystyle\int_x^\infty \mathrm{e}^{-t^2} \mathrm{d}t$

当 $x \gg 1$ 时，$\mathrm{erfc}(x) \approx \dfrac{\mathrm{e}^{-x^2}}{\sqrt{\pi}\,x}$，当 $x \leqslant 5$ 时，$\mathrm{erf}(x)$、$\mathrm{erfc}(x)$ 与 x 的关系如表 C-1 所示。

表 C-1　误差函数、互补误差函数表

x	$\mathrm{erf}(x)$	$\mathrm{erfc}(x)$	x	$\mathrm{erf}(x)$	$\mathrm{erfc}(x)$
0.05	0.05637	0.94363	1.65	0.98037	0.01963
0.10	0.11246	0.88745	1.70	0.98379	0.01621
0.15	0.16799	0.83201	1.76	0.98667	0.01333
0.20	0.22270	0.77730	1.80	0.98909	0.01091
0.25	0.27632	0.72368	1.85	0.99111	0.00889
0.30	0.32862	0.67138	1.90	0.99279	0.00721
0.35	0.37938	0.62062	1.95	0.99418	0.00582
0.40	0.42839	0.57163	2.00	0.99532	0.00486
0.45	0.47548	0.52452	2.05	0.99626	0.00347
0.50	0.52050	0.47950	2.10	0.9970	0.00298
0.55	0.56332	0.43668	2.15	0.99763	0.00237
0.60	0.60385	0.39615	2.20	0.99814	0.00186
0.65	0.64203	0.35797	2.25	0.99854	0.00146
0.70	0.67780	0.32220	2.30	0.99886	0.00114
0.75	0.71115	0.28885	2.35	0.99911	8.9×10^{-4}
0.80	0.74210	0.25790	2.40	0.99931	6.9×10^{-4}
0.85	0.77066	0.22934	2.45	0.99947	5.3×10^{-4}
0.90	0.79691	0.20309	2.50	0.99959	4.1×10^{-4}
0.95	0.82089	0.17911	2.55	0.99969	3.1×10^{-4}
1.00	0.84270	0.15730	2.60	0.99976	2.4×10^{-4}
1.05	0.86244	0.13756	2.65	0.99982	1.8×10^{-4}
1.10	0.88020	0.11980	2.70	0.99987	1.3×10^{-4}
1.15	0.89912	0.10388	2.75	0.99990	1.0×10^{-4}
1.20	0.91031	0.08969	2.80	0.999925	7.5×10^{-5}
1.25	0.92290	0.07710	2.85	0.999944	5.6×10^{-5}
1.30	0.93401	0.06599	2.90	0.999959	4.1×10^{-5}
1.35	0.94376	0.05624	2.95	0.999970	3.0×10^{-5}
1.40	0.95228	0.04772	3.00	0.999978	2.2×10^{-5}
1.45	0.95969	0.04031	3.50	0.999993	7.0×10^{-7}
1.50	0.96610	0.03390	4.00	0.999999984	1.6×10^{-8}
1.55	0.97162	0.02838	4.50	0.9999999998	2.0×10^{-10}
1.60	0.97635	0.02365	5.00	0.9999999999985	1.5×10^{-12}

附录 D　贝塞尔函数表 $J_n(x)$

$\dfrac{x}{n}$	0.5	1	2	3	4	6	8	10	12
0	0.9385	0.7652	0.2239	−0.2601	−0.3971	0.1506	0.1717	−0.2459	0.0477
1	0.2423	0.4401	0.5767	0.3391	−0.0660	−0.2767	0.2346	0.0435	−0.2234
2	0.0306	0.1149	0.3528	0.4861	0.3641	−0.2429	−0.1130	0.2546	−0.0849
3	0.0026	0.0196	0.1289	0.3091	0.4302	0.1148	−0.2911	0.0584	0.1951
4	0.0002	0.0025	0.0340	0.1320	0.2811	0.3576	−0.1054	−0.2196	0.1825
5		0.0002	0.0070	0.0430	0.1321	0.3621	0.1858	−0.2341	−0.0735
6			0.0012	0.0114	0.0491	0.2458	0.3376	−0.0145	−0.2437
7			0.0002	0.0025	0.0152	0.1296	0.3206	0.2167	−0.1703
8				0.0005	0.0040	0.0565	0.2235	0.3179	0.0451
9				0.0001	0.0009	0.0212	0.1263	0.2919	0.2304
10					0.0002	0.0070	0.0608	0.2075	0.3005
11						0.0020	0.0256	0.1231	0.2704
12						0.0005	0.0096	0.0634	0.1953
13						0.0001	0.0033	0.0290	0.1201
14							0.0010	0.0120	0.0650

附录 E　英文缩写词对照表

A/D(converter)	Analog/Digital converter	模拟/数字转换器
ADM	Adaptive Delta Modulating	自适应增量调制
ADPCM	Adaptive Differential Pulse Code Modulating	自适应差分脉码调制
AM	Amplitude Modulating	幅度调制
AMI(code)	Alternative Mark Inversed code	传号交替反转码
AMPS	Advanced Mobile Phone System	先进移动电话系统
APK	Amplitude Phase Keying	幅相键控
ASK	Amplitude Shift Keying	幅移键控
AWGN	Additive White Gaussian Noise	加性高斯白噪声
BPF	Band Pass Filter	带通滤波器
BSC	Binary Symmetry Channel	二进制(二元)对称信道
CDM	Code Division Multiplexing	码分复用
CDMA	Code Division Multiple Accessing	码分多址
CPFSK	Continuous Phase Frequency Shift Keying	连续相位频移键控
CPM	Continuous Phase Modulation	连续相位调制
DCT	Discrete Cosine Transform	离散余弦变换
DFT	Discrete Fourier Transform	离散傅里叶变换
D/A(converter)	Digital/Analog converter	数字/模拟变换器
DM(ΔM)	Delta Modulation	增量调制
DMC	Discrete Memoryless Channel	离散无记忆信道
DPCM	Differential Pulse Code Modulating	差分脉码调制
DPSK	Differential Phase Shift Keying	差分相移键控
DQPSK	Differential Quadrature Phase Shift Keying	差分正交相移键控
DS-SS	Direct Sequency Spread Spectrum	直接序列扩频
DSB	Double Side Band	双边带
DSB-SC	Double Side Band-Suppressed Carrier	双边带抑制载波
FDM	Frequency Division Multiplexing	频分复用
FDMA	Frequency Division Multiple Accessing	频分多址
FFSK	Fast Frequency Shift Keying	快速频移键控
FH-SS	Frequency Hopping Spread Spectrum	跳频扩频
FFT	Fast Fourier Tansform	快速傅里叶变换
FM	Frequency Modulating	频率调制
FSK	Frequency Shift Keying	频移键控
GMSK	Gaussian(type)Minimum Frequency Keying	高斯最小频移键控
GSM	Global Systems For Mobile Communication	全球移动通信系统
HDB$_3$	High Density Bipolar Code Of Three Order	三阶高密度双极性码
IDFT	Inverse Discrete Fourier Transform	离散傅里叶逆变换
ISI	Intersymbol Interference	符号间干扰
ISO	International Standards Organization	国际标准化组织

ITU	International Telecommunication Union	国际电信联盟
LPF	Lower Pass Filter	低通滤波器
LSB	Lower Side Band	下边带
MASK	M-ary Amplitude Shift Keying	多元幅移键控
ML(decoding)	Maximum Likelihood decoding	最大似然译码
MF	Matched Filter	匹配滤波器
MFSK	M-ary Frequency Shift Keying	多元频移键控
MPSK	M-ary Phase Shift Keying	多元相移键控
MSK	Minimum Frequency Shift Keying	最小频移键控
NBFM	Narrow Band Frequency Modulating	窄带调频
NBPM	Narrow Band Phase Modulating	窄带调相
NRZ(code)	Non-Return Zero code	不归零码
OFDM	Orthogonal Frequency Division Multiplexing	正负频分复用
OOK	On-off Keying	通断键控
OQPSK	Offset Quaternary Phase Shift Keying	偏值四相相移键控
PAM	Pulse Amplitude Modulating	脉冲幅度调制
PCM	Pulse Code Modulating	脉冲编码调制
PDM	Pulse Duration Modulation	脉冲宽度调制
PDH	Plesiochronous Digital Hierarchy	准同步数字序列
PPM	Pulse Positon Modulating	脉冲位置调制
PM	Phase Modulationg	相位调制
PSK	Phase Shift Keying	相移键控
PST(code)	Paired Selected Ternary code	成对选择三进码
QAM	Quadrature Amplitude Modulating	正交调幅
QPSK	Quaternary Phase Shift Keying	四进制相移键控
RZ(code)	Return Zero code	归零码
SBF	Sub – Band Filter	边带滤波器
SDH	Synchronous Digital Hierarchy	同步数字序列
SDM	Space Division Multiplexing	空分复用
SSB	Single Side Band	单边带
STM	Synchronous Transmission Modulus	同步传输模块
TDD	Time Division Duplex	时分双工
TDM	Time Division Multiplexing	时分复用
TDMA	Time Division Multiple – Access	时分多址
TH	Time Hopping	跳时
TS	Time Slot	时隙
USB	Upper Side Band	上边带
VCO	Voltage – Controlled Oscillator	压控振荡器
VSB	Vestigial Side Band	残留边带
WBFM	Wide Band Frequency Modulating	宽带调频
WBPM	Wide Band Phase Modulating	宽带调相

部分习题答案

第1章

1.1 通信是指从发送方向接收方传递信息,它的目的是为了获取信息。

1.2 有效性　可靠性

1.3 调制

1.4 模拟通信系统 数字通信系统

1.5 $\log_2 M$

1.6 各符号等概出现

1.7 信源编码

1.8 A

1.9 A

1.10 D

1.11 C

1.12 数字通信系统的一般模型图如图1所示。

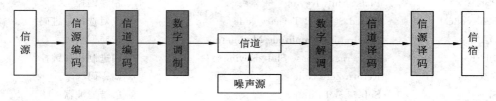

图1　数字通信的一般模型

其中,在功能上互逆的关系对有:信源—信宿;信源编码—信源译码;信道编码—信道译码;数字调制—数字解调。

1.13 (1) 4 bit

　　(2) 1.9375 bit/symbol

　　(3) 当每个符号等概出现时,其熵最大,此时有
$$H_{\max}(V) = \log_2 6 = 2.32 \text{ (bit/symbol)}$$

1.14 二进制时,$R_B = 10^4$ Baud,$R_b = 10^4$ bit/s;

　　八进制时,$R_B = 10^4$ Baud,$R_b = R_B \log_2 N (\text{bit/s}) = 3 \times 10^4$ bit/s。

1.15 (1) 码元速率 $R_B = 1200 (\text{Baud})$

　　一小时内传输的码元总数为 $M = 4.32 \times 10^6$

　　(2) 误码率为 $P_e = = 0.5 \times 10^{-4}$

第 2 章

2.1 1，2

2.2 (1) $\dfrac{A^2}{8}$；(2) $\dfrac{A^2}{8}\cos 400\pi\tau$；(3) $\dfrac{A^2}{8}\pi[\delta(\omega+400\pi)+\delta(\omega-400\pi)]$

2.3 (1) 证明略

    (2) 略

    (3) $P_z(\omega)=\dfrac{1}{4}\left[\text{Sa}^2\left(\dfrac{\omega+\omega_0}{2}\right)+\text{Sa}^2\left(\dfrac{\omega-\omega_0}{2}\right)\right]$，$S=\dfrac{1}{2}$

2.4 (1) 0； (2) $R_x(t_1,t_2)=2\cos\omega_0\tau+2\cos\omega_0(t_1+t_2)$； (3)非宽平稳

2.5 (1) $\pm\sqrt{20}$； (2)50； (3)30

2.6 (1) $R(\tau)=A_0^2+\dfrac{A_1^2}{2}\cos\omega_1\tau$

    (2) $R(0)=A_0^2+\dfrac{A_1^2}{2}$，直流功率为 A_0^2，交流功率为 $\dfrac{A_1^2}{2}$

    功率谱密度为 $P_X(\omega)=2\pi A_0^2\delta(\omega)+\dfrac{\pi A_1^2}{2}[\delta(\omega+\omega_1)+\delta(\omega-\omega_1)]$

2.7 (1) $P_{\varepsilon_0}(\omega)=\begin{cases}\dfrac{n_0}{2}, & f_c-\dfrac{B}{2}\leqslant|f|\leqslant f_c+\dfrac{B}{2}\\[2mm] 0, & f_c-\dfrac{B}{2}\geqslant|f|\geqslant f_c+\dfrac{B}{2}\end{cases}$

    (2) $R_0(\tau)=n_0 B\text{Sa}(\pi B\tau)\cos(\omega_c\tau)$

    (3) $f(x)=\dfrac{1}{\sqrt{2\pi n_0 B}}\exp\left(-\dfrac{x^2}{2n_0 B}\right)$

2.8 (1) 图略，$R_X(\tau)=1+f_0\text{Sa}^2(\pi f_0\tau)$； (2)1； (3)$f_0$

2.9 (1) 是宽平稳随机过程； (2)43； (3)18

2.10 (1) $2R_x(\tau)-R_x(\tau-2a)-R_x(\tau+2a)$； (2)$4P_x(\omega)\sin^2(a\omega)$；

2.11 (1) 是宽平稳； (2) $P_Y(\omega)=\dfrac{P_x(\omega+\omega_c)+P_x(\omega-\omega_c)}{4}$

2.12 $\dfrac{2}{3}\times 10^7$ W

2.13 $R_y(\tau)=25\times 10^{-11}e^{-5|\tau|}$，$P_Y(\omega)=\dfrac{25}{25+\omega^2}\times 10^{-10}$，$S_Y=2.5\times 10^{-10}$ W

2.14 (1) $3.95\times 10^{-5}f^2$ (W/Hz)； (2) 0.0263 W

2.15 $\dfrac{n_0}{2}E$

2.16 (1)$\dfrac{A^2}{\sigma_n^2}\cos^2\theta$； (2)$\dfrac{A^2}{2\sigma_n^2}(1+e^{-2\sigma^2})$

2.17 1.95×10^7 bit/s，

2.18 $R_b=C=2.4\times 10^4$ bit/s，$P_e=0$

第 3 章

3.1 略

3.2 $S_{\text{SSB}}(t)=\dfrac{1}{2}\cos3\Omega_1 t+\dfrac{1}{2}\cos4\Omega_1 t$，频谱图略

3.3 5×10^6 W

3.4 (1) 不能；

　　(2) 略

3.5 (1) 100；

　　(2) 7.8 dB

3.6 $\dfrac{a}{4n_0}$

3.7 (1) $M(\omega)=M_1(\omega)+\dfrac{1}{2}\big[M_2(\omega+2\Omega)+M_2(\omega-2\Omega)\big]$，图略

　　(2) $S(\omega)=\dfrac{1}{2}\big[M_1(\omega+\omega_c)+M_1(\omega-\omega_c)\big]$

　　　　　　$+\dfrac{1}{4}\big[M_2(\omega+\omega_c+2\Omega)+M_2(\omega-\omega_c-2\Omega)+M_2(\omega+\omega_c-2\Omega)$

　　　　　　$+M_2(\omega-\omega_c+2\Omega)\big]$

　　(3) 图略

3.7 (1) $\dfrac{1}{4}$ W，$\dfrac{1}{8}$ W

　　(2) DSB 输出信噪比为 250；SSB 输出信噪比为 125；

　　(3) DSB 输出信噪比为 125；SSB 输出信噪比为 125。

3.9 $\dfrac{S_o}{N_o}=\dfrac{\overline{m^2(t)}\cos^2\theta}{2n_0 f_m}$

3.10 $s(t)=\dfrac{1}{2}m(t)\cos(\omega_2-\omega_1)t-\dfrac{1}{2}\hat{m}(t)\sin(\omega_2-\omega_1)t$

　　　$s(t)$ 是一个载波角频率为 $(\omega_2-\omega_1)$ 的上边带信号

3.11 证明略

3.12 (1) $4,10^4$ Hz

　　(2) $2,1.2\times10^4$ Hz

3.13 $|S_{\text{SSB}}(t)|=\dfrac{A}{2}\sqrt{1+\left(\dfrac{1}{\pi}\ln\dfrac{t-T}{t}\right)^2}$

3.14 45 000

3.15 $B_{\text{AM}}=20$ kHz，$B_{\text{SSB}}=10$ kHz，$B_{\text{FM}}=120$ kHz

3.16 (1) $S_{\text{FM}}(t)=200\cos(\omega_0 t+3\sin2\pi\times23\times10^3 t)$；

　　(2) 184 kHz；

　　(3) 2700(或 34.3 dB)

第 4 章

4.1 略

4.2 AMI：$+1000000000-1+1$

　　HDB_3：$+1000+1-100-10+1-1$

4.3 AMI：$+10-100000+1-10000+1-1$

　　HDB_3：$+10-1000-10+1-1+100+1-1+1$

4.4 （1）$P_s(\omega)=4f_sP(1-P)G^2(f)+f_s^2(1-2P)^2\sum_{m=-\infty}^{\infty}|G(mf_s)|^2\delta(f-mf_s)$

$$S=4f_sP(1-P)\int_{-\infty}^{\infty}G^2(f)\mathrm{d}f+f_s^2(1-2P)^2\sum_{m=-\infty}^{\infty}|G(mf_s)|^2$$

　　（2）不存在离散分量；

　　（3）存在离散分量

4.5 a，b，d 不满足，c 满足

4.6 （1）有码间串扰；

　　（2）若以 2^{n+1} 进制传输可以满足

4.7 （1）$h(t)=\dfrac{\sin(64000\pi t)}{64000\pi t}\dfrac{\cos(25600\pi t)}{1-262144000t^2}$

　　（2）图略；（3）44.8 kHz；（4）1.43 B/Hz

4.8 （1）可以实现无码间干扰传输；（2）$\dfrac{2}{1}+\alpha$

4.9 （1）$H(\omega)=G(\omega)\mathrm{e}^{-\frac{\mathrm{j}\omega}{2}T_s}=\dfrac{T_s}{2}\mathrm{Sa}^2\left(\dfrac{T_s\omega}{4}\right)\mathrm{e}^{-\frac{\mathrm{j}\omega}{2}T_s}$

　　（2）$G_T(\omega)=G_R(\omega)=\sqrt{\dfrac{T_s}{2}\mathrm{Sa}^2\left(\dfrac{T_s\omega}{4}\right)}\mathrm{e}^{-\frac{\mathrm{j}\omega}{2}T_s}=\sqrt{\dfrac{T_s}{2}}\mathrm{Sa}\left(\dfrac{T_s\omega}{4}\right)\mathrm{e}^{-\frac{\mathrm{j}\omega}{4}T_s}$

4.10 $h(t)=\mathrm{Sa}\left(\dfrac{\pi}{T_s}t\right)-\mathrm{Sa}\left(\dfrac{\pi}{T_s}(t-2T_s)\right)$

　　$H(\omega)=(1-\mathrm{e}^{-\mathrm{j}2\omega T_s})T_sG_{\frac{2\pi}{T_s}}(\omega)$

4.11 $R_B=\dfrac{1}{2}\tau_0B$，$T_s=2\tau_0$

4.12 （1）$N_o=\dfrac{n_0}{2}W$；（2）$P_e=\dfrac{1}{2}\mathrm{e}^{-A/2\lambda}$

4.13 （1）6.21×10^{-3}；（2）$A\geqslant8.53\sigma_n$

4.14 略

4.15 $\{b_k\}=\{1001011110100111110\}$　　$\{c_k\}=(10111001110100001)$

4.16 （1）$h(t)=\begin{cases}1-t/T, & 0\leqslant t\leqslant T \\ 0, & 其他\end{cases}$，图略

　　（2）$y(t)=\begin{cases}1-t/T, & t\leqslant0\ 或\ t>2T \\ \dfrac{t^2}{6T^2}(3T-t), & 0\leqslant t\leqslant T \\ \dfrac{(t-2T)^2}{6T^2}(T+t), & 0<t\leqslant 2T\end{cases}$

（3）$r = 2T/3n_0$

4.17 $D_k = \dfrac{37}{48}$, 　　$y_{-3} = -\dfrac{1}{24} y_{-2} = -\dfrac{1}{72} y_{-1} = -\dfrac{1}{32}$,

　　　　$y_0 = \dfrac{5}{6} y_1 = -\dfrac{1}{48} y_2 = 0 y_3 = -\dfrac{1}{64}$

第 5 章

5.1 （1）图略；（2）2000 Hz

5.2 （1）、（3）图略；（2）采用相干解调

5.3 （1）、（2）图略

　　　（3）$P_e(f) = 2 \times 10^{-4} \left\{ \mathrm{Sa}^2 \left[\dfrac{\pi}{1200}(f+2400) \right] + \mathrm{Sa}^2 \left[\dfrac{\pi}{1200}(f-2400) \right] \right\}$
　　　　　　　$+ 10^{-2} \left[\delta(f+2400) + \delta(f-2400) \right]$

5.4 （1）图略；（2）$B_{2\mathrm{PSK}} = B_{2\mathrm{DPSK}} = 2400$ Hz

5.5 （1）$k = 113.9$ dB；（2）$k = 114.8$ dB

5.6 （1）$B = 4.4$ MHz；（2）$P_e = 3 \times 10^{-8}$；（3）$P_e = 4 \times 10^{-9}$

5.7 2ASK 传输 45.4 km，2FSK 传输 51.4 km，2PSK 传输 51.4 km

5.8 $P_{e2\mathrm{ASK}} = 4.1 \times 10^{-2}$，$P_{e2\mathrm{PSK}} = 4.04 \times 10^{-6}$

5.9 图略

5.10 （1）$k = 111.8$ dB，$V_d = \dfrac{a}{2} = 6.36 \times 10^{-6}$ V；（2）小；（3）$P_e = 12.7 \times 10^{-3}$

5.11 （1）$B = 1800$ Hz；（2）$P_e = 2.27 \times 10^{-5}$；（3）$P_e = 3.93 \times 10^{-6}$

5.12 $B_{8\mathrm{PSK}} = 3200$ Hz

5.13 $B_{8\mathrm{ASK}} = 400$ Hz，$R_{b8} = 600$ bit/s，$B_{2\mathrm{ASK}} = 400$ Hz，$R_{b2} = 200$ bit/s

5.14 略

5.15 图略

5.16 $B = 81$ kHz

5.17 $f_0 = 750$ Hz　　图略

5.18 $\dfrac{R_b}{B} = \dfrac{N}{N+1} \log_2 M$

5.19 略

5.20 略

第 6 章

6.1 （1）$T_s \leqslant 0.125$ s；（2）略

6.2 $f_s = 1000$ Hz

6.3 （1）$f_s \geqslant 2f_1$；（2）略；（3）$H_2(\omega) = \begin{cases} \dfrac{1}{H_1(\omega)}, & |\omega| \leqslant \omega_1 \\ 0, & \text{其他} \end{cases}$

6.4 (1) 8

(2) $\Delta=\dfrac{1}{4}$ 量化电平分别为 $-\dfrac{7}{8}, -\dfrac{5}{8}, -\dfrac{3}{8}, -\dfrac{1}{8}, \dfrac{1}{8}, \dfrac{3}{8}, \dfrac{5}{8}, \dfrac{7}{8}$

(3) 量化电平为相邻分层电平的平均值，依次为 $-0.75, -0.40, -0.21,$ $-0.07, 0.07, 0.21, 0.40, 0.75$。

6.5 $M_{\mathrm{H}}(\omega)=M_s(\omega)Q(\omega)=\dfrac{\tau}{T_s}\sum\limits_{n=-\infty}^{\infty}\mathrm{Sa}\left(\dfrac{\omega\tau}{2}\right)M(\omega-2n\omega_m)m_{\mathrm{H}}(t)$

$$=\sum_{n=-\infty}^{\infty}m(t)\delta(t-nT_s)*q(t)$$

6.6 $B=10^6$ Hz

6.7 (1) $f_s\geqslant2100$ Hz；(2) 210 Hz$\leqslant f_s\leqslant211.1$ Hz

6.8 $N=6, \Delta=0.5$ V

6.9 (1)$B=4$ kHz；(2)$B=12$ kHz

6.10 64Δ

6.11 (1) 编码器输出码组为 11100011，量化输出为 +608 个量化单位；量化误差为 635 −608=27 个量化单位。

(2) 除极性码外的 7 为非线性码组为 1100011，相对应的 11 为均匀码为 0100110000。

6.12 编码电平 −864Δ，编码误差 6Δ，解码电平 −880Δ，解码误差 10Δ，11 位线性码 01101100000，12 位线性码 011011100000。

6.13 (1) PCM 码 00110111，量化电平 −94Δ，量化误差 1Δ

(2) 00001011110

6.14 01110000，−2.578 V，78 mV

6.15 −320Δ，0010100000

6.16 $T_s=\dfrac{1}{2}$ W，$\tau=\dfrac{1}{24}$ W，$T_b=\dfrac{1}{192}$ W

6.17 $B=384$ kHz

6.18 $B=17$ kHz

6.19 (1) $B=288$ kHz (2) $B=672$ kHz

第 7 章

7.1 460 kHz

7.2 640 kHz

7.3 (1) 14 kHz； (2) 480 kBaud； (3) 960 kHz

7.4 8000，256，2.048 Mbit/s，TS_{21}，F_5 的 TS_{16} 后 4 bit

7.5 约 2.56 MH

第 8 章

8.1 信道编码的目的：发现或纠正传输过程中产生的错码，提高系统的可靠性。常用的差错控制方式有三种：检错重传(ARQ)、前向纠错(FEC)和混合纠错(HEC)。

8.2 前向纠错(FEC)的原理:发送端发送具有一定纠错能力的码,在接收端用译码器对接收到的数据进行译码后检测有无差错,通过按预定规则的运算,如检测到差错,则确定差错的具体位置和性质,自动加以纠正。

优缺点:这种方法实时性好,适合于只能提供单向信道的场合,但编译码比较复杂。

8.3 若检错能力用 e 表示,纠错能力用 t 表示,可以证明,码的检错纠错能力与最小码距之间有如下关系:

(1) 为了能检测出 e 个错误,要求最小码距 $d_0 \geqslant e+1$;

(2) 为了能纠正 t 个错误,要求最小码距 $d_0 \geqslant 2t+1$;

(3) 为了能纠正 t 个错误,同时检测 e 个错误,则要求最小码距 $d_0 \geqslant e+t+1$。

8.4 码重为 4;码距为 3。

8.5 1

8.6 线性码和非线性码

8.7 1

8.8 (1) 因为该码集合中包含全零码组(000000),所以对于线性分组码,最小码距等于除全零码外的码组的最小重量,即 $d_{\min}=3$。

(2) 只用于检错时,由条件:最小码距 $d_{\min} \geqslant e+1$,求出 $e=2$,即能检出 2 位错码。

(3) 只用于纠错时,由 $d_{\min} \geqslant 2t+1$,可得 $t=1$,即能纠正 1 位错码。

(4) 同时用于检错与纠错,且 $d_{\min}=3$ 时,无法满足下列条件:

$$\begin{cases} d_{\min} \geqslant t+e+1 \\ e>t \end{cases}$$

故该码不能同时用于检错与纠错。

8.9 分别将信息段(000)、(001)、(010)、(011)、(100)、(101)、(110)和(111)代入式 $C=mG$,得到许用码组如下:

$$0000000$$
$$0011101$$
$$0100111$$
$$0111010$$
$$1001110$$
$$1010011$$
$$1101001$$
$$1110100$$

生成矩阵 G 为典型阵,有

$$P = \begin{bmatrix} 1110 \\ 0111 \\ 1101 \end{bmatrix}$$

所以

$$Q = P^T = \begin{bmatrix} 101 \\ 111 \\ 110 \\ 011 \end{bmatrix}$$

监督矩阵为

$$H = [Q, I_r] = \begin{bmatrix} 1011000 \\ 1110100 \\ 1100010 \\ 0110001 \end{bmatrix}$$

8.10 $g(x) = x^3 + x + 1$, $m(x) = x^3 + 1$。

① 计算 $x^{n-k}m(x) = x^3(x^3 + 1) = x^6 + x^3$；

② 求 $x^{n-k}m(x)/g(x)$ 的余式，用长除法：

$$
\begin{array}{r}
x^3 + x \quad 商式 \\
x^3 + x + 1 \overline{)\ x^6 + x^3\ } \\
\underline{x^6 + x^4 + x^3} \\
x^4 \\
\underline{x^4 + x^2 + x} \\
x^2 + x\ (余式)
\end{array}
$$

③ 编码后，系统码的码多项式为

$$C(x) = x^{n-k}m(x) + r(x) = x^6 + x^3 + x^2 + x$$

对应的系统码组 $C = (1001110)$。

8.11 (1) 0000000

　　　　1001011

　　　　0010111

　　　　0101110

　　　　1011100

　　　　0111001

　　　　1110010

　　　　1100101

$$d_{\min} = 4$$

(2) $g(x) = x^4 + x^2 + x + 1$

(3)

$$G(x) = \begin{bmatrix} x^2 g(x) \\ x g(x) \\ g(x) \end{bmatrix} = \begin{bmatrix} x^6 + x^4 + x^3 + x^2 \\ x^5 + x^3 + x^2 + x \\ x^4 + x^2 + x + 1 \end{bmatrix}$$

第 9 章

9.1 证明略

9.2 证明略

9.3 证明略

9.4 8 小时 10 分

9.5 65.54 ms

参 考 文 献

［1］　蒋青，吕翊，周非，李文娟. 通信原理与技术［M］. 2 版. 北京：北京邮电大学出版社，2012.

［2］　蒋青，范馨月，陈善学. 通信原理［M］. 北京：科学出版社，2014.

［3］　蒋青，于秀兰. 通信原理教程［M］. 北京：人民邮电出版社，2012.

［4］　蒋青，于秀兰. 通信原理学习与试验指导［M］. 北京：人民邮电出版社，2012.

［5］　樊昌信，曹丽娜. 通信原理［M］. 7 版. 北京：国防工业出版社，2012.

［6］　曹丽娜. 简明通信原理［M］. 北京：人民邮电出版社，2011.

［7］　孙会楠. 通信原理教程［M］. 北京：人民邮电出版社，2014.

［8］　李晓峰. 通信原理［M］. 2 版. 北京：清华大学出版社，2011.

［9］　张辉，曹丽娜. 通信原理学习指导［M］. 西安：西安电子科技大学出版社，2003.

［10］　范九伦，谢勰，等. 离散信息论基础［M］. 北京：北京大学出版社，2010.

［11］　李梅. 信息论基础教程［M］. 2 版. 北京：北京邮电大学出版社，2015.

［12］　丁奇. 大话无线通信［M］. 北京：人民邮电出版社，2010.

［13］　南利平，等. 通信原理简明教程［M］. 3 版. 北京：清华大学出版社，2014.

［14］　李晓峰，周宁，等. 随机信号分析［M］. 4 版. 北京：电子工业出版社，2011.

［15］　吴伟陵，牛凯. 移动通信原理［M］. 北京：电子工业出版社，2005.

［16］　通信人家园论坛：http：//bbs. c114. net/

［17］　信息产业网：http：//www. cnii. com. cn/

［18］　电子信息产业网：http：//www. cena. com. cn/